科学出版社"十四五"普通高等教育本科规划教材
南开大学"十四五"规划核心课程精品教材
新能源科学与工程教学丛书

氢能科学与技术

Science and Technology of Hydrogen Energy

赵 庆 李海霞 陈 军 编著

科 学 出 版 社

北 京

内 容 简 介

本书共分为 6 章, 第 1 章简要介绍氢能等新能源, 第 2 章介绍氢气和氢化物的性质, 第 3 章介绍氢气的制备与分离, 第 4 章介绍氢能的储存, 第 5 章介绍氢能在燃料电池、镍氢电池和氢能源汽车的应用, 第 6 章对未来氢能技术及氢能市场进行了分析和展望。

本书可作为高等学校新能源科学与工程及相关专业的教材, 也可供其他专业师生及从事氢能科学与技术研究的科研人员和管理人员参考。

图书在版编目(CIP)数据

氢能科学与技术 / 赵庆, 李海霞, 陈军编著. -- 北京 : 科学出版社, 2024. 6. -- (科学出版社"十四五"普通高等教育本科规划教材)(南开大学"十四五"规划核心课程精品教材)(新能源科学与工程教学丛书). -- ISBN 978-7-03-078984-6

Ⅰ. TK91

中国国家版本馆 CIP 数据核字第 20245GL238 号

责任编辑: 丁 里 李丽娇 / 责任校对: 杨 赛
责任印制: 张 伟 / 封面设计: 迷底书装

科学出版社 出版
北京东黄城根北街 16 号
邮政编码: 100717
http://www.sciencep.com
北京富资园科技发展有限公司印刷
科学出版社发行 各地新华书店经销
*
2024 年 6 月第 一 版 开本: 787×1092 1/16
2024 年 6 月第一次印刷 印张: 12
字数: 280 000
定价: 59.00 元
(如有印装质量问题, 我社负责调换)

能源是人类活动的物质基础，是世界发展和经济增长最基本的驱动力。关于能源的定义，目前有 20 多种，我国《能源百科全书》将其定义为"能源是可以直接或经转换给人类提供所需的光、热、动力等任一形式能量的载能体资源"。可见，能源是一种呈多种形式的，且可以相互转换的能量的源泉。

根据不同的划分方式可将能源分为不同的类型。人们通常按能源的基本形态将能源划分为一次能源和二次能源。一次能源即天然能源，是指在自然界自然存在的能源，如化石燃料(煤炭、石油、天然气)、核能、可再生能源(风能、太阳能、水能、地热能、生物质能)等。二次能源是指由一次能源加工转换而成的能源，如电力、煤气、蒸汽、各种石油制品和氢能等。也有人将能源分为常规(传统)能源和新能源。常规(传统)能源主要指一次能源中的化石能源(煤炭、石油、天然气)。新能源是相对于常规(传统)能源而言的，指一次能源中的非化石能源(太阳能、风能、地热能、海洋能、生物质能、水能)以及二次能源中的氢能等。

目前，化石燃料占全球一次能源结构的 80%，化石能源使用过程中易造成环境污染，而且产生大量的二氧化碳等温室气体，对全球变暖形成重要影响。我国"富煤、少油、缺气"的资源结构使得能源生产和消费长期以煤为主，碳减排压力巨大；原油进口量已超过 70%，随着经济的发展，石油对外依存度也会越来越高。大力开发新能源技术，形成煤、油、气、核、可再生能源多轮驱动的多元供应体系，对于维护我国的能源安全，保护生态环境，确保国民经济的健康持续发展有着深远的意义。

开发清洁绿色可再生的新能源，不仅是我国，同时也是世界各国共同面临的巨大挑战和重大需求。2014 年，习近平总书记提出"四个革命、一个合作"的能源安全新战略，以应对能源安全和气候变化的双重挑战。我国多部委制定了绿色低碳发展战略规划，提出优化能源结构、提高能源效率、大力发展新能源，构建安全、清洁、高效、可持续的现代能源战略体系，太阳能、风能、生物质能等可再生能源、新型高效能量转换与储存技术、节能与新能源汽车、"互联网+"智慧能源(能源互联网)等成为国家重点支持的高新技术领域和战略发展产业。而培养大批从事新能源开发领域的基础研究与工程技术人才成为我国发展新能源产业的关键。因此，能源相关的基础科学发展受到格外重视，新能源科学与工程(技术)专业应运而生。

新能源科学与工程专业立足于国家新能源战略规划，面向新能源产业，根据能源领域发展趋势和国民经济发展需要，旨在培养太阳能、风能、地热能、生物质能等新能源领域相关工程技术的开发研究、工程设计及生产管理工作的跨学科复合型高级技术人才，以满足国家战略性新兴产业发展对新能源领域教学育人、科学研究、技术开发、工程应用、经营管理等方面的专业人才需求。新能源科学与工程是国家战略性新兴专业，涉及化学、材料科学与工程、电气工程、计算机科学与技术等学科，是典型的多学科交叉专业。

从 2010 年起，我国教育部加强对战略性新兴产业相关本科专业的布局和建设，新能源科学与工程专业位列其中。之后在教育部大力倡导新工科的背景下，目前全国已有 100 余所高等学校陆续设立了新能源科学与工程专业。不同高等学校根据各自的优势学科基础，分别在新能源材料、能源材料化学、能源动力、化学工程、动力工程及工程热物理、水利、电化学等专业领域拓展衍生建设。涉及的专业领域复杂多样，每个学校的课程设计也是各有特色和侧重方向。目前新能源科学与工程专业尚缺少可参考的教材，不利于本专业学生的教学与培养，新能源科学与工程专业教材体系建设亟待加强。

为适应新时代新能源专业以理科强化工科、理工融合的"新工科"建设需求，促进我国新能源科学与工程专业课程和教学体系的发展，南开大学新能源方向的教学科研人员在陈军院士的组织下，以国家重大需求为导向，根据当今世界新能源领域"产学研"的发展基础科学与应用前沿，编写了"新能源科学与工程教学丛书"。丛书编写队伍均是南开大学新能源科学与工程相关领域的教师，具有丰富的科研积累和一线教学经验。

这套"新能源科学与工程教学丛书"根据本专业本科生的学习需要和任课教师的专业特长设置分册，各分册特色鲜明，各有侧重点，涵盖新能源科学与工程专业的基础知识、专业知识、专业英语、实验科学、工程技术应用和管理科学等内容。目前包括《新能源科学与工程导论》《太阳能电池科学与技术》《二次电池科学与技术》《燃料电池科学与技术》《新能源管理科学与工程》《新能源实验科学与技术》《储能科学与工程》《氢能科学与技术》《新能源专业英语》共九本，将来可根据学科发展需求进一步扩充更新其他相关内容。

我们坚信，"新能源科学与工程教学丛书"的出版将为教学、科研工作者和企业相关人员提供有益的参考，并促进更多青年学生了解和加入新能源科学与工程的建设工作。在广大新能源工作者的参与和支持下，通过大家的共同努力，将加快我国新能源科学与工程事业的发展，快速推进我国"双碳"目标的实现。

前　言

氢能是清洁、环保、高效的二次能源，是理想的能源互联媒介，其来源多样，具有丰富的应用场景，有望帮助工业、建筑、交通等主要终端应用领域实现低碳化，包括作为燃料电池应用于新能源汽车、作为储能介质支持大规模可再生能源的整合和发电、应用于分布式发电或热电联产为建筑提供电和热、为工业领域直接提供清洁的能源或原料等。因此，氢能被认为是 21 世纪最有前景的能源之一，其发展有望在缓解能源危机、改善生态环境等方面起重要作用。2022 年 3 月 23 日，国家发展和改革委员会、国家能源局联合印发《氢能产业发展中长期规划(2021—2035 年)》，明确氢能的三大定位：氢能是未来国家能源体系的重要组成部分；氢能是用能终端实现绿色低碳转型的重要载体；氢能产业是战略性新兴产业和未来产业重点发展方向。党的二十大报告第十部分以"推动绿色发展，促进人与自然和谐共生"为主题，指出"积极稳妥推进碳达峰碳中和""立足我国能源资源禀赋，坚持先立后破，有计划分步骤实施碳达峰行动""深入推进能源革命，加强煤炭清洁高效利用""加快规划建设新型能源体系""积极参与应对气候变化全球治理"。此后，国家标准化管理委员会等六部委联合印发了《氢能产业标准体系建设指南(2023版)》，在国家层面系统构建了氢能制、储、输、用全产业链标准体系。

本书作为一本氢能领域的入门教材，首先对氢能等新能源、氢能的重要性进行了概述性的介绍，使读者对氢能科学与技术的内容和定位有一个大致的了解；随后介绍了氢气和氢化物的性质，以此为基础详细总结了氢气的制备方法，包括水分解制氢、生物质制氢、化石燃料制氢、小分子化学品制氢，以及海洋能和风能等其他制氢技术，并对氢气的分离方法进行了说明；之后介绍了液态储氢、高压储氢、物理吸附储氢、化合物储氢等氢能的储存方式；对氢能在燃料电池、镍氢电池和氢能源汽车的应用方式进行了简单介绍；最后展望了氢能的未来技术和应用市场。

本书由赵庆、李海霞和陈军统一构思，在写作过程中本科研团队的老师和研究生参与了部分章节的资料收集整理和撰写工作，特别感谢严振华、谢伟伟、杨高靖、吴岚清、于华庆、尚龙、王琳玥、杨文轩、吴淏、刘晓猛、石冬婕、刘旭、杨卓、李哲、张经纬、李昆、李佳等在本书撰写、修改、校稿过程中给予的大力支持与帮助。

衷心感谢科学技术部、国家自然科学基金委员会和南开大学对相关研究的长期资助和对本书出版的大力支持。特别感谢科学出版社领导和丁里编辑在本书出版过程中给予的大力帮助。

由于氢能科学与技术不断发展，新概念、新知识、新理论不断涌现，加之编著者经验不足、水平有限，书中难免有不妥之处，敬请广大读者批评指正。

编著者

2023 年 11 月

目　录

丛书序

前言

第1章　绪论 ·· 1

1.1　新能源简介 ·· 1

1.1.1　化石能源与新能源 ·· 1

1.1.2　我国新能源发展现状 ······································ 2

1.1.3　新能源发展的材料基础 ···································· 4

1.2　氢能的重要性 ·· 5

1.2.1　氢能的特点 ·· 5

1.2.2　氢能的终端应用 ·· 6

思考题 ·· 6

第2章　氢的基本性质 ·· 8

2.1　氢的原子性质和物理性质 ······································ 8

2.1.1　氢的同位素 ·· 9

2.1.2　正氢和仲氢 ·· 9

2.1.3　氢的离子化 ··· 10

2.1.4　氢气的形态 ··· 10

2.2　氢的化学性质 ··· 12

2.2.1　氢气主要化学反应 ·· 12

2.2.2　原子态氢反应 ··· 13

2.2.3　质子酸碱特性 ··· 13

2.2.4　氢键特性 ··· 14

2.3　氢气的安全性能 ··· 14

2.3.1　氢气的潜在安全问题 ······································ 15

2.3.2　氢气的安全处理和防护 ···································· 16

2.4　氢化物的性质 ··· 17

2.4.1　二元氢化物 ··· 18

2.4.2　多元氢化物 ··· 27

思考题 ··· 32

第3章　氢气的制备与分离 ·· 33

3.1　水分解制氢 ··· 33

3.1.1　电解水制氢 ··· 33

3.1.2 光解水制氢 ·· 43

3.2 生物质制氢 ·· 47
    3.2.1 生物质微生物制氢 ·································· 48
    3.2.2 生物质热化学制氢 ·································· 50

3.3 化石燃料制氢 ·· 53
    3.3.1 煤制氢技术 ·· 55
    3.3.2 天然气制氢技术 ····································· 56
    3.3.3 石油制氢技术 ·· 58

3.4 小分子化学品制氢 ·· 60
    3.4.1 甲醇制氢 ·· 60
    3.4.2 甘油制氢 ·· 62
    3.4.3 氨气分解制氢 ·· 66
    3.4.4 甲酸制氢 ·· 68

3.5 其他制氢技术 ·· 71
    3.5.1 风能制氢 ·· 72
    3.5.2 海洋能制氢 ··· 74
    3.5.3 核能制氢 ·· 75

3.6 氢气的分离 ··· 78
    3.6.1 膜分离法 ·· 78
    3.6.2 变压吸附法 ··· 81
    3.6.3 深冷分离法 ··· 83
    3.6.4 其他分离方法 ·· 84

思考题 ··· 84

第4章 氢能的储存 ·· 85

4.1 液态储氢 ·· 85
    4.1.1 液氢的特点 ··· 86
    4.1.2 液氢的生产 ··· 86
    4.1.3 液氢的储存方式 ····································· 87
    4.1.4 液氢设备的绝热方式 ······························ 89
    4.1.5 液氢的运输 ··· 91
    4.1.6 液氢的安全 ··· 93

4.2 高压储氢 ·· 94
    4.2.1 高压氢气的特点 ····································· 94
    4.2.2 高压储氢气瓶 ·· 96
    4.2.3 高压氢气的运输 ····································· 105
    4.2.4 高压氢气的应用与安全 ··························· 108

4.3 物理吸附储氢 ·· 109
    4.3.1 物理吸附储氢原理 ·································· 109

4.3.2 分子筛储氢 ·· 113

4.3.3 碳材料储氢 ·· 114

4.3.4 MOF 储氢 ·· 116

4.3.5 COF 储氢 ·· 117

4.4 化合物储氢 ··· 118

4.4.1 化学储氢原理 ·· 118

4.4.2 金属氢化物储氢 ··· 118

4.4.3 金属配位氢化物储氢 ····································· 123

4.4.4 氨硼烷化合物储氢 ·· 126

思考题 ··· 127

第 5 章 氢能的应用 ··· 128

5.1 燃料电池 ··· 128

5.1.1 燃料电池简介 ·· 128

5.1.2 燃料电池分类 ·· 131

5.1.3 燃料电池的应用 ··· 138

5.2 镍氢电池 ··· 139

5.2.1 镍氢电池简介 ·· 139

5.2.2 镍氢电池的组成与性能 ·································· 141

5.2.3 镍氢电池的应用 ··· 147

5.3 氢能源汽车 ··· 149

5.3.1 氢能源汽车简介 ··· 149

5.3.2 氢能源汽车的关键技术 ·································· 149

5.3.3 氢能源汽车的市场分析 ·································· 152

思考题 ··· 153

第 6 章 氢能展望 ··· 154

6.1 未来氢能技术 ·· 156

6.1.1 氢气制取 ·· 156

6.1.2 氢气储运 ·· 159

6.2 未来氢能市场 ·· 160

思考题 ··· 162

参考文献 ··· 163

第1章 绪 论

在人类的生产活动和社会活动中，都要与能源打交道，可以说能源是人类活动的源泉。化石能源煤、石油、天然气是人们所熟知的，太阳能、风能、海洋能、地热能、生物质能等也不再陌生，但人们对氢能相对没有那么熟悉，一是因为氢能开发较晚，二是因为它还没有走进千家万户。简言之，氢能就是指氢与氧化剂(如空气中的氧气)发生化学反应时释放出的能量。具体来讲，氢能是指在以氢及其同位素为主导的反应中或在物质状态变化过程中释放出的能量。氢的热核反应会释放出热核能或聚变能；氢与氧化剂发生化学反应会释放出燃烧热或燃烧反应的化学能；在正、仲氢转换，液相-气相变换及膨胀过程中放出的转化热和过程热都是氢在物态变化中放出的能量。氢能的发展主要基于两大能源发展背景：一是化石燃料长期且大量消耗，其资源渐趋枯竭，而且化石燃料的广泛使用已对全球环境和气候造成严重污染和影响；二是氢本身具有很多优点，是理想的清洁能源，也是一种优良的能源载体，可储可输，应用广泛且方便。

1.1 新能源简介

1.1.1 化石能源与新能源

纵观全球，近 20 年来世界能源总体上形成了煤炭、石油、天然气"三分天下"，新能源快速发展的格局。全球化石能源虽然储量大，但数百年来，随着工业革命的发展，其被大规模开发和利用，化石能源正面临着资源枯竭、污染排放严重等现实问题。而风能、水能、太阳能等新能源的资源非常丰富，约相当于目前全球化石能源剩余已探明可采储量的 38 倍。

从能源消费的结构发展趋势来看，尽管世界能源消费结构仍会长期以化石能源为主，但其所占比重正逐步下降，而全球能源消费呈现总量和人均能源消费量持续"双增"的发展态势。亚太地区逐渐成为世界能源消费总量最大、增速最快的地区。然而，化石能源的地区消费差异与全球化石能源的储量分布是不匹配的，具有以下特点：

(1) 煤炭生产和消费集中于亚太地区，中国是世界上最大的煤炭生产和消费国。

(2) 石油生产集中于中东和美洲地区，消费遍及全球，贸易相对发达。

(3) 天然气生产主要集中于北美、中亚、中东及亚太地区，天然气贸易正在快速增长。

(4) 非常规油气储量丰富，但开发难度较大。

据有关资料报道，预计到 21 世纪中期，世界人口将增加到 100 亿，能源消费将增加 50%～100%。从 20 世纪 70 年代开始，世界能源消费中，原油已取代煤占据首位，天然气也在逐渐取代煤和煤气的位置。相比而言，我国煤的储量丰富，能源消费中仍以煤为主,占能源消费总量的 70%以上,而石油消费不到 20%。

总体来说,化石能源燃烧时释放出 SO_2、CO_2、CO、NO_x 等物质,对人体、农作物和环境都有害。大气中 50%的温室气体来自能源,随着能源消费量的持续增长,CO_2 释放量也持续增加,在 1950~1980 年的 30 年间,CO_2 排放量就增加了 4 倍。这种排放已经打破了自然界中 CO_2 的循环平衡。多数专家认为,CO_2 浓度的增加是造成温室效应使地球气候变暖的主要原因,而气候变暖将对生态环境造成严重破坏,危及人类生存,并严重影响工、农、林、牧、渔业的生产。

在这种情况下,以清洁新能源替代化石能源将成为全球能源发展的重要趋势。新能源的未来发展有两大趋势:①利用现代技术开发干净、无污染的新能源,如太阳能、氢能、风能、潮汐能等;②化害为利,将发展能源与改善环境紧密结合,通过先进的设备与控制技术,充分利用城市垃圾、淤泥等废物中所蕴藏的能源,以提高这些能源在使用中的利用率。

新能源最主要的利用方式是将其转化为电能,其中水能是技术最成熟、经济效益最高、已开发规模最大的清洁能源。我国是水能理论蕴藏量最高的国家。风能和太阳能主要富集于"一极一道"地区(北极圈及其周边地区和赤道及附近地区)。俄罗斯、格陵兰岛(丹)是风能理论可开发量最高的两个国家/地区。太阳能发电是当前发展最快的清洁能源发电品种,我国是目前太阳能发电量最大的国家。此外,新能源还包括海洋能、生物质能、地热能、氢能等。

1.1.2 我国新能源发展现状

能源危机不仅是我国所面临的发展问题,也是全球普遍关心的社会重点问题。因此,世界各国都针对这个问题制定了许多严格的标准,以应对和解决能源的污染及短缺问题。尽管我国各类能源储量较为丰富,但能源消耗量大,能源形势严峻,存在能源供应不平衡及能源结构不够稳定等问题,迫切需要发展更清洁、高效、可循环利用的能源。

1. 太阳能

我国地大物博,拥有丰富的太阳能资源,当前太阳能产业的发展规模位居全球首位。据国家能源局发布的数据,2022 年太阳能发电新增 8.74×10^7 kW,累计 3.93×10^8 kW,其中集中式光伏电站新增 3.63×10^7 kW、分布式光伏电站新增 5.11×10^7 kW。从新增装机布局看,新增装机容量排名前三的分别是河北省(9.34×10^6 kW)、山东省(9.24×10^6 kW)和河南省(7.78×10^6 kW)。

2. 风能

我国风能资源也非常丰富,资源总量在 3.326×10^9 kW 左右。其中,大概有 31.33%的风能资源可以被利用,很大一部分是海洋中的风能资源,为可用资源的 75%左右;其余部分风能资源在陆地上,占可用资源的 25%左右。2022 年风能发电新增 3.76×10^7 kW,累计 3.93×10^8 kW。

3. 生物质能

我国的生物能源储存量特别丰厚,主要是田间的秸秆及薪炭林等可以大量利用的生物资源。这种能源分布范围广、可利用率高,在实际的生物质能利用过程中,前期的准备建设工作比较简单。因此,生物质能在我国具有很大的开发潜力。2022 年生物质能新增 3.34×10^6 kW,累计 0.41×10^8 kW。

4. 核能

核能利用的主要方式是核裂变和核聚变。我国对核电研究及利用起步较晚,20 世纪 80 年代建立了第一座核电站。中国核能行业协会在 2021 年 11 月 14 日发布的蓝皮书显示,截至 2020 年 12 月底,我国在建核电机组 17 台,在建机组装机容量连续多年保持全球第一。

2020 年,国内核电主设备交付 31 台/套,实现了批量化成套交付,涵盖反应堆压力容器、蒸汽发生器、堆内构件等各类产品,我国已全面掌握先进核电装备制造核心技术。

5. 海洋能

海洋能是指依附在海水中的可再生能源。海洋通过各种物理过程接收、储存和散发能量,这一部分能量通过潮汐、波浪、洋流和盐度梯度等形式存在于海洋中。

我国海洋能开发具有较长的历史,20 世纪 50 年代便兴建了潮汐电站。随着多年来的不断实践,海洋发电技术实现新的突破,小型潮汐发电站技术趋于成熟化及规范化,同时具备中型潮汐发电站技术要求。

6. 地热能

我国已经明确将地热能作为可再生能源提供发电和供暖的重要方式。2021 年 9 月,国家能源局等八部委印发的《关于促进地热能开发利用的若干意见》指出,到 2025 年,全国地热能供暖(制冷)面积比 2020 年增加 50%,在资源条件好的地区建设一批地热能发电示范项目,全国地热能发电装机容量比 2020 年翻一番;到 2035 年,地热能供暖(制冷)面积及地热能发电装机容量力争比 2025 年翻一番。

根据国家地热能中心公布的数据,截至 2020 年年底,我国地热能供暖(制冷)面积累计达到 1.39×10^9 m^2。其中,水热型地热能供暖为 5.8×10^8 m^2,浅层地热能供暖(制冷)为 8.1×10^8 m^2,每年可替代标准煤 4.1×10^7 t,减排二氧化碳 1.08×10^8 t。

7. 氢能

自 2011 年以来,我国相继发布了一系列政策措施,引导并鼓励包括氢能和燃料电池在内的产业发展。2017 年,我国各地方开始出台适合自身发展的氢能支持政策。上海率先出台燃料电池汽车发展规划,此后武汉和苏州相继发布氢能产业规划。目前,我国煤化工制氢的产量位居世界第一,但在燃料电池技术研发、氢能关键材料和装备制造等方面仍需进一步提升,基础研发与核心技术投入力量仍需加强。

在国家及各地政策激励下，我国众多国有企业和民营企业积极参与京津冀、长三角和珠三角地区氢能产业布局。企业通过自主研发和技术引进的方式，在制氢储氢、加氢站、燃料电池及氢能汽车制造等诸多领域开展布局。作为国家战略性新兴能源的重要组成部分，我国正在加快推动氢能开发和产业应用。未来我国氢能将在交通运输减排、电能替代等方面发挥重要作用：一是与电动汽车互为补充，共同推动交通运输领域碳减排；二是建设氢能源发电系统。未来将在用户侧推广应用小型氢燃料电池分布式发电系统，满足家用热电联供的需要，推动家庭电气化进程，促进电能替代。

1.1.3 新能源发展的材料基础

能源是国民经济发展和人类生活所必需的重要物质基础，而材料又是发展能源技术的重要物质基础。自古以来，人类文明的进步都是以新材料的发明、开发和利用为标志。有了高分子材料，就有了合成纤维、轮胎、塑料用品等；有了半导体材料，就有了电视、电子计算机和信息产业等。可以说，一种新材料的出现和使用可能导致许多产业面貌焕然一新。新能源的发展也离不开材料的创新与发展。

材料的原始基础在于其原子与分子结构，其实际性能与功能则取决于由原子和分子构成的宏观物体的状态和结构。化学在研究开发新材料的过程中的一个重要作用是用化学理论和方法研究功能分子及由功能分子构筑的材料的组成、结构与性能之间的关系，以实现新材料的设计、合成与应用。在过去的一个世纪中，科学家以结构与功能关系为主线，设计、合成了许多具有各种功能的分子。随着科技的进步，对新材料的要求也越来越高，不仅在功能上提出更高的要求，而且要综合考虑能源、环境、安全等与可持续发展有关的问题。

能源材料，广义地说，是指能源工业及能源技术所需的材料。在新材料领域，能源材料往往指那些正在发展的、可能支持建立新能源系统，满足各种新能源的转化和利用，以及节能技术特殊要求的材料。能源材料的分类在国际上尚未有明确的规定，可以按材料种类来分，也可以按使用用途来分。大体上可分为燃料(包括常规燃料、核燃料、合成燃料、炸药及推进剂等)、能源结构材料、能源功能材料等几大类。按其使用目的又可以分为能源工业材料、新能源材料、节能材料、储能材料等几大类。目前，比较重要的新能源材料有裂变反应堆材料(如铀、钍等核燃料，反应堆结构材料，慢化剂、冷却剂及控制棒材料等)、聚变堆材料(包括热核聚变燃料、第一壁材料、氚增殖剂、结构材料等)、高能推进剂(包括液体推进剂、固体推进剂)、电池材料(锂离子电池、太阳能电池、燃料电池的电极材料、电解质等)、氢能源材料(固体储氢材料及其应用技术)、超导材料(传统超导材料、高温超导材料及其在节能、储能方面的应用技术)、其他新能源材料(如风能、生物质能、地热能、磁流体发电技术中所需的材料等)。

解决能源危机的关键是能源材料的突破。其方法包括：①提高燃烧效率以减少资源消耗；②开发新能源，积极利用可再生能源；③开发新材料、新工艺，最大限度地实现节能。这三个方面都与材料有密切的关系。此外，太阳能、风能、氢能、核能等新能源与可再生能源的开发利用也都依赖于先进材料的研究与开发。太阳能光伏电池是将太阳能直接转换成电能的装置。因此，研制高效、长寿命、廉价的太阳能光伏转换材料，特别是研制纳米半导体材料及有机光伏转换薄膜材料已成为太阳能新材料领域的重要课题。风车材料是风力发电的关键。在风能的开发利用中，要求风力发电的风车叶片必须具有足够的强度和抗疲劳性能。在氢能领域，围绕氢的制备、储存、应用的新材料开发也已成为研究的热点，特别是安全、高效的储氢材料与技术更是氢能大规模利用的关键。氢能和核能是新能源，但都存在使用安全问题。正在研究的纳米材料储氢能力强，因此受到广泛关注。

综上所述，化石能源要实现高效与清洁生产，材料需要不断精进；新材料也是新能源及可再生能源利用的关键；能量储存(储能)材料与技术是新能源、智能电网、电动汽车产业发展的关键，能源生成与节能的先进技术无一不是建立在新材料不断发展的基础之上。新能源的发展一方面靠利用新的原理(如核聚变反应、光伏效应等)发展新的能源系统，另一方面必须靠新材料的开发与利用，才能使新的系统得以实现，并进一步提高效率、降低成本。

1.2 氢能的重要性

氢是自然界中存在最普遍的元素，据估计它构成了宇宙质量的3/4，在地球上主要以化合物的形式存在于水中，而水是地球上存在范围最广的物质，地球储水量约为2.1×10^{26} t。氢燃烧又生成水，这是一个取之于水又还于水的自然循环，因此氢是一种不受资源限制，取之不尽、用之不竭的能源。此外，氢本身无毒，燃烧时除生成水和少量氮化氢外，不会像矿物燃料那样产生大量烟尘及一氧化碳、碳氢化合物等对环境有害的污染物质，少量的氮化氢经过适当处理也不会污染环境，因此氢是一种清洁能源。

1.2.1 氢能的特点

氢位于元素周期表之首，它的原子序数为1，氢气在常温常压下为气态，在超低温或超高压下可成为液态。作为能源，氢具有以下特点：

(1) 氢在所有元素中质量最小。在标准状态下，氢气的密度为 0.0899 $g \cdot L^{-1}$。在 -252.77 ℃时为液体，若将压力增大到数十兆帕，液态氢可变为金属氢。

(2) 在所有气体中，氢气的导热性最好，比大多数气体的热导率高 10 倍。因此，在能源工业中氢是极好的传热载体。

(3) 氢在自然界普遍存在，除空气中含有少量氢气外，它主要以化合物的形态存在于水中。据推算，若将海水中的氢全部提取出来，它所产生的总热量约为地球上所有化石燃料放出热量的 9000 倍。

(4) 除核燃料外，氢的发热值为 1.4×10^5 kJ $\cdot$ kg^{-1}，是汽油发热值的 3 倍，是所有化石燃料、化工燃料和生物燃料中最高的。

(5) 氢燃烧性能好，点燃快，与空气混合时有广泛的可燃范围，而且燃点高，燃烧速度快。

(6) 氢燃烧的产物是水，无环境污染问题，而且燃烧生成的水还可以继续制氢，可反复循环使用。

（7）氢能利用形式多，既包括氢与氧燃烧放出的热能在热力发动机中产生机械功，又包括氢与氧发生电化学反应用于燃料电池直接获得电能。氢还可以转化成固态氢，用作结构材料。用氢代替煤和石油，无需对现有的技术装备做重大的改造，只需将现在的内燃机稍加改装后即可使用。

（8）氢储存方式多样，可以气态、液态或固态的金属氢化物出现，能满足储运及各种应用环境的不同要求。

从以上特点可以看出，氢是一种理想的、新的含能体能源，目前液氢已广泛用作航天动力的燃料。大气中二氧化碳浓度的增加是由化石燃料的大量消费引起的，而支持氢能体系的是大量的水循环。氢作为化学能的载能体，可以弥补电能难以大量储存和远距离输送的缺点，起到与电能互补的作用。

1.2.2　氢能的终端应用

鉴于以上这些特点，人们对氢能源的开发产生了极大的兴趣。从 20 世纪 90 年代起，美、日、德等发达国家均制定了系统的氢能研究与发展规划。其短期目标是实现氢燃料电池汽车的商业化，并以地区交通工具的氢能化为前导，在 20 年左右的时间里，使氢能在包括发电在内的总体能源系统中占有相当的份额。长期目标是在化石能源枯竭时，氢能可以自然地承担起主体能源的角色。尽管目前氢能的应用还存在诸多挑战，但不难想象，随着科学技术的不断进步，氢能的应用不再遥远。未来的经济有望变为氢经济，氢能转化为动力、电能，走向千家万户，成为人类今后长期依靠的一种通用能源。

在氢经济时代，氢气的主要用途是供应燃料电池发电。燃料电池是一种在电解质存在的条件下，还原剂（燃料）与氧化剂发生化学反应产生电流的设备。与一般储能电池不同的是，燃料电池更像是一种发电装置。燃料电池的关键部件与其他种类的电池相同，也包括阴极、阳极和电解质等。通常，阳极和阴极上都含有一定量的催化剂，目的是加速电极上发生的电化学反应。两极之间是离子导电而非电子导电的电解质。液态电解质大体分为碱性和酸性两种，固态电解质包括质子交换膜和氧化锆隔膜等。在液态电解质中应用 $0.2\sim0.5$ mm 厚的微孔膜，固态电解质则为无孔膜，薄膜厚度约为 20 μm。电解质可分为碱型、磷酸型、固体氧化物型、熔融碳酸盐型和质子交换膜型五大类型。

燃料电池不是封闭体系，它最大的特点是正、负极本身不包含活性物质，活性物质需要连续注入电池两极，即通过"燃料"的添加将反应物从外界不断输送到电极上进行反应，从而可持续提供电能。因此，燃料电池又称为连续电池。当然，在实际应用中，由于受电极材料和电池元件的限制等，燃料电池还是有一定的寿命。

总之，在化石燃料长期大量消耗的背景下，氢能作为理想的清洁能源受到广泛关注。后续章节将对氢气的制备、分离及氢能的储存、输运、应用等进行具体介绍。

思　考　题

1. 新能源的开发具有什么意义？开发氢能具有哪些重要性？
2. 能源的发展离不开材料，氢能的开发需要哪些材料方面的创新与突破？

3. 氢能有哪些优势？它的发展面临哪些挑战？

4. 目前有哪些储氢手段？储氢材料是氢能发展的重要能源材料，目前正在研究的储氢材料主要包括哪些？

5. 氢能的应用主要包括哪些方面？在应用过程中要注意或面临哪些问题？

第 2 章　氢的基本性质

氢是宇宙中含量最丰富的元素，也是地球上最常见的元素之一，在地壳中的含量居第三位(位于氧和硅之后)。在地壳和海洋中，氢以各种化合形式(水、煤、石油等)存在，以原子分数计约占 15.4%，而以质量分数计约占 0.9%(第九位)。16 世纪至 17 世纪期间，许多模糊不清和令人困惑的实验已经逐渐使人们认识到氢是一种元素。英国科学家卡文迪什(Cavendish)于 1766 年成功分离并鉴定了氢气。在戴维(Davy)研究了氢卤酸后，人们认识到氢也是酸中的基本元素，此后酸碱理论一直起重要作用。19 世纪 80 年代阿伦尼乌斯(Arrhenius)和奥斯特瓦尔德(Ostwald)提出了电离理论，1909 年索伦森(Sorensen)采用了氢离子浓度的 pH 标度、酸碱滴定和指示剂理论，1923 年布朗斯特(Brønsted)将酸和共轭碱分别看作质子给体和受体。这些理论都丰富了氢的物理和化学性质，对后来的研究产生了深远的影响。现在已经认识到，氢所形成的化合物比其他任何元素(包括碳)形成的化合物都多，因此研究氢的原子性质和物理性质是非常必要的。

2.1　氢的原子性质和物理性质

氢原子的电子构型($1s^1$)十分简单，可以和另一个氢原子共用两个电子形成共价键，得到氢气(H_2)。分子轨道理论认为，当两个氢原子相互靠近时，两个 1s 原子轨道可以组成两个分子轨道：①成键轨道σ_{1s}，能量比氢原子 1s 原子轨道能量低；②反键轨道σ_{1s}^*，能量比 1s 原子轨道能量高。根据泡利不相容原理，两个氢原子自旋方向相反的 1s 电子在成键时进入能量较低的σ_{1s}成键轨道，形成一个单键，氢分子的电子构型可以写成$H_2[\sigma 1s^2]$。

氢可以以 40 多种形式存在，其组成的多样性由多种因素造成：①氢有三种同位素，氕 ^1H(丰度 99.9844%)、氘 ^2H(或 D，0.0156%)和氚 ^3H(或 T)；②气相中氢有原子、分子及离子化的物种(H、H_2、H^+、H^-、H_2^+ 和 H_3^+)；③氢根据核自旋有正氢(核自旋平行)和仲氢(核自旋反平行)之分，低温下仲氢含量高，高温下正氢含量高。氢原子的性质列于表 2.1。

表 2.1　氢原子的性质

性质	数据
相对原子质量	1.0079
电离能($H \longrightarrow H^+ + e^-$)/eV	13.59
电子亲和能($H + e^- \longrightarrow H^-$)/eV	0.752
电负性	2.1
原子半径/pm	53 (玻尔半径)

续表

性质	数据
原子磁矩/μ_B	1.73
核磁矩/μ_B	1.7929

2.1.1 氢的同位素

天然氢的原子核主要由一个质子组成(氕)，但有少量氢原子核的组成是一个质子和一个中子，称为氘，而一个质子和两个中子组成的氚是不稳定的，具有放射性，放射出低能量的 β 粒子，半衰期为 12.35 a。氢的同位素广泛应用于同位素研究、放射性示踪及核磁共振光谱学等。

分子形式的氢是一种稳定、无色、无味的气体，具有非常低的熔点和沸点(表 2.2)。显然，相对较重的同位素 D_2 和 T_2 具有更高的熔点及沸点。氢分子的键能很大，几乎是最大的单键键能，这使得氢在室温下相对不活泼。只有在 2000 K 以上时氢才明显地热解为氢原子，但即使在 5000 K 下，仍然有 5%的氢是未解离的。氢原子也可以通过低压辉光放电得到。而原子态的氢可以重新结合成分子，并产生超过 3000 K 的高温，用于金属焊接。

表 2.2 氢、氘、氚分子的物理性质

性质	H_2	D_2	T_2
熔点/K	13.92	18.73	20.63
沸点/K	20.38	23.67	25.04
熔化热/(kJ·mol⁻¹)	0.117	0.197	0.250
气化热/(kJ·mol⁻¹)	0.904	1.226	1.393
临界温度 a/K	33.19	38.35	40.6(计算值)
临界压力 b/atmᶜ	12.98	16.43	18.1(计算值)
解离热/(kJ·mol⁻¹)	435.88	443.35	446.9
零点能/(kJ·mol⁻¹)	25.9	18.5	15.1
核间距/pm	74.14	74.14	74.14

a. 临界温度：在此温度以上单靠施加压力不能使气体液化；b. 临界压力：在临界温度时使气体液化所需要的最低压力；c. 1 atm = 1.013 25 × 10⁵ Pa。

2.1.2 正氢和仲氢

非零自旋的原子核的同核双原子分子都有核自旋异构体，如 D_2、T_2、$^{14}N_2$、$^{15}N_2$、$^{17}O_2$ 等，而且在 H_2 中特别明显。当两个氢原子核自旋平行(正氢)时，总核自旋量子数为 1(1/2+1/2)，为三重态简并(2S+1)。而当两个氢原子核自旋反平行(仲氢)时，总核自旋量子数为 0，为非简并态。两种状态的转变涉及禁阻的三重-单重态转变，比较缓慢，可以通过催化剂(Pd、Pt)进行催化转化，常见的顺磁性物质也能有效地催化该转变。相对来说，核自旋反平行的仲氢具有更低的能量，在低温下主要以仲氢存在。0 K 时仲氢含量为100%，随着温度升高，平衡逐渐向正氢移动，室温时仅有25%的仲氢。液态正常氢气会自发发生正氢-仲氢转化，并放出超过气化热 904 $J \cdot mol^{-1}$ 的热量。因此，即使将液态正常氢储存在一个理想绝热的容器中，液氢本身也会发生气化。

2.1.3 氢的离子化

氢的外层电子结构为 $1s^1$，既可以失去一个电子生成 H^+，也可以得到一个电子生成 H^-。

氢原子的电离能为 13.59 eV(约 1311 $kJ \cdot mol^{-1}$)，单质子 H^+ 的半径仅为 0.84×10^{-3} pm，是极度不稳定的化学实体，容易和其他物种结合，常见有 H_3O^+、NH_4^+ 等。这一点主要体现了质子作为强路易斯(Lewis)酸的化学性质，将在后续讨论。

$$H(g) \longrightarrow H^+(g) + e^- \qquad \Delta H = 1311 \ kJ \cdot mol^{-1}$$

氢原子的电子亲和能为 0.752 eV(约 72 $kJ \cdot mol^{-1}$)，明显小于卤素的电子亲和能。H^- 具有和氦相似的电子结构，但是稳定性差很多，单个质子和两个电子的结构使得其具有极大的变形性，赋予其化学上的一系列特性。

$$H(g) + e^- \longrightarrow H^-(g) \qquad \Delta H = -72 \ kJ \cdot mol^{-1}$$

2.1.4 氢气的形态

氢气可以以气、液、固三态存在，具体性质见表 2.3。

表 2.3 氢气的物理性质

性质	数据
相对分子质量	2.016
颜色、味道	无色、无味
原子半径/pm	28
共价半径/pm	37.1
离子半径/pm	203(鲍林)
范德华半径/pm	120
气体密度/(g·L^{-1})	0.089 822
液体密度/(kg·L^{-1})	0.070 9(−252 ℃)
固体密度/(kg·L^{-1})	0.080 7(−262 ℃)
摩尔体积/(L·mol^{-1})	22.42(1 atm，273 K)
熔点/ ℃	−259.23(13.92 K)
沸点/ ℃	−252.77(20.38 K)

续表

性质	数据
熔化热/(J·mol⁻¹)	87
气化热/(J·mol⁻¹)	904
气化熵/(kJ·mol⁻¹·K⁻¹)	0.004 435
升华热/(J·mol⁻¹)	1 028(3.96 K)
H—H 键键能/(kJ·mol⁻¹)	436
H—H 键键长/pm	74.14
折射系数(标准状况)	1.000 132
临界点	$T_c = 33.19$ K，$p_c = 12.98$ atm，$V_c = 0.065$ L·mol⁻¹
介电常数/(F·m⁻¹)	
气体氢	1.000 265(20 ℃，0.101 MPa)
气体氢	1.005 00(20 ℃，2.02 MPa)
液体氢	1.225(20.33 K)
固体氢	0.218 8(14 K)
磁化率/(cm³·g⁻¹)	-2.0×10^6(20 ℃)
平均速度/(m·s⁻¹)	1 770(25 ℃)，3 660(1000 ℃)
迁移率/(cm²·V⁻¹·s⁻¹)	6.70(H⁺)，7.95(H⁻)
电离能/(kJ·mol⁻¹)	1 311
空气中爆炸极限	4%～75%
热导率 κ/(J·s⁻¹·cm⁻¹·K⁻¹)	14.5×10^{-8}(20 K)，6.75×10^{-4}(100 K) 17.24×10^{-4}(273.6 K)，19.51×10^{-4}(300 K)

(1) 气体氢。一般情况下氢气以气态形式存在。

(2) 液体氢。氢气在-252.77 ℃转变为无色液体。液氢可以作为燃料，也是能量载体的较好储存方式之一。氢气的转化温度很低，最高为 20.38 K，只有将氢气预冷却到该温度以下，再节流膨胀才能产生液氢。

常温下正常氢含有 75%的正氢和 25%的仲氢。低于常温时，正-仲态平衡将随着温度变化而变。氢液化得到的是正常氢，液态正常氢会自发发生正-仲态转化，并且放热，从而气化。在开始的 24 h 内，液氢大约要蒸发损失 18%，100 h 后损失将超过 40%。为了获得标准沸点下的平衡氢，即仲氢含量为 99.8%的液氢，在氢的液化过程中必须进行正-仲态催化转化。一般有三种液化方法，即节流氢液化循环、带膨胀机的氢液化循环和氦制冷氢液化循环。

(3) 固体氢。氢在 13.92 K 凝固，固体氢通常结晶成六方密堆积结构的晶体，但它有一种四方密堆积结构的变体。在 3 K 时，X 射线衍射晶体结构研究发现，固体氢是由六方密堆积结构中掺杂四方结构组成的，其结构如图 2.1 所示。

 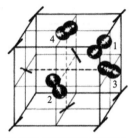

(a) 六方密堆积的仲氢晶格   (b) 定向有序排列的正氢晶格

图 2.1   固体氢的结构

气态、液态和固态氢都是绝缘体。早已有人提出，氢是 ⅠA 族元素，那么是否可以形成碱金属一样的金属态？根据理论计算，在超高压下可能得到金属氢。随着超高压的发展，金属氢的研究也取得了若干进展。美国、日本和苏联科学家先后报道了用动态和静态高压的方法观察到了由固态氢到金属氢的转变。

2.2   氢的化学性质

氢分子的键能接近 $436 \ kJ \cdot mol^{-1}$，比一般单键的键能(如 Cl—Cl，$239 \ kJ \cdot mol^{-1}$)高，接近双键的键能(如 O=O，$489.5 \ kJ \cdot mol^{-1}$)，因此在常温下氢气具有一定的稳定性。但氢和氟即使在暗处也能化合，并且氢气能迅速还原氯化钯(Ⅱ)水溶液：

$$PdCl_2(aq) + H_2 \longrightarrow Pd(s) + 2HCl(aq)$$

该反应作为氢的灵敏检验反应。而在较高温度下，氢和许多非金属甚至金属剧烈反应，得到相应的氢化物等。氢的活性可以由许多催化剂，如雷尼(Raney)镍、钯及铂等诱发。在工业上氢被用于许多有机化合物的加氢：

$$RCH = CH_2 + H_2 + CO \longrightarrow RCH_2CH_2CHO \xrightarrow{H_2} RCH_2CH_2CH_2OH$$

氢气在铁催化剂作用下甚至能和氮气化合生成氨[哈伯(Haber)法]，是工业上非常重要的获取氨的方法。

氢原子独特的 $1s^1$ 电子构型使得它既可以得到一个电子($1s^2$)又可以失去一个电子(H^+)，然而由于氢核的特殊性(单质子)，其与卤素离子(X^-)和碱金属离子(M^+)都有明显的差别。例如，H^+ 的半径非常小，仅为 $0.84 \times 10^{-3} \ pm$，因此在凝聚体系中，氢离子将与其他原子或分子结合，而碱金属离子的半径为 $50 \sim 220 \ pm$。质子在化学物种间的传递构成了酸碱理论的基础。同时，氢原子和两个电负性大的原子(如 F、O 等)紧密地连接成直线排列，称为氢键，氢键对物质的化学及物理性质都有很大的影响。此外，氢具有穿透金属形成非化学计量比的金属型氢化物的能力。

2.2.1   氢气主要化学反应

1. 与金属反应

氢的电子亲和能仅为 $72 \ kJ \cdot mol^{-1}$，远低于碘($295.16 \ kJ \cdot mol^{-1}$)，得到电子的倾向也

比较弱，能与碱金属或碱土金属在高温高压下化合得到相应的氢化物，其中氢为-1 价：

$$H_2 + 2Na \longrightarrow 2NaH$$

$$H_2 + Ca \longrightarrow CaH_2$$

氢气在高温下也容易失去价电子，与金属氧化物反应夺取其中的氧，得到金属单质：

$$H_2 + CuO \longrightarrow Cu + H_2O$$

$$4H_2 + Fe_3O_4 \longrightarrow 3Fe + 4H_2O$$

2. 与非金属反应

氢气与很多非金属(如氧、硫、氯等)化合，失去一个电子，呈现+1 价，得到非金属化合物。反应方程式为

$$H_2 + F_2 \longrightarrow 2HF \text{ (爆炸性化合)}$$

$$H_2 + Cl_2 \longrightarrow 2HCl$$

$$H_2 + I_2 \longrightarrow 2HI \text{ (可逆反应)}$$

$$H_2 + S \longrightarrow H_2S$$

$$2H_2 + O_2 \longrightarrow 2H_2O$$

3. 氢气加成反应

在高温下，氢气(一般需要催化剂)还能对碳碳重键和碳氧重键起加成作用，如将不饱和有机化合物烯、炔还原为饱和化合物，将醛、酮还原为醇。

$$H_2 + C_2H_4 \longrightarrow C_2H_6$$

2.2.2 原子态氢反应

加热、通过电弧或低压放电可使部分氢分子(H_2)解离为氢原子(H)。氢原子非常活泼，但仅存在 0.5 s，之后氢原子重新结合为氢分子并放出大量的热，可使体系达到极高的温度。因此，工业上经常利用原子氢结合所产生的高温，在还原性气氛中焊接高熔点金属，此时温度可高达 3500 ℃。锗、砷、锡、锑等不能与氢气化合，但是它们可以与原子氢反应，生成氢化物。例如，原子氢与砷的反应为

$$3H + As \longrightarrow AsH_3$$

原子氢不仅能将某些金属氧化物、氯化物还原成金属，还能还原含氧酸盐。例如

$$2H + CuCl_2 \longrightarrow Cu + 2HCl$$

$$8H + BaSO_4 \longrightarrow BaS + 4H_2O$$

2.2.3 质子酸碱特性

氢离子(H^+)作为半径最小的离子，具有独特的化学性质。1923 年，布朗斯特和劳里

(Lowry)提出质子酸碱理论,认为凡是给出质子(H⁺)的任何物质都是酸,凡是接受质子(H⁺)的任何物质都是碱。根据该理论,属于酸的有 HCl、HAc、NH_4^+、H_2SO_4 等,属于碱的有 Cl^-、Ac^-、NH_3、SO_4^{2-} 等,可以看出酸释放质子成为碱,而碱接受质子成为酸,又称为共轭酸碱对。许多物质既可以作为酸给出质子,也可以接受质子成为碱,常见的有 H_2O、HF 等,它们接受一个质子(如 H_3O^+)和失去一个质子(如 OH^-)的浓度分别被认为是酸的浓度和碱的浓度:

$$2H_2O \longrightarrow H_3O^+ + OH^- \ (K_w = [H_3O^+][OH^-] = 10^{-14},\ 298\ K)$$

$$3HF \longrightarrow H_2F^+ + HF_2^-$$

酸性强度一般用 pH 表示:

$$pH = -lg[H^+]$$

在水溶液中,氢离子存在形式为 H_3O^+,298 K 下纯水中氢离子浓度为 $10^{-7} mol \cdot L^{-1}$,pH = 7。实际上,布朗斯特酸碱理论并不局限于稀的水溶液,也可以推广到非水溶液的质子受体(如 HF)中。而在有机溶剂特别是非水质子液体中,这时的氢离子浓度和 pH 的概念即使有实际意义,但是测定它们的操作也不再适用,必须用其他标度定义酸的强度,常见的如哈米特(Hammett)酸度函数,此处不再赘述。

2.2.4 氢键特性

原子和离子之间除正常的化学键外,还有其他相互作用,这种作用涉及位于两个或多个原子团之间的氢原子,称为氢键。氢键强度比化学键低一个数量级,仅为 $10\sim60\ kJ \cdot mol^{-1}$,但它常对化合物的结构及性质起决定性作用。氢键可以表示为 A—H⋯B,产生条件通常是:A 的电负性大到足以增强 H 的酸性,成为质子给体,而 B 具有足够高的电子云密度及孤对电子,作为质子的受体。当 A 为 F、O、N 时,能形成很强的氢键;当 A 为 C 或第三周期元素 P、S、Cl 时,则形成较弱的氢键。B 可以是 F、O、N(强氢键)或者带负电的 Cl、Br、I,而绝不会是 C。

氢键对物质的性质影响很大。NH_3、H_2O 和 HF 的熔、沸点异乎寻常地高,普遍认为是分子之间的氢键相互作用导致的,而甲烷则没有这种现象。同时,受氢键影响的还有溶解性、混溶性、混合热、相分配性质、恒沸物的存在、色谱分离的灵敏性等。液晶(或中间相)可以看成是"部分熔化的"固体,它通常也是含有氢键原子团的分子(如多肽等)。此外,氢键还常使液体的密度比预期的更高,摩尔体积比预期的更低,同时也影响液体的黏度(甘油、磷酸、硫酸等具有非常高的黏度)。

氢键对物质结构的影响非常显著,许多化合物的晶体结构都受到氢键作用的影响,其也是影响蛋白质和核酸结构的重要因素,是生物化学中基础研究非常重要的部分。

2.3 氢气的安全性能

随着日益增长的能源需求和对环境保护的要求,氢气作为热值高、环境友好的清洁能源越来越受到关注。但氢气本身的安全性能严重影响了其实际应用，主要安全隐患来源于氢气宽的可燃烧范围、低的点火能量、较快的火焰蔓延速度、快速的扩散能力，以及低的密度，同时氢气的爆炸极限很宽(4%~75%)，这些都严重限制了氢气的应用。氢气储存中最主要的危险来源于氢气的泄漏，故安装检测氢气泄漏的仪器和装置是非常有必要的。

2.3.1　氢气的潜在安全问题

氢气作为一种能源已经被制备并使用了超过一个世纪，然而由于历史上的许多氢气安全事故[1937 年的兴登堡(Hindenburg)灾难、1989 年的休斯敦(Houston)氢气泄漏等]，氢气相比其他燃料并不是那么受欢迎。而造成这些事故的主要原因是：①机械或材料故障；②腐蚀；③压力过高；④低温条件下罐体的脆化；⑤相邻爆炸产生的冲击；⑥各种人为因素等。因此，氢安全需要解决以下几个氢气储存常见的问题：①易泄漏；②着火点低，可燃燃料-空气混合物范围宽；③密度低；④容易使金属材料脆化等。

氢气的危险性主要分为以下三类：

第一类为生理危害(physiological hazard)，包括氢气爆炸产生的冲击波、热烧伤、液氢的低温烧伤等。

第二类为物理危害(physical hazard)，包括氢气使金属脆化失效而导致的氢气泄漏等，这些取决于环境温度、压力、金属纯度等。环境氢脆在 200~300 K 达到最大，可以通过氧化涂层、消除应力、氢气添加剂和合金选择来控制。而低温液氢主要表现为从韧性到脆性的转变，加上由晶体结构中的相变引起的弹性和塑性的变化，故应考虑热收缩系数，以免在低温下因尺寸变化而泄漏。

第三类为化学危险(chemical hazard)。可燃性限制取决于点火能量、温度和压力、稀释剂、设备的尺寸和配置。氢的点火能量非常小(0.02 mJ)，因此明火、电气和加热设备应与含有氢气的系统隔离开。

氢气的燃烧特性表明，它不容易处理，但考虑到它提供的能量，还是非常具有应用前景的。

目前最成熟的储氢方式是将氢气储存在高压气瓶中。高压氢气瓶的泄漏是非常危险的，因为氢是一种非导电物质，泄漏时会在漏隙处产生很高的流速，高速气流内氢气自身的摩擦和与管壁的摩擦可使氢气流带电，随着气流速度的增加，氢气流的静电位也升高，从而形成高电位氢气流，使带电氢气在空气中着火燃烧。因此，氢气瓶和排氢管道应具有良好的接地设施，从而避免静电累积。如果泄漏的氢气高速流动通过导管变成低速排到大气中，危险性就大大减少了。

与其他气体相比，氢气不仅相对分子质量最小，其黏度也是最低的(表 2.4)，而气体的泄漏速率基本上与黏度成反比，因此氢气是泄漏最快的。

表 2.4　各种气体的黏度

气体	黏度/(Pa · s)	温度/℃
氧	20.683×10^{-6}	25
氢	19.79×10^{-6}	25.22

续表

气体	黏度/(Pa·s)	温度/℃
空气	18.451×10^{-6}	26.67
氮	17.856×10^{-6}	26.67
二氧化氮	15.029×10^{-6}	26.67
甲烷	11.16×10^{-6}	26.67
氢	8.928×10^{-6}	25

氢气还具有另一种特性,即它极易扩散,氢气的扩散系数是空气的 3.8 倍,质量是空气的 1/14。若将 2.25 m^3 液氢倾泻在地面,仅需要 1 min 就能扩散成不爆炸的安全混合物。因此,微量的氢气泄漏在空气中可以很快稀释成安全的混合气。燃料泄漏后不能马上消散是很危险的。表 2.5 列出了室温下几种工业燃料的扩散系数。其中,氢气的扩散系数约为汽油的 7.5 倍,说明氢气比汽油安全的说法是有根据的。氢气瓶安放的地方只要保持敞开性和良好的通风,安全是有保障的。

表 2.5 室温下几种工业燃料的扩散系数

燃料	氨	船用汽油	乙醇	汽油	联氨	氢	甲烷	甲醇
扩散系数 /(cm²·s⁻¹)	0.282	<0.1	0.128	<0.1	0.146	0.752	0.231	0.151

氢气的危险性在于它和空气混合后的爆炸极限范围很宽,为 4%~75%,故不能因氢气扩散系数很大而对氢的爆炸危险放松警惕。

2.3.2 氢气的安全处理和防护

氢气储存在高压钢瓶中,是一种无色、无味、易燃的压缩气体。当空气中氢气含量>4%时,随时都可能发生火灾或爆炸。氢气的点火能量很低,静电就能将其点燃。氢气的火焰为蓝白色,几乎不可见。

当氢气着火时,可以用干粉灭火器、水流或水雾扑灭其周围的火。切断气源前不要灭火。用 CO_2 灭火器灭火时,要特别小心,因为氢气能将 CO_2 还原为 CO 而使人中毒。氢气对眼睛和皮肤都没有影响。吸入过量氢气会使人窒息。氢气应存放在通风良好、安全、干燥的地方,并与可燃物分开存放。储存温度不可高于 52 ℃。氢气钢瓶和氧气钢瓶或氧化物要分开放置。氢气钢瓶应直立存放,阀盖完好并拧紧,钢瓶要固定好以防翻倒或磕碰。一定不要拉动、滚动或滑动钢瓶,应使用合适的手推车移动钢瓶。储存区应有"禁止吸烟和使用明火"的警示牌,不应有火源。在氢气的储存或使用区域内,所有电器必须具有防爆要求。使用氢气时不要在连接好装置之前打开钢瓶阀门,否则氢气会自燃。用测漏仪器检测系统的泄漏情况,千万不要用明火测漏。

操作人员应采取以下防护措施:

(1) 戴防寒、防冻伤的纯棉手套,防止液氢冻伤。

(2) 穿不会产生静电的工作服，禁止穿着化纤、毛皮等制作的衣服进入工作现场。

(3) 穿电阻率在 $10\,\Omega\cdot cm$ 以下的专用导电鞋或防静电鞋。

(4) 在离氢环境较近的建筑物或实验室内应设有送风机，送风机效果大于抽风机，送风机可以增加气流的紊乱度，从而改善通风环境。不允许有凹面、锅底形的天花板，因为这样的天花板容易积存微量泄漏的氢气。

(5) 在系统设计上应考虑既可以遥控切断氢源开关，也可手动切断氢源开关。

(6) 被液氢冻伤的皮肤只能用凉水浸泡慢慢恢复，千万不能用热水浸泡。

2.4　氢化物的性质

当氢与其他元素成键时，可以表现为正电性、负电性或电中性三种状态。氢在化合物中的电性主要取决于元素的电负性。电负性代表原子吸引电子的能力。电负性越高，对电子的吸引能力越强，越容易得到电子而表现为负电性；反之，则表现为正电性。与其他元素相比，氢原子的半径最小，原子核对核外电子具有较强的吸引力，因此氢具有相对较高的电负性，其值为 2.1。氢在化学反应中有以下几种成键情况。

1) 失去价电子

氢原子仅有一个电子，电子排布为 $1s^1$，若失去 1s 价电子则形成氢正离子(H^+)。由于只含 1 个质子，H^+ 又称为质子或氢原子核。质子半径(约 0.84×10^{-13} cm)比氢原子半径(约 0.5×10^{-8} cm)小 5 个数量级，这使质子有相对较强的集中正电场，对相邻的原子或分子产生不可抗拒的吸引力，使相邻的原子或分子强烈变形。因此，除用于核物理研究的质子流外，一般情况下 H^+ 总是同其他原子或分子结合在一起而不存在裸露的 H^+。为了避免认为溶液中存在孤立的氢离子，一般在酸性水溶液中将水和氢离子构成的离子称为水合氢离子(H_3O^+)，在液氨中构成的离子称为铵离子(NH_4^+)等。

2) 结合一个电子

氢原子较小的原子半径导致原子核对核外电子有较强的吸引力。因此，氢原子极易得到 1 个电子而形成 $1s^2$ 结构，生成负氢离子(H^-)，它主要存在于氢和ⅠA、ⅡA(除 Be 外)族金属形成的离子型氢化物的晶体中。已知自由 H^- 的有效半径为 203 pm，而当与金属元素结合时，由于其离子半径较大，周围的电子云极易变形，致使 H^- 的半径随金属的性质差异而发生明显的改变(典型数据见表 2.6)。H^- 的标准电极电势为 -2.25 V，具有很强的还原性，是已知的最强碱之一，仅能存在于干态的离子型氢化物晶体中，而不能成为水溶液中的水合离子。

表 2.6　一些典型氢化物中 H^- 的半径大小

化合物	MgH_2	LiH	NaH	KH	RbH	CsH	自由 H^-(计算值)
$r(H)$/pm	130	137	146	152	154	152	203

3) 形成共用电子对

氢原子还可以通过与其他非金属元素(稀有气体除外)或某些金属元素形成共用电子

对的方式成键。当另一个原子同样是氢原子，则形成的键为非极性共价键，即 H∶H；当另一个原子不是氢原子，则形成的键为极性共价键，如 H—Cl。

此外，氢原子与电负性极强的原子 X 相结合形成二元氢化物 HX 后，若再与电负性大且半径小的原子 Y(如氟、氮、氧等)接近，则会形成 X—H⋯Y 形式的氢键。氢还可以通过与缺电子原子形成氢桥键而得到缺电子化合物(如乙硼烷、氯化铝)，负氢离子也可以作为配体生成负氢离子配合物等，具体内容将在后续章节介绍。

2.4.1 二元氢化物

氢与另一种元素形成的化合物称为二元氢化物，它们构成了含氢化合物化学的主体。除稀有气体外，大多数元素几乎都能与氢结合形成二元氢化物。按照化合元素在元素周期表的位置及氢化物性质的不同，二元氢化物可以划分为离子型或盐型氢化物、分子型或共价型氢化物和金属型或过渡型氢化物(图 2.2)。此外，ⅠB 和ⅡB 族的过渡金属元素与氢形成的氢化物一般称为边界氢化物，其性质介于共价型与过渡型氢化物之间，报道比较少，本节不对其进行展开介绍。

ⅠA	ⅡA	ⅢB	ⅣB	ⅤB	ⅥB	ⅦB	Ⅷ			ⅠB	ⅡB	ⅢA	ⅣA	ⅤA	ⅥA	ⅦA	0
H																	He
Li	Be											B	C	N	O	F	Ne
Na	Mg											Al	Si	P	S	Cl	Ar
K	Ca	Sc	Ti	V	Cr	Mn	Fe	Co	Ni	Cu	Zn	Ga	Ge	As	Se	Br	Kr
Rb	Sr	Y	Zr	Nb	Mo	Tc	Ru	Rh	Pd	Ag	Cd	In	Sn	Sb	Te	I	Xe
Cs	Ba	La	Hf	Ta	W	Re	Os	Ir	Pt	Au	Hg	Tl	Pb	Bi	Po	At	Rn
离子型氢化物		金属型氢化物								边界氢化物		共价型氢化物					

图 2.2 二元氢化物的分类

1. 离子型氢化物

1916 年，路易斯预言了氢负离子 H⁻ 的存在。1920 年，默尔斯(Moers)电解 LiH 时在阳极侧观察到氢气的产生，证明了离子型氢化物的存在。然而，这种离子型氢化物的存在最初存在很大的争议，因为 H⁻ 的半径计算值为 2.03 Å($1\ \text{Å} = 10^{-10}\ \text{m}$)，与 LiH 的键长相当。这是由于 H⁻ 半径较大，容易被极化，同时 Li⁺ 半径小，正电场较强。实际测量表明，由于极化作用，离子型氢化物中 H⁻ 的半径均比自由 H⁻ 的半径小，且根据与氢化合金属元素性质的不同，极化程度也不尽相同，从而表现出不同的 H⁻ 半径。

由于氢具有较高的电负性，当其与电负性很小的 ⅠA 族碱金属元素和ⅡA 族碱土金属元素(除 Be 外)直接化合时有强烈的失电子趋势，倾向于获得一个电子形成 H⁻，从而生成离子型氢化物。除ⅡA 族的 BeH_2 外，这些氢化物均具有离子型氢化物的典型晶格结构。ⅠA 族氢化物具有 NaCl 型结构，ⅡA 族氢化物具有类似于某些重金属卤化物的晶体结构(表 2.7)。这类氢化物具有离子型化合物的共性。它们都是无色或白色盐状晶体，常因含少量金属杂质而显灰色；有较高的熔点和沸点，具有导电性。离子型氢化物不溶于非水溶剂，但能溶解在熔融碱金属卤化物中而不发生反应。此外，氢化钠能溶解在熔融氢氧化钠中，此混合物可以作为金属材料的脱锈剂，发生的反应为

$$3NaH + Fe_2O_3 \longrightarrow 2Fe + 3NaOH$$

表 2.7　s 区金属氢化物的晶体结构

化合物	晶体结构
LiH、NaH、KH、RbH、CsH	NaCl 型
MgH$_2$	金红石型
CaH$_2$、SrH$_2$、BaH$_2$	扭曲的 PbCl$_2$ 型

可以看出，上述氢的化学性质与卤素相似，氢化物的晶体结构、物理性质均类似于盐类，因此也称为盐型氢化物。但是，H 变成 H⁻的倾向远比卤素分子 X$_2$ 变成卤素离子 X⁻的倾向小，氢与碱金属和碱土金属只有在较高的温度下作用才能生成含有 H⁻的氢化物。例如，离子型氢化物可以通过金属与氢气直接化合得到，生成时放出热量，生成熔较高，一般所需氢气压力为 1 atm，合成温度为 300~700 ℃。实际合成过程中生成的氢化物膜会阻止氢气与金属的进一步反应，使实际的氢化过程减缓。从热力学上看，这些氢化物的生成熔大多为 100~200 kJ·mol⁻¹，在热力学上非常稳定，不容易通过热分解放出氢气。由于氢元素与锂元素的电负性差值较大，因此 LiH 的离子键极性较大，且氢与锂相似的原子半径也保证了 LiH 具有紧密的晶格结构，使得 LiH 十分稳定，加热至熔点也不会发生分解，是最稳定的离子型氢化物。而其他碱金属氢化物稳定性相对较差，在 400~500 ℃都会发生不同程度的分解，特别是含有铁和镍等过渡金属杂质时，都会降低这些氢化物的分解温度。

离子型氢化物易与水发生强烈反应，放出氢气，释放热量。例如

$$NaH\ (s) + H_2O\ (l) \longrightarrow H_2\ (g) + NaOH\ (aq)$$
$$LiH\ (s) + H_2O\ (l) \longrightarrow H_2\ (g) + LiOH\ (aq)$$

这类反应的实质是氢离子与氢负离子结合生成氢气的过程，反应可描述为 H⁻ + H⁺ ⟶ H$_2$(g)。具有这一特性的离子型氢化物(如 CaH$_2$)可用于除去气体或溶剂中微量的水分。但由于反应放热，比 NaH 更活泼的氢化物与水反应时十分剧烈，产生的热量能使生成的氢气燃烧，严重时可能引起爆炸，因此水量较多时应避免使用此法。

此外，K 等碱金属的氢化物能与氧气反应生成容易发生爆炸的超氧化物。因此，实验中涉及使用此类活泼金属氢化物时，应严格保证无水无氧的操作环境(如手套箱或真空线等)，做好防护措施，严格注意实验安全，对产生的固体废料也需进行妥善处理。

H⁻很容易失去一个电子变为氢气，因此离子型氢化物具有强还原性，同时 H⁻的强碱性使氢化物比相应的碱金属更稳定，在很多情况下可以代替碱金属作为还原剂，在高温下还原金属卤化物、氧化物和含氧酸盐。例如，NaH 表现出比 Na 更优异的稳定性，可以代替金属钠作还原剂。

$$TiCl_4 + 4NaH \longrightarrow Ti + 4NaCl + 2H_2\uparrow$$

$$UO_2 + CaH_2 \longrightarrow U + Ca(OH)_2$$

CO_2 与热的金属氢化物接触也能被还原。

$$2CO_2 + BaH_2(热) \longrightarrow 2CO + Ba(OH)_2$$

离子型氢化物的另一特性是它们在非水极性溶剂中能与一些缺电子化合物结合成多元复合氢化物。例如

$$2LiH + B_2H_6 \xrightarrow{\text{乙醚}} 2LiBH_4$$

$$4LiH + AlCl_3 \xrightarrow{\text{乙醚}} LiAlH_4 + 3LiCl$$

类似的复合氢化物还有很多，它们广泛用于无机和有机合成中作为还原剂和 H^- 的来源，或在野外用作生氢剂，十分便利，但价格昂贵。具体内容将在后续章节介绍。

$$LiAlH_4 + 4H_2O \longrightarrow Al(OH)_3 + LiOH + 4H_2\uparrow$$

2. 分子型氢化物

根据洪德定则的补充，能量相等的轨道处于全充满、半充满或全空的状态比较稳定。因此，氢原子易被氧化，失去一个电子，得到的 H^+ 处于稳定状态。非金属元素都能与 H^+ 形成具有最高氧化态的简单共价型氢化物，即分子型氢化物。以下列举了一些常见的分子型氢化物：

B_2H_6	CH_4	NH_3	H_2O	HF
	SiH_4	PH_3	H_2S	HCl
		AsH_3	H_2Se	HBr
			H_2Te	HI

通常情况下，分子型氢化物为气体或挥发性液体，它们的熔点和沸点都按与氢化合的非金属元素在周期表中所处的位置呈周期性变化。在同一族中，随着相对分子质量的增大，沸点从上到下递增。相比之下，第二周期的 NH_3、H_2O 及 HF 因存在分子间氢键，分子间的缔合作用特别强，故其沸点异常高。

有些非金属元素，如 C、Si、B 还能形成非金属原子数 $\geqslant 2$ 的一系列氢化物。例如，C 能形成种类繁多的烃类（C_nH_{2n+2}、C_nH_{2n}、C_nH_{2n-6} 等），Si 能形成通式为 $Si_nH_{2n+2}(1 \leqslant n \leqslant 8)$ 的一系列硅烷，B 则有包括 B_nH_{n+4} 和 B_nH_{n+6} 两大类在内的 20 多种硼烷。本节主要讨论分子型氢化物的一些重要性质。

1) 热稳定性

在共价化合物中，一般认为电负性差值越大，共价键越稳定。因此，非金属元素与氢元素的电负性差值（$\Delta\chi$）决定了相应的分子型氢化物的热稳定性。非金属元素与氢的电负性（$\chi_H = 2.1$）相差越大，$\Delta\chi$ 数值越大，所生成的分子型氢化物越稳定。例如，As 的电负性仅为 2.18，与氢的电负性差值仅为 0.08，所形成的 AsH_3 很不稳定，不能由 As 与 H_2

直接合成；而 F 具有较强的得电子能力，电负性高达 3.98，生成的 HF 很稳定，一般加热至高温也不分解。

从热力学角度看，这些氢化物的标准生成吉布斯自由能 $\Delta_f G_m^\ominus$ 或标准生成焓 $\Delta_f H_m^\ominus$ 越负，氢化物越稳定(表 2.8)。

表 2.8 HF、HCl、HBr、HI 四种氢化物的标准生成吉布斯自由能和标准生成焓

	$\Delta_f G_m^\ominus /(kJ \cdot mol^{-1})$	$\Delta_f H_m^\ominus /(kJ \cdot mol^{-1})$
$1/2H_2(g) + 1/2F_2(g) \longrightarrow HF(g)$	−275.4	−273.3
$1/2H_2(g) + 1/2Cl_2(g) \longrightarrow HCl(g)$	−95.3	−92.3
$1/2H_2(g) + 1/2Br_2(g) \longrightarrow HBr(g)$	−53.4	−36.3
$1/2H_2(g) + 1/2I_2(g) \longrightarrow HI(g)$	1.7	26.5

根据 $\Delta_f G_m^\ominus = -2.30RT\lg K_p (\Delta n = 0$ 时，$K_p = K_c)$，可求出上述各反应在 298 K 时的 K_p，即 $\lg K_p = \dfrac{-\Delta_f G_m^\ominus}{2.30RT} = \dfrac{-\Delta_f G_m^\ominus}{5.7}$。对于 HCl，298 K 时，有

$$\lg K_p = \frac{-\Delta_f G_m^\ominus}{5.7} = \frac{95.3}{5.7} = 16.7$$

$$K_p = 5 \times 10^{16}$$

可见在 298 K 时，该反应的 K_p 值很大，HCl 几乎不分解。当反应温度升高，由于反应放热，K_p 变小。例如，1273 K 时的 $K_p = 2 \times 10^4$，但此值仍很大，说明 HCl 在这样的高温下也很少分解。HI 则不然，298 K 时，有

$$\lg K_p = \frac{-\Delta_f G_m^\ominus}{5.7} = \frac{-1.7}{5.7} = -0.298$$

$$K_p = 0.503$$

K_p 值非常小，说明 HI 在室温时就已经分解。

表 2.9 所列的电负性、$\Delta_f H_m^\ominus$ 和分解温度的数据表明：在同一周期中，分子型氢化物的热稳定性自左向右依次增加；在同一族中，分子型氢化物的热稳定性自上而下依次减小。这个变化规律与非金属元素电负性的变化规律是一致的。

表 2.9 一些氢化物的标准生成焓和分解温度

氢化物	B_2H_6	CH_4	NH_3	H_2O	HF
χ_A	2.04	2.55	3.04	3.44	3.98
$\Delta_f H_m^\ominus /(kJ \cdot mol^{-1})$	3.56	159.0	45.9	−241.8	−273.3

续表

氢化物	B_2H_6	CH_4	NH_3	H_2O	HF
分解温度/K	373 K 以下稳定	≥873	1073	>1273	不分解

氢化物		SiH_4	PH_3	H_2S	HCl
χ_A		1.90	2.19	2.58	3.16
$\Delta_f H_m^{\ominus}/(kJ \cdot mol^{-1})$		34.3	5.4	20.6	−92.3
分解温度/K		773	713	673	3273 K 分解 1.3%

氢化物			AsH_3	H_2Se	HBr
χ_A			2.18	2.55	2.96
$\Delta_f H_m^{\ominus}/(kJ \cdot mol^{-1})$			66.4	29.7	−36.3
分解温度/K			573	573	1868 K 分解 1.08%

氢化物			SbH_3	H_2Te	HI
χ_A			2.05	2.10	2.66
$\Delta_f H_m^{\ominus}/(kJ \cdot mol^{-1})$			145.1	99.6	26.5
分解温度/K			加热或引入火花	273	1073 K 分解 24.9%

注：χ_A 是与 H 结合的非金属元素的电负性。

2) 还原性

除 HF 外，其他分子型氢化物都有还原性，其变化规律与稳定性的增减规律相反，稳定性越大的氢化物，还原性越小。

氢化物 AH_n(A 表示非金属元素，n 表示该元素的最低氧化态的绝对值)的还原性与 A^{n-} 得失电子的能力有关，而 A^{n-} 得失电子的能力又与其半径和电负性的大小有关。在周期表中，从右向左，自上而下，A^{n-} 的半径增大，电负性减小，A^{n-} 失电子的能力按此顺序递增，所以还原性也按此方向增强。

	B_2H_6	CH_4	NH_3	H_2O	HF
还原性增强 ↓		SiH_4	PH_3	H_2S	HCl
			AsH_3	H_2Se	HBr
				H_2Te	HI

还原性增强

←

基于 AH_n 的还原性，这些氢化物能与氧、卤素、高氧化态的金属离子及一些含氧酸盐等氧化剂作用。

(1) 与 O_2 的反应：

$$CH_4 + 2O_2 \xrightarrow{燃烧} CO_2 + 2H_2O$$

$$B_2H_6 + 3O_2 \xrightarrow{燃烧} B_2O_3 + 3H_2O$$

$$4NH_3 + 5O_2 \xrightarrow{Pt催化剂} 4NO + 6H_2O$$

$$2PH_3 + 4O_2 \xrightarrow{自燃} P_2O_5 + 3H_2O$$

$$2AsH_3 + 3O_2 \xrightarrow{自燃} As_2O_3 + 3H_2O$$

$$2H_2S + 3O_2 \xrightarrow{点燃} 2SO_2 + 2H_2O$$

$$4HBr + O_2 \longrightarrow 2Br_2 + 2H_2O$$

$$4HI + O_2 \longrightarrow 2I_2 + 2H_2O$$

HCl 也有类似作用，但必须使用催化剂并加热。

(2) 与 Cl_2 的反应：

$$8NH_3 + 3Cl_2 \longrightarrow 6NH_4Cl + N_2$$

$$PH_3 + 4Cl_2 \longrightarrow PCl_5 + 3HCl$$

$$H_2S + Cl_2 \longrightarrow 2HCl + S$$

$$2HBr + Cl_2 \longrightarrow 2HCl + Br_2$$

$$2HI + Cl_2 \longrightarrow 2HCl + I_2$$

(3) 与高氧化态金属离子反应：

$$2HI + 2Fe^{3+} \longrightarrow I_2 + 2Fe^{2+} + 2H^+ (H_2S、H_2Se、H_2Te \text{ 均有此反应})$$

(4) 与氧化性含氧酸盐反应：

$$5H_2S + 2MnO_4^- + 6H^+ \longrightarrow 2Mn^{2+} + 5S \downarrow + 8H_2O$$

$$6HCl + Cr_2O_7^{2-} + 8H^+ \longrightarrow 3Cl_2 + 2Cr^{3+} + 7H_2O$$

$$6HI + ClO_3^- \longrightarrow 3I_2 + Cl^- + 3H_2O$$

3) 水溶液酸碱性和无氧酸的强度

非金属元素氢化物在水溶液中的酸碱性与该氢化物在水中给出或接受质子能力的强弱有关。大多数非金属氢化物都具有酸性，如 HX 和 H_2S 等，少数具有碱性，如 NH_3、PH_3，而 H_2O 本身既是酸又是碱，表现两性。

对于 HA 酸来说，有以下质子传递反应：

$$HA + H_2O \longrightarrow H_3O^+ + A^-$$

该反应的平衡常数用 K_a 表示，$K_a = [H_3O^+][A^-]$，通常称为电离常数，K_a 或 pK_a 的值常用于衡量酸的强度。

从表 2.10 所列数据可知，pK_a 越小，酸的强度越大，若氢化物的 pK_a 小于 H_2O 的 pK_a，则更容易给出质子，表现为酸性，反之则表现为碱性。

表 2.10　非金属二元氢化物在水溶液中的 pK_a(298 K)

NH$_3$	39	H$_2$O	15.74	HF	3.15	酸强度增加 ↓
PH$_3$	27	H$_2$S	5.89	HCl	−6.3	
AsH$_3$	≤23	H$_2$Se	3.7	HBr	−8.7	
		H$_2$Te	2.6	HI	−10	

酸强度增加 →

资料来源：Jolly W L. 1984. Modern Inorganic Chemistry. Boston: McGraw Hill，p177。

　　碱接受质子的能力取决于非金属元素占有电子的轨道与质子 1s 空轨道重叠的有效性。一般来说，较重的非金属元素及电负性较大的非金属元素，其轨道重叠的有效性较差、接受质子的能力很小，其碱性也就很弱。因此，在分子型氢化物中，实际上只有 NH$_3$、PH$_3$、H$_2$O 能接受质子，表现出碱性，碱性强弱次序为 NH$_3$ > PH$_3$ > H$_2$O。

　　还有一部分分子氢化物，如 CH$_4$ 和 SiH$_4$，具有对称的正四面体结构，分子是非极性的，既不溶于水也不发生电离，没有任何酸碱性。

　　BH$_3$ 是配位未饱和的缺电子基团，不能独立存在，会立即二聚为 B$_2$H$_6$。B$_2$H$_6$ 和 H$_2$O 反应转化为 H$_3$BO$_3$ 和 H$_2$，并不电离给出质子，也不接受质子。

　　对表 2.10 中所表示的酸强度变化规律，可以从能量和结构两个角度加以分析。

　　从能量角度来看，分子型氢化物在水溶液中酸性的强弱，取决于下列反应 $\Delta_r G_m^\ominus$ 的大小：

$$HA(aq) \Longrightarrow H^+(aq) + A^-(aq)$$

　　根据公式 $\Delta_r G_m^\ominus = -RT\ln K_a$，$\Delta_r G_m^\ominus$ 的值越负，所对应的 K_a 越大，酸性越强。$\Delta_r G_m^\ominus$ 可按公式 $\Delta_r G_m^\ominus = \Delta_r H_m^\ominus - T\Delta_r S_m^\ominus$ 计算，所以 $\Delta_r G_m^\ominus$ 与 $\Delta_r H_m^\ominus$ 及 $\Delta_r S_m^\ominus$ 有关，其中 $\Delta_r H_m^\ominus$ 又涉及许多能量项。例如，氢卤酸(HX)的电离过程可设计为如下的热力学循环：

HX(aq) —— $\Delta_r H_m^\ominus$ —→ H$^+$(aq) + X$^-$(aq)

$\Delta_r H_1^\ominus$ ↓　　　$\Delta_r H_6^\ominus$ ↑　　$\Delta_r H_4^\ominus$ ↑

H$^+$(g) + X$^-$(g)

$\Delta_r H_5^\ominus$ ↑　　$\Delta_r H_3^\ominus$ ↑

HX(g) + H$_2$O —— $\Delta_r H_2^\ominus$ —→ H(g) + X(g) + H$_2$O

　　$\Delta_r H_1^\ominus$ 为 HX(aq)脱水形成 HX(g)所需吸收的热量，即水合能的负值；$\Delta_r H_2^\ominus$ 为 HX 气态分子完全解离为 H 和 X 气态原子所需吸收的热量，也就是键能；$\Delta_r H_3^\ominus$ 为卤素气态原子 X 得到一个电子形成−1 价气态阴离子时所放出的能量，即 X(g)的第一电子亲和能；$\Delta_r H_4^\ominus$ 为气态离子 X$^-$与水结合成水合离子所放出的能量，即 X$^-$(g)的水合能；$\Delta_r H_5^\ominus$ 为气态原子 H 生成气态+1 价阳离子所需要的能量，即 H(g)的第一电离能；$\Delta_r H_6^{\ominus}$ 为 $H^+(g)$ 的水合能。上述六步焓变的总和即为 HX(aq)电离过程的最终焓变 $\Delta_r H_m^{\ominus}$。

而 $\Delta_r H_m^{\ominus}$ 不是决定 $\Delta_r G_m^{\ominus}$ 的唯一因素，还需考虑熵的变化。电离过程的熵变与离子水化有关，离子水化程度越大，熵减程度越大。表 2.11 列出了氢卤酸电离过程各步骤的热力学数据。除 HF 酸外，其余 HX(aq)电离过程的 $\Delta_r G_m^{\ominus}$ 均为负值。HF 的 $\Delta_r H_m^{\ominus}$ 较负，但同时也表现出最负的 $\Delta_r S_m^{\ominus}$。这是由于 HF 和 F^- 均能与水形成氢键，且 F 具有最大的电负性，与水形成的氢键最强。HF 溶液中对应的溶剂化程度最大，因而熵减最明显。HF(aq)电离对应的最负的 $\Delta S_m^{\ominus}$ 和较负的 $\Delta H_m^{\ominus}$ 共同导致 $\Delta_r G_m^{\ominus}$ 最大，致使 pK_a 为正值，HF 表现为弱酸。而其他三种 HX 都没有表现出很小的 $\Delta_r S_m^{\ominus}$，甚至 HI 表现为熵增，再加上较负的 $\Delta_r H_m^{\ominus}$，导致它们电离时的 $\Delta_r G_m^{\ominus}$ 为负值，K_a 很大，为强酸。

表 2.11　298 K 时 HX(aq)电离过程的热力学数据

步骤	HF	HCl	HBr	HI
① $HX(aq) \xrightarrow{\Delta_r H_1^{\ominus}} HX(g)$	48	18	21	23
② $HX(g) \xrightarrow{\Delta_r H_2^{\ominus}} H(g) + X(g)$	567	431	366	298
③ $X(g) + e^- \xrightarrow{\Delta_r H_3^{\ominus}} X^-(g)$	−328.2	−348.6	−324.5	−295.2
④ $X^-(g) \xrightarrow{\Delta_r H_4^{\ominus}} X^-(aq)$	−524	−378	−348	−308
⑤ $H(g) \xrightarrow{\Delta_r H_5^{\ominus}} H^+(g) + e^-$	1318	1318	1318	1318
⑥ $H^+(g) \xrightarrow{\Delta_r H_6^{\ominus}} H^+(aq)$	−1091	−1091	−1091	−1091
$HX(aq) \xrightarrow{\Delta_r H_m^{\ominus}} H^+(aq) + X^-(aq)$	−10.2	−50.6	−58.5	−55.2
$S_m^{\ominus}(H^+, aq)/(J \cdot K^{-1} \cdot mol^{-1})$	0	0	0	0
$S_m^{\ominus}(X^-, aq)/(J \cdot K^{-1} \cdot mol^{-1})$	−14	57	83	107
$S_m^{\ominus}(HX, aq)/(J \cdot K^{-1} \cdot mol^{-1})$	88	92	96	96
$\Delta S_m^{\ominus}/(J \cdot K^{-1} \cdot mol^{-1})$	−102	−35	−13	11
$T\Delta S_m^{\ominus}/(kJ \cdot mol^{-1})$	−30.4	−10.4	−3.9	3.3
$\Delta G_m^{\ominus}/(kJ \cdot mol^{-1})$	20.2	−40.2	−54.6	−58.5
K_a	2.9×10^{-4}	1.1×10^7	3.7×10^9	1.8×10^{10}

资料来源：Dasent W E. Inorganic Energetics: An Introduction. 2nd ed. Cambridge: Cambridge Unversity Press, p168。

从结构角度分析，分子型氢化物的酸性强弱取决于与质子直接相连的原子的电子云密度大小。该原子的电子云密度越大，对质子的吸引力越强，酸性越小，反之则酸性越大。原子的电子云密度又与原子所带的负电荷数及半径有关。一般来说，若原子有高的负氧化态，则电子云密度较大；若原子半径较大，则电子云密度较小。同一周期的氢化物(如 NH₃、H₂O、HF 系列)，从左至右与质子相连的原子的负氧化态依次降低，虽然半径也减小，但基于前者的主要影响，电子云密度仍表现为减小的趋势，与质子的作用力减弱，故酸性增强。同一族的氢化物(如 HX 系列)，X 原子具有相同的负氧化态，但从上至下 X 原子的半径依次增大，导致电子云密度减小，故酸性也依次增强。

3. 金属型氢化物

过渡金属的钪族、钛族、钒族及铬、镍、钯、镧系和锕系所有元素都能生成二元氢化物。这些化合物大多是深色或有金属光泽的脆性固体，但也有一些(如 UH₃)是深色的粉末。除镧系的氢化物和 UH₃ 外，这些化合物都有电传导性和其他金属特性(如磁性)等，因此这些化合物又称为金属型氢化物。

金属型氢化物均具有类似于金属的晶格结构，金属原子占据晶格的位置，氢原子填充至金属晶格中的间隙，因此又称为间隙氢化物。氢的插入将导致金属晶格膨胀高达 20%~30%(体积分数)。ⅢB、ⅣB、ⅤB 族元素的氢化物较为稳定，而 d 电子数较多的过渡型金属氢化物均不太稳定，一个例外是 Pd，其氢化物比周围元素的氢化物稳定性高得多。过去曾认为，这些氢化物是非整比的，但现在已确定其中的绝大部分均具有确定的物相和化学配比，只有 Pd 的氢化物仍然没有发现确定的化学计量比，迄今报道的具有最高氢含量的 Pd 的氢化物为 PdH₀.₈。另外，Pt 在任何条件下都不能形成氢化物，但其在催化加氢方面发挥着重要的作用。氢可在 Pt(Ni)表面上形成化学吸附氢化物，从而使 Pt 在加氢反应中有广泛的催化作用。

过渡型金属氢化物的成键理论有 3 种不同的理论模型：①原子态氢理论，即氢以原子形态存在于晶格的空隙中；②质子氢理论，即氢将其价电子提供到氢化物的导带中，以 H⁺ 的形式存在；③氢阴离子模型，即氢从导带获得一个电子，以 H⁻ 的形式存在。模型①描述的是 H 在金属中有一定溶解度的行为，适合描述金属和氢固溶体相，而具有确定化学计量比的金属氢化物，其晶格结构与相应的金属通常有很大的不同，简单的原子填隙模型并不能解释这一现象。对于氢化物，质子氢模型和氢阴离子模型均有不同程度的应用。

基于金属本性的不同，过渡型金属氢化物的形成条件各不相同，并与温度及氢气分压等相关。它们常保留金属的导电、导热、金属光泽等性质，与化合的金属性质十分相似，具有明显的强还原性，被广泛用作化学合成还原剂。由于间隙氢化物的特殊结构，该类氢化物热稳定性一般较差，受热后易放出氢气。金属型氢化物在有机金属催化、储氢应用等领域发挥关键作用。氢化催化涉及 H₂ 分子中 H—H 键断裂生成金属型氢化物中间体，该中间体可以促进氢化物转移至不饱和底物。催化剂的电化学还原和质子化通常会生成金属型氢化物，这些金属型氢化物可以与质子源或二氧化碳发生后续氢化物转移反应，分别生成 H₂ 或碳基燃料，实现 H₂ 的可逆储存。许多能够可逆储存氢气的催化剂通过金属型氢化物中间体进行，金属型氢化物也被研究作为散装氢气储存和运输材料。例如，金属 Pd 就是很好的储氢材料，其储氢原理为 2Pd + xH₂ ⟶ 2PdH$_x$，其中 x 的最大值为 0.8。其储氢特性是基于 Pd 与 H₂ 的特殊作用，室温下 H₂ 能在 Pd 的晶格中迅速扩散，导致 Pd 吸收氢气使自身体积膨胀。特别的是，在 200 ℃ 以上 H₂ 对金属 Pd 具有穿透性，可以利用这一特性将氢气与其他杂质气体分离，得到纯度很高的氢气。例如，可以使纯度较低的氢气通过一支一端封闭的高温薄壁 Pd 管，透过的气体就是高纯度的 H_2。由于在氢透过的过程中会发生 α-Pd (金属)到 β-Pd (氢化物)的相变，因此 Pd 管在使用一段时间后会变形，通过与 Ag 形成合金能有效减小形变。

2.4.2 多元氢化物

常见的多元氢化物主要为金属元素与氢元素经过配位作用形成的复合金属氢化物，其是由金属阳离子和多原子含氢阴离子(如 AlH_4^-、BH_4^- 和 NH_2^-)组成的化合物。这些化合物具有与铝、硼或氮共价结合的氢原子，氢原子具有正电性或负电性极性。

复合金属氢化物是一类在工业上和许多化学领域中都有重要用途的化合物。四氢铝锂 $LiAlH_4$、硼氢化钠 $NaBH_4$ 和硼氢化钾 KBH_4 都已大量商品化。形成这类复合金属氢化物的结构基础是ⅢA 族元素的氢化物 BH_3 和 AlH_3 是缺电子的基团，它们不能独立存在，都可以作为负氢离子 H^- 的接受体，与 H^- 结合生成正四面体离子 AlH_4^- 和 BH_4^-。高电正性的金属元素可以与它们生成离子型盐，如 $Li^+AlH_4^-$ 和 $Li^+BH_4^-$。通过理论计算可知，阳离子与 $[AlH_4]^-$ 四面体之间的键是纯离子键，而四面体内的键表现为部分离子键和部分共价键，描述为具有强离子性的极性共价键。低电正性的元素则生成共价型化合物，如 $Be[BH_4]_2$ 和 $Al[BH_4]_3$，这两种化合物是含共价氢桥的物种。本节主要对目前广泛使用的金属硼氢化物和金属铝氢化物进行介绍。

1. 金属硼氢化物

金属硼氢化物是由硼烷化学衍生出的一个重要分支，通式为 $M[BH_4]_n$，式中的 M 为金属元素，n 为该金属元素的氧化数，$n = 1\sim4$。能生成硼氢化物的金属元素见表 2.12。随着金属与 BH_4 基团之间离子键强度的增大，金属硼氢化物的稳定性提高，因此碱金属的硼氢化物具有较高的稳定性，而 $Al[BH_4]_3$ 和 $Zr[BH_4]_4$ 等共价型的硼氢化物则很不稳定，表现出类似于乙硼烷的性质，如在空气中发生爆炸性的反应及迅速水解等。电负性高于 B 的元素(如 Si、P)的硼氢化物尚未制得，如 $Si[BH_4]_4$ 和 $P[BH_4]_3$ 都不存在。

表 2.12 能生成硼氢化物的金属元素

<u>Li</u>	<u>Be</u>									
<u>Na</u>	<u>Mg</u>									<u>Al</u>
<u>K</u>	<u>Ca</u>	<u>Ti(Ⅲ)</u>	Cr	[Mn]	[Fe]	[Co]	Ni	[Cu]	<u>Zn</u>	[Ga]
<u>Rb</u>	<u>Sr</u>	<u>Zr(Ⅳ)</u>						[Ag]	[Cd]	[In]
<u>Cs</u>	<u>Ba</u>	<u>Hf(Ⅳ)</u>						Au		Tl(Ⅰ)
		<u>La</u>	Sm	Eu	Gd	Tb	Dy	Er	Tm	Yb Lu
		<u>U</u>	<u>Np</u>							

注：有下划线的元素能够生成稳定的硼氢化物 $M[BH_4]_n$；没有下划线元素的硼氢化物仅能与其他族化合物一起分离得到；带有方括号的元素(如[Mn]等)生成的硼氢化物在室温下不稳定，但可在低温下分离得到。

在众多的硼氢化物中，具有重要性并已有工业生产的化合物有 $LiBH_4$、$NaBH_4$ 和 KBH_4。这里仅以 $NaBH_4$ 为典型作简要介绍。$NaBH_4$ 是最重要、最常见的硼氢化物，在有机化学中有较多的应用。

1) 合成方法

将硼酸酯与碱金属氢化物反应，可以得到相应的碱金属硼氢化物，反应过程如下：

$$B(OCH_3)_3 + 4NaH \longrightarrow NaBH_4 + 3NaOCH_3$$

其他硼氢化物可以通过金属卤化物与碱金属硼氢化物的离子交换反应得到：

$$MCl_2 + 2XBH_4 \longrightarrow M[BH_4]_2 + 2XCl$$

其中，$M = Mg$、Ca、Sr 或 Ba；$X = Na$、Li、K。

2) 性质和反应

硼氢化钠是一种白色至灰白色的结晶性粉末，其晶体结构与 $NaCl$ 相同，为 $NaCl$ 型面心立方结构，构成单元为 Na^+ 和 BH_4^-。$NaBH_4$ 具有良好的热稳定性，同时具有吸湿性，能生成二水合物 $NaBH_4 \cdot 2H_2O$。$NaBH_4$ 能溶于许多溶剂中，包括水、醚类和胺类。

硼氢化钠在水溶液中的稳定性取决于溶液的酸碱度和温度，温度高和酸性有利于它的水解，溶液的碱性越强它越稳定：

$$NaBH_4 + 2H_2O \longrightarrow NaBO_2 + 4H_2\uparrow$$

完全水解时，$1\,g\,NaBH_4$ 可以产生 $2.37\,L$ 氢气。在碱性溶液中放氢作用受到抑制。市场上有一种氢发生剂，是由固体 $NaBH_4$ 和一种可溶性的固体酸(如硼酸、草酸、氯化铝)压制成的药片，其中还含有少量金属盐(如 $CoCl_2$、$NiCl_2$、$FeCl_2$ 和 $CuCl_2$ 等)作为促进剂，将这种药片投入水中便会平稳地产生氢气。

许多无机卤化物与硼氢化钠发生交换反应，生成相应的金属硼氢化物：

$$MCl_n + nNaBH_4 \longrightarrow M[BH_4]_n + nNaCl$$

大多数金属硼氢化物在室温下不能稳定存在，因此上述反应须控制在低温条件下进行。硼氢化钠与三氟化硼乙醚溶液反应，定量地产生乙硼烷 B_2H_6，这是生成乙硼烷的主要反应：

$$3NaBH_4 + BF_3 \xrightarrow{\text{乙醚}} 3NaF + 2B_2H_6$$

在水溶液中，$NaBH_4$ 是一种强还原剂，它与金属离子的反应可能导致四种结果：①将高价金属离子还原至低价，如 Ce^{4+}、Cr^{6+}、Ti^{4+}、Hg^{2+}、Fe^{3+} 等都能被还原至低价；②将金属离子还原成金属单质，如 Ag^+、Bi^{3+}、As^{3+}、Sb^{3+}、Al^{3+} 和 Se^{4+} 等；③形成金属硼氢化物析出，如 Ni^{2+}、Co^{2+}、Mn^{2+} 和 Cu^{2+} 等；④生成挥发性的氢化物，如锡烷、锗烷、砷化氢和铋化氢。

$NaBH_4$ 主要用作有机化合物的还原剂，特别是有空间位阻的官能团，反应一般没有副产物，并可得到定量产率。它的还原性弱于 $LiAlH_4$，在 $LiAlH_4$ 不适用的情况下，$NaBH_4$ 常是合适的选择。硼氢化钠的还原作用见表 2.13。

表 2.13　硼氢化钠的还原作用

反应物	还原产物
醛	伯醇
酮	仲醇
酰氯	伯醇
内酯	二醇
氢过氧基化合物	醇
吡啶盐	邻羟基衍生物
亚砜	硫醇

2. 金属铝氢化物

金属铝氢化物包括许多化合物，一些金属铝氢化物的物理性质见表 2.14，其中已商品化的主要有 $LiAlH_4$ 和 $NaAlH_4$。

表 2.14　一些金属铝氢化物的物理性质

金属铝氢化物	溶解度/[25 ℃，$g \cdot (100\ g\ 溶剂)^{-1}$]			密度/$(g \cdot cm^{-3})$
	Et_2O	THF	DMC	
$LiAlH_4$	30~35	13	10	0.917
$NaAlH_4$	不溶	20	15	1.28
$KAlH_4$	不溶	微溶	溶解	1.33
$CsAlH_4$	不溶	不溶	溶解	2.84
$Be[AlH_4]_2$	不溶	溶解	—	—
$Ca[AlH_4]_2$	不溶	溶解	—	—

注：Et_2O 为乙醚；THF 为四氢呋喃；DMC 为二乙醇二甲醚。

对金属铝氢化物进行加热，在温度升高期间，氢可以从复杂的初始结构中释放出来。根据金属阳离子的不同，在进一步脱氢之前会生成不同的中间结构，进而生成简单的氢化物，最后生成纯金属或金属间化合物。碱金属铝四氢化物($MAlH_4$，M = Li、Na、K、Rb、Cs)首先生成由孤立的 $[AlH_6]^{3-}$ 八面体构成的中间六氢化物(M_3AlH_6)，然后生成单氢化物(MH)，最后生成纯金属。其分解过程如下：

$$3MAlH_4 \longrightarrow M_3AlH_6 + 2Al + 3H_2\uparrow$$

$$M_3AlH_6 \longrightarrow 3MH + Al + \frac{3}{2}H_2\uparrow$$

$$3MH \longrightarrow 3M + \frac{3}{2}H_2\uparrow$$

相比之下，碱土金属铝四氢化物最终分解产物一般为金属间化合物。其分解过程如下：

$$6M[AlH_4]_2 \longrightarrow 6MAlH_5 + 6Al + 9H_2\uparrow \longrightarrow 6MH_2 + 12Al + 18H_2\uparrow$$

$$3MH_2 + 2Al \longrightarrow M_3Al_2 + 3H_2\uparrow$$

研究表明，阳离子与氢的相互作用会影响 $MAlH_4$ 和 M_3AlH_6 的热稳定性。金属阳离子的大小和电负性都会影响四氢化物的稳定性，从而影响其分解温度。一方面，随着阳离子半径的增大，分解焓增大，分解温度升高；另一方面，随着阳离子电负性的增加，分解温度会显著降低。通过相关研究，已经推导出不同金属铝氢化物的热稳定性。如表 2.15 中各金属铝氢化物的分解温度所示，随着金属阳离子配位数的增加(Cs > Rb = K > Na > Li)，热稳定性有所提高。$Mg[AlH_4]_2$、$Ca[AlH_4]_2$ 和 $Sr[AlH_4]_2$ 的结构与碱金属铝氢化物相比不稳定。$Ca[AlH_4]_2$ 在 80 ℃即开始分解，生成 $CaAlH_5$ 中间体。$Mg[AlH_4]_2$ 比 $Ca[AlH_4]_2$ 稍稳定，在 110 ℃左右开始分解，同时生成 MgH_2 和单质 Al。$Sr[AlH_4]_2$ 是碱土金属铝氢化物中最稳定的，其分解温度在 140 ℃以上，生成 $SrAlH_5$。而对于 Ba，到目前为止还没有四氢化物结构的报道。另外，各金属铝氢化物的理论氢含量见表 2.15。虽然 $LiAlH_4$ 的理论氢质量分数为 10.6%，但由于 LiH 难以分解，其实际氢含量仅为 7.96%。硼氢化物热分解温度要高于相应的铝氢化物，分解过程也是复杂的多步反应。

表 2.15　碱金属和碱土金属铝氢化物的分解温度及理论氢含量

物质	分解温度/K	氢含量(质量分数)/%
$LiAlH_4$	>443	10.6
$NaAlH_4$	>500	7.4
$KAlH_4$	>573	7.4
$RbAlH_4$	>550	3.4
$CsAlH_4$	>600	1.8
$Mg[AlH_4]_2$	>380	9.6
$Ca[AlH_4]_2$	>350	2.9
$Sr[AlH_4]_2$	>400	2.0
$CaAlH_5$	>450	4.1
$SrAlH_5$	>550	—
$BaAlH_5$	>550	—

本节主要介绍 $LiAlH_4$。$LiAlH_4$ 在乙醚(Et_2O)和四氢呋喃(THF)溶剂中具有良好的溶解性，是目前使用最广泛的氢化物源。其在工业上和科学工作中还用作重要的高效还原剂，被列为火箭高能燃料之一。

1) 合成方法

金属铝氢化物的合成方法主要有两类，第一类是通过在醚类溶剂(如乙醚、四氢呋喃、乙二醇二甲醚)中以金属氢化物和无水 $AlCl_3$ 进行离子交换生成：

$$4LiH + AlCl_3 =\!=\!= LiAlH_4 + 3LiCl$$

由于 LiAlH$_4$ 在醚类溶剂中具有一定的溶解度，因此可以通过过滤的方法滤去 LiCl，得到 LiAlH$_4$ 的醚溶液，然后通过蒸馏除去部分醚类溶剂使 LiAlH$_4$ 析出，这一反应称为施莱辛格(Schlesinger)反应，由施莱辛格等于 1947 年报道，也是工业上大量制备 LiAlH$_4$ 的方法。1930～1950 年，施莱辛格、布朗(Brown)和芬霍尔特(Finholt)等陆续报道了常见的硼氢化物和铝氢化物的合成方法。

以四氢呋喃作为溶剂，将碱金属单质(或氢化物)、Al 及 H$_2$ 直接在高压下混合可得到碱金属铝氢化物：

$$LiH + Al + \frac{3}{2}H_2 \longrightarrow LiAlH_4$$

$$Na + Al + 2H_2 \longrightarrow NaAlH_4$$

这一反应的优势是对原料的利用率较高。由于单质 Na 价格较低，用这种方法合成 NaAlH$_4$ 较为合适。

2) 理化性质

四氢铝锂经长时间放置会自发分解，颜色变灰，纯度降低。痕量金属杂质会加速它的分解作用。它在醚类溶剂中有缔合作用，如在 0.08 mol·L^{-1} 溶液中的表观相对分子质量相当于(LiAlH$_4$)$_2$，而在 0.8 mol·L^{-1} 溶液中的表观相对分子质量相当于(LiAlH$_4$)$_3$。这可能是分子间氢键作用促成的。

四氢铝锂除用作火箭燃料添加剂外，还可以借助其活泼的化学性质制备多种非金属和金属氢化物及其他复合金属氢化物等。更重要的是，它可以作为一种选择性官能团还原剂，实现对有机化合物的还原，如将卤代烃还原为烃、醛(酮)还原为醇、羧酸还原为伯醇、酰胺还原为胺、硝基化合物还原为胺、醌还原为氢醌、腈还原成伯胺等，在精细有机合成工业中十分有用。四氢铝锂的一些重要反应汇总在图 2.3 中。

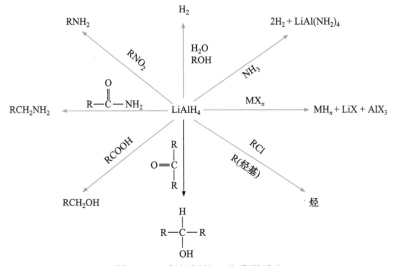

图 2.3 四氢铝锂的一些重要反应

作为典型的高容量复合氢化物，轻金属的硼氢化物和铝氢化物因具有高的质量和体积储氢能量密度而受到广泛关注。然而,虽然轻质氢化物热力学稳定性良好,但动力学相对较差,故在实际使用过程中往往需要达到较高的氢解吸温度,并且在温和条件下其可逆性较差。因此,尽管具有较高的氢容量,但由于反应速率低、可逆性差及对高操作温度的要求,大大阻碍了其实际应用。在化学吸附材料中,包括金属型氢化物和各种复合氢化物在内的氢化物具有极高的质量密度和体积密度,有待进一步开发,并有希望成为储氢材料中最有前途的候选者。

思 考 题

1. 简述氢气的基本物理性质和化学性质。

2. 氢有几种同位素?简述氢的同位素的应用。

3. 常见的氢键有哪几种类型?

4. 简述液氢储存需要注意的事项。

5. 为什么制备的液氢要进行正氢-仲氢转化?

6. 简述金属氢化物起火的灭火方式。

7. 元素周期表从上至下,气态氢化物的稳定性、沸点及最高价含氧酸的酸性如何变化?

第3章 氢气的制备与分离

3.1 水分解制氢

水分解制氢的反应可以通过如下方程式表达:

$$H_2O \xrightarrow{\Delta H} H_2\uparrow + \frac{1}{2}O_2\uparrow$$

水的分解不是一个自发的反应过程,需要外界加入分解能量 ΔH ,其数量应至少等于水的生成焓,即

$$\Delta H = \Delta G + \Delta Q = \Delta G + T\Delta S$$

式中, ΔG 和 ΔQ 分别为水的分解过程中所需要的吉布斯自由能和热能的变化量。在 298 K 和 0.1013 MPa 下,将液态水分解为氢气和氧气时,理论所需的分解能为 $\Delta H = 286\ kJ\cdot mol^{-1}$ 。原则上,分解水所需的能量可以用自然界各种一次能源来提供,包括化石能源、核能、太阳能、风能、水能、海洋能、地热能和生物质能等。其中,水能是一种特别廉价的能源,因此利用水能发电对电解水制氢有非常大的实用意义。而太阳能制氢,特别是光催化分解水技术的蓬勃发展,也为未来取代化石燃料指明了发展方向。

3.1.1 电解水制氢

电解水制氢是一种传统的制造氢气的方法。电解水是在合适的电解液中施加一定的电压,形成电流通路,使水分解的过程。

1789 年,戴曼(Deiman)等首次观测到电解水会产生氢气的现象。1800 年,尼科尔森(Nicholson)和卡莱尔(Carlisle)利用伏打电池实现电解水,第一次证实了电解水的产物是氢气和氧气。由于当时社会没有氢能的需求,电解水制氢技术在随后的 100 多年内没有实质性发展,直到 20 世纪 20 年代才有电功率超过 100 MW 的电解水装置投入使用。从此,电解水制氢技术开始工业化应用,关于电解水的各项技术的研究也越来越多。

电解水的装置如图 3.1 所示。将一对电极浸没在电解液中,中间插入隔绝氢气和氧气的隔膜构成电解池,然后通入一定电压的直流电,水在阴极得到电子被还原生成氢气,在阳极失去电子被氧化生成

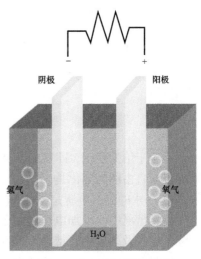

图 3.1　电解水装置示意图

氧气，这就是电解水的过程。根据水发生分解所使用的不同介质，水分解反应可以用不同的化学反应方程式表示。

在酸性介质中

阴极：$2H^+ + 2e^- \longrightarrow H_2\uparrow$ $E = 0.0$ V

阳极：$H_2O \longrightarrow 2H^+ + \frac{1}{2}O_2\uparrow + 2e^-$ $E = 1.23$ V

在碱性介质中

阴极：$2H_2O + 2e^- \longrightarrow H_2\uparrow + 2OH^-$ $E = -0.83$ V

阳极：$2OH^- \longrightarrow H_2O + \frac{1}{2}O_2\uparrow + 2e^-$ $E = 0.40$ V

总反应式：

$$H_2O \Longrightarrow H_2\uparrow + \frac{1}{2}O_2\uparrow \qquad E = 1.23 \text{ V}$$

电解水首先需要原料水，但纯水是非常弱的电解质，而水溶液之所以能够导电是因为溶液中有带电的离子，其电导率的大小与水溶液中的离子浓度有关，因此纯水导电能力很差。一般蒸馏水的电导率是 $1\times10^{-6}\sim1\times10^{-5}\ \Omega\cdot cm^{-1}$，去离子水的电导率是 $1\times10^{-7}\sim1\times10^{-6}\ \Omega\cdot cm^{-1}$。水的电导率与温度有关，当温度升高时，其电导率增大，反之则减小。考虑到经济性、电导率、稳定性等多种因素，目前电解水制氢一般都采用碱性水溶液做电解质。

其次，当电解发生时，需要在一对电极上提供大于电解水所需的理论电压。水的理论分解电压是在不考虑任何损耗的情况下计算得到的，它等于氢氧电池的可逆电动势 E_0。在 0.1 MPa 和 25 ℃下，水的理论分解电压为 1.23 V，它是在水分解时必须向水电解池提供的最低电压。根据化学热力学方程进行计算，可逆电池电动势与自由能之间的关系为

$$\Delta G = -nFE$$

式中，ΔG 为吉布斯自由能的变化；n 为反应物的物质的量或电极反应中电子得失的数目；E 为电动势；F 为法拉第常量。

在 0.1 MPa、25 ℃下，1 mol 水分解成 1 mol 氢气和 0.5 mol 氧气时，其吉布斯自由能的变化(生成物与反应物的自由能之差)为 56.7 kcal，所需电量为 1 F(26.8 A·h)，$n = 2$，因此可得

$$-E = \frac{\Delta G}{nF} = \frac{56.7\times1000}{2\times26.8\times860} = 1.23(\text{V})$$

对应于焓的变化，即氢的燃烧热(高热值)，水电解池的电压为 1.48 V(25 ℃)，而对应于吉布斯自由能的变化是 1.23 V。因此，25 ℃及 0.1 MPa 时，在不产生废热(100%的热效率)下，水的分解电压是 1.48 V(等温下)，此电压数值称为热中性电压。

实际情况中，外加电压远高于理论分解电压。首先，由于在整个反应电解池中，电解液、导线及装置中各接触点都存在一定的电阻，因此需要一部分电压来补偿电阻导致的电压损耗。其次，由于水的电解中电极过程不可逆，这时电极电势值将偏离平衡电势

值,这种现象称为电极的极化现象,简称极化,而这部分超过的电压值在电解水过程中占较大的份额,因此需要研究如何降低两个电极上反应的过电势。极化现象分为浓差极化和活化极化。浓差极化是电极过程的某些步骤进行得相对缓慢,使得电极表面附近的反应物浓度不同于电解池中溶液的浓度,电极电势受电极表面附近溶液的浓度控制,结果使得电极电势偏离平衡电势,这种由浓差极化引起的过电势称为浓差过电势。活化极化是由于参与电极反应的某些粒子缺少足够的能量完成足够的电子转移或状态的变化,结果在阴极上放电的离子数不足而电子数过剩,阴极电势变小,在阳极放电的离子减少,电子数也相应减小,从而使得阳极电势变大,产生的过电势称为活化过电势。因此,水分解的实际工作电压(E_{op})可以描述为

$$E_{op} = 1.23\ V + \eta_{阳} + \eta_{阴} + \eta_{其他}$$

通过上述方程可以看到,适当降低过电势是降低水分解反应能耗的关键。一般来说,产生过电势的原因主要有三个:一是在反应过程中电极表面离子浓度与电解液体相中的浓度不同造成的浓差过电势;二是在反应过程中电极与溶液界面往往会形成一层高电阻膜,从而产生电阻过电势;三是因为参加反应的某些物质没有足够的能量来完成电子转移,所以需要活化过电势来活化反应物。其中,浓差过电势和电阻过电势可以分别通过搅拌和内阻补偿等手段和技术使其减小到忽略不计。而活化过电势是由电极材料自身性质决定的,因此开发和设计性能优异的电极材料就显得特别重要。下面从电解水制氢的两个电极反应出发,介绍电解水制氢的整个过程。

1. 电解水制氢的阴极反应

在不同的电解质溶液中,电解水制氢的反应机理不同,如图 3.2 所示。完整的析氢反应(HER)由多个步骤组成,第一步是电化学氢吸附过程[福尔默(Volmer)反应],质子(H^+)在电极表面的催化剂(Cat)上与电子反应生成吸附氢原子(Cat-H^*)。在反应过程中,酸性电解液中的质子(H^+)主要来源于水合氢离子(H_3O^+),碱性或中性电解液中的质子(H^+)主要来源于水分子(H_2O)。在随后的过程中,Cat-H^*可以通过电化学脱附过程[海洛夫斯基(Heyrovsky)反应]或化学脱附过程[塔费尔(Tafel)反应]生成氢气。电化学脱附过程和化学脱附过程的发生选择性取决于 Cat-H^*在电极材料表面的覆盖度,其较低时,Cat-H^*倾向于

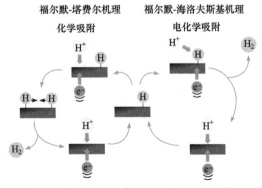

图 3.2　电极材料表面 HER 过程机理图

和电解液中邻近的质子(酸性电解液)或水分子(碱性或中性电解液)耦合并得到一个电子反应生成氢气，即海洛夫斯基反应。当 Cat-H* 在催化剂表面浓度较高时，两个相邻的Cat-H* 在电极材料表面倾向于直接结合生成氢气，即塔费尔反应。整个 HER 过程如下：

(1) 电化学氢吸附过程(福尔默反应)。

$$H_3O^+ + Cat + e^- \longrightarrow Cat\text{-}H^* + H_2O \text{ (酸性电解液)}$$

$$H_2O + Cat + e^- \longrightarrow Cat\text{-}H^* + OH^- \text{ (碱性或中性电解液)}$$

(2) 电化学脱附过程(海洛夫斯基反应)。

$$H^+ + e^- + Cat\text{-}H^* \longrightarrow H_2 + Cat \text{ (酸性电解液)}$$

$$H_2O + e^- + Cat\text{-}H^* \longrightarrow H_2 + OH^- + Cat \text{ (碱性或中性电解液)}$$

(3) 化学脱附过程(塔费尔反应)。

$$2Cat\text{-}H^* \longrightarrow H_2 + 2Cat$$

其中，福尔默反应生成吸附氢原子的过程是必经阶段，随后若通过海洛夫斯基反应生成氢气，该催化机理称为福尔默-海洛夫斯基机理；若通过塔费尔反应生成氢气，则称为福尔默-塔费尔机理。HER 具体是哪种路径，取决于塔费尔斜率。塔费尔斜率表示电流密度增大 10 倍或减小为 1/10 所需的电位差，其数值可以从塔费尔曲线中的线性部分得出，它可以揭示 HER 过程的反应机理。

$$\eta = a + b\lg(j / j_0)$$

式中，η 为过电势；b 为塔费尔斜率；j 为电流密度；j_0 为交换电流密度。在 HER 过程中，决速步骤可以通过塔费尔斜率来判断：福尔默反应发生得快、塔费尔反应发生较慢时，塔费尔步骤是决速步骤，其塔费尔斜率 $b = 2.3RT/2F = 29 \text{ mV} \cdot \text{dec}^{-1}$；若福尔默反应很快而海洛夫斯基反应较慢，则海洛夫斯基反应是决速步骤，其塔费尔斜率 $b = 4.6RT/3F = 39 \text{ mV} \cdot \text{dec}^{-1}$。如果福尔默反应很慢，则随后的海洛夫斯基反应或塔费尔反应对整个析氢反应速率几乎没有影响，其塔费尔斜率 $b = 4.6RT/F = 116 \text{ mV} \cdot \text{dec}^{-1}$(以上讨论的温度均为 25 ℃)。因此，可以通过实验测试塔费尔斜率，了解 HER 过程是福尔默-海洛夫斯基机理还是福尔默-塔费尔机理，或者二者皆有。

从图 3.2 可以看出，无论是通过福尔默-海洛夫斯基机理还是福尔默-塔费尔机理产生氢气，Cat-H* 都会参与到 HER 过程中，Cat-H* 的产生和脱附对 HER 有至关重要的影响。根据萨巴蒂尔(Sabatier)原理：性能优异的催化剂与反应中间体之间应具有适中的相互作用强度，在促进反应物活化的同时允许产物顺利脱附。若相互作用太弱，则与催化剂表面结合的中间体太少，会减慢反应速率。若相互作用太强，产物不能顺利脱附，以至于阻断活性位点使得反应终止。因此，研究人员将氢吸附的吉布斯自由能 $\Delta G(H^*)$ 作为描述催化剂 HER 固有活性的一个重要参数。按萨巴蒂尔原理，在 HER 过程中，理想的电极材料表面的 $\Delta G(H^*)$ 应接近于 0，且此时的交换电流密度应该最大。用交换电流密度对

$\Delta G(\text{H}^*)$作图，即得到"火山图"(图 3.3)。

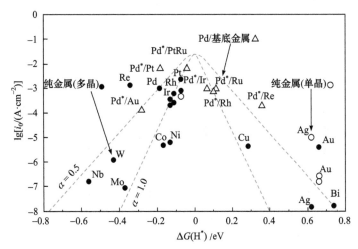

图 3.3　不同传递系数 $\alpha = 0.5$ 或 1.0 时的 HER 火山图

HER 催化剂的活性取决于过电势的大小。在实验过程中，可以在 HER 电势窗口范围内进行循环伏安(CV)或线性扫描伏安(LSV)测试，得到电流与电压的关系曲线。为了评价不同电极材料的活性，常用电流密度为 1 mA·cm^{-2}、10 mA·cm^{-2} 和 1000 mA·cm^{-2} 时的过电势(η)进行比较，分别记为 η_1、η_{10}、η_{1000}。其中，η_1 常称为起始过电势，表示刚开始析氢时的过电势，由于刚发生反应时难以直接判断其数值，因此一般取电流密度在 1 mA·cm^{-2} 时的过电为起始过电势。η_{10} 表示电流密度在 10 mA·cm^{-2} 时的过电势，这个电流密度数值被认为是太阳能光裂解水制氢体系在 1 个太阳光强度下，10%光能转化为氢能时对应的电流密度，具有现实使用意义。因此，在 HER 中评价不同电极材料活性时该参数的使用最为广泛。

目前使用的 HER 催化剂主要分为以下几种：①贵金属及其复合物；②过渡金属及其复合物；③非金属材料。贵金属主要是 Pt、Ru、Ir、Rh 等，在火山图上拥有最合适的氢吸附能，因此表现出非常小的过电势和优异的析氢性能。但是这些贵金属在地球上的含量较低并且价格昂贵，进一步提升了电解水制氢的成本。将贵金属与一些非金属材料或过渡金属材料复合，可以减少贵金属的用量，有助于进一步提升催化剂的析氢活性。美国科学家马尔科维奇(Markovic)将 Pt 和 Ni(OH)$_2$ 团簇复合在一起，纳米级 Ni(OH)$_2$ 团簇可控排列在 Pt 电极表面上，其析氢反应的活性增加了 8 倍。在水分解过程中，Ni(OH)$_2$ 团簇和 Pt 表现出协同作用，Ni(OH)$_2$ 团簇促进水的解离和氢中间体产生，然后 H 吸附在附近的 Pt 原子上并重新结合成分子氢。这种复合结合了两种复合物在 HER 过程中不同步骤的优点，进一步提升了贵金属基催化剂的催化活性。此外，将贵金属的尺寸减小到纳米级，也有助于进一步提高贵金属的析氢活性。中国科学技术大学姚涛教授课题组利用原子层沉积的方法在金属有机骨架(MOF)衍生的 N-C 骨架上合成了原子分散的 Pt(Pt$_1$/N-C)，这种合成的催化剂的 Pt 含量仅为 2.5%(质量分数)，实现了在宽 pH 的电解质 (1.0 mol·L^{-1} KOH 溶液和 0.5 mol·L^{-1} H$_2$SO$_4$ 溶液)中，在 10 mA·cm^{-2} 的电流密度下，Pt$_1$/N-C 的过电势分别为 46 mV 和 19 mV，优于商用的 20% Pt/C(57 mV 和 25 mV)。HER

催化稳定性测试结果显示,酸性和碱性电解质在 20 h 内电流密度的损失均可以忽略不计,表明 Pt_1/N-C 催化剂具有出色的耐久性。此外,Pt_1/N-C 催化剂单个 Pt 原子的催化活性明显高于商用 Pt/C 催化剂。研究者还发现一些过渡金属磷化物、氮化物、碳化物、硫化物、硒化物等在 HER 中展现出非常优异的催化性能。

2. 电解水制氢的阳极反应

上述只考虑到电解水制氢的半反应,即阴极析氢反应(HER),但作为一个完整的电解水制氢过程,仍需考虑阳极反应,即析氧反应(OER)对整体水电解电压的影响。OER 是一个四电子-质子耦合反应,需要更高的能量(更高的过电势)使析氧过电势远高于水的理论分解电压(1.23 V)。高效 OER 催化剂的设计和合成对提高水电解制氢能效仍然十分重要。

阳极 OER 的总反应在前述中已说明,与 HER 相同,在不同 pH 的电解质溶液中,OER 的反应机理不尽相同。值得一提的是,OER 的反应机理非常复杂,与电催化剂表面的结构和催化剂在费米能级附近的电子态密切相关。根据催化剂在费米能级附近电子态的种类,OER 存在两种电子转移路径:

第一种,当费米能级附近的电子态为金属时,金属作为氧化还原中心的吸附氧化机理(AEM)。它涉及在过渡金属阳离子位点上协同的四电子-质子转移产生 O_2,其反应机理如下所示。

(1) 在酸性溶液中:

$$M + H_2O(l) \longrightarrow M\!-\!OH^* + H^+ + e^-$$

$$M\!-\!OH^* + OH^- \longrightarrow M\!-\!O^* + H_2O(l) + e^-$$

$$2M\!-\!O^* \longrightarrow 2M + O_2(g)$$

或

$$M\!-\!O^* + H_2O(l) \longrightarrow M\!-\!OOH^* + H^+ + e^-$$

$$M\!-\!OOH^* + H_2O(l) \longrightarrow M + O_2(g) + H^+ + e^-$$

(2) 在碱性溶液中:

$$M + OH^- \longrightarrow M\!-\!OH^*$$

$$M\!-\!OH^* + OH^- \longrightarrow M\!-\!O^* + H_2O(l)$$

$$2M\!-\!O^* \longrightarrow 2M + O_2(g)$$

或

$$M\!-\!O^* + OH^- \longrightarrow M\!-\!OOH^* + e^-$$

$$M\!-\!OOH^* + OH^- \longrightarrow M + O_2(g) + H_2O(l)$$

通常,在电催化剂的活性位点上生成 OH^*,然后经历质子耦合电子转移过程并转化为 O^*,O^* 经历产生分子 O_2 的两种可能途径之一,一种是两个 O^* 的直接偶联,另一种是与另一个 OH 反应形成 OOH^*,通过另一个质子耦合电子转移过程进一步转换为 O_2。基于萨巴蒂尔原理,为实现最佳的 OER 活性,反应中间体与活性位点的结合强度不能太强或太弱,以确保吸附和解吸之间的微妙平衡。根据图 3.4 所示的火山图,具有最佳活性的理想 OER 电催化剂需要对催化剂中间体中等强度的结合能及 $\Delta G_{*O} - \Delta G_{*OH}$ 的值为 1.6 eV(对应于火山的顶点)。值得注意的是,太强(火山图左侧)或太弱(火山图右侧)氧结合分别决定 OOH* 的形成或 OH* 的去质子化是决速步骤,从而限制了 OER 的整体动力学。但是,大多数氧化物基 OER 电催化剂(包括钙钛矿、尖晶石、金红石和岩盐基催化剂)的性能都按照上述 AEM 运行。因此,它们受到氧气中间体之间线性关系的限制,导致 OER 过程产生相对较大的过电势。

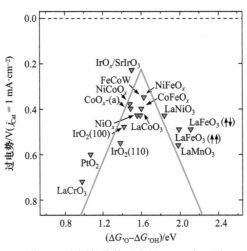

图 3.4　金属氧化物对应的 OER 火山图

第二种,当费米能级附近的电子态为氧时,晶格氧作为氧化还原中心的晶格氧氧化机理(LOM)。由于 LOM 中氧-氧结合步骤非常容易,而这步通常是 AEM 中的决速步骤,因此 LOM 催化剂理论上具有比 AEM 催化剂更优异的性能。在 LOM 中,氧化物表面的晶格氧及氧缺陷都被考虑到反应机理中,LOM 可以用如下方程式描述:

$$^*OH \longrightarrow (V_O + {}^*OO) + H^+ + e^-$$
$$(V_O + {}^*OO) + H_2O \longrightarrow O_2 + (V_O + {}^*OH) + H^+ + e^-$$
$$(V_O + {}^*OH) + H_2O \longrightarrow ({}^*H_{O\,位点} + {}^*OH) + H^+ + e^-$$
$$({}^*H_{O\,位点} + {}^*OH) \longrightarrow {}^*OH + H^+ + e^-$$

在典型的 LOM 中,氧阴离子位点上的 *OH 脱氢产生物种 *OO 和氧空位 V_O,然后由 *OO 生成 *OH,同时释放 O_2 和电子。在此步骤中,V_O 被 *OH 重新占据,相邻的表面晶格氧被质子化。最后,*OH 在去质子化过程中再生。需要注意的是,此步骤不涉及 *OH 与另一个 OH⁻ 反应形成 *OOH。LOM 对应于金属氧化物中金属-氧键的内在性质,金属-氧键的高共价性有利于 OER 的 LOM。

OER 是一系列电子和质子转移过程,图 3.5 展现了 OER 的电子转移过程。通常,AEM 通过 *OH 吸附、*OOH 形成和 O_2 释放的途径进行,而 LOM 涉及 *OH 吸附、O—O 偶联和 O_2 释放(图 3.5)。AEM 和 LOM 之间的主要区别是 O—O 键形成的构型,即 AEM 中的 O—O—H 和 LOM 中的 O—O。对于 AEM,O—O—H 是通过氧中间体(O*)与来自电解质的 OH 杂交形成的。在这个过程中,会发生两种类型的电子转移,即从吸附的 OH⁻ 到外电路的电子转移和从 O*到金属轨道的另一种电子转移,这会导致金属价态的降低[图 3.5(a)]。然而,对于 LOM,O—O 键是通过相邻晶格氧原子的耦合形成的。这一过程本质上是相邻氧原子中氧非键合态(O⁻)的杂交,没有电子转移到外电路。结果,氧非键合态(O⁻)的最外层电子数小于 8,这是一种氧化氧态。因此,一个电子从氧轨道上被移除,则 O^{2-} 转化为 O^-。同时,基于电子态配置,必须从氧轨道中移除两个电子,以实现 O_2 电子结构。这意味着 LOM 是一种氧化还原反应,与金属作为氧化还原中心的 AEM 不同。

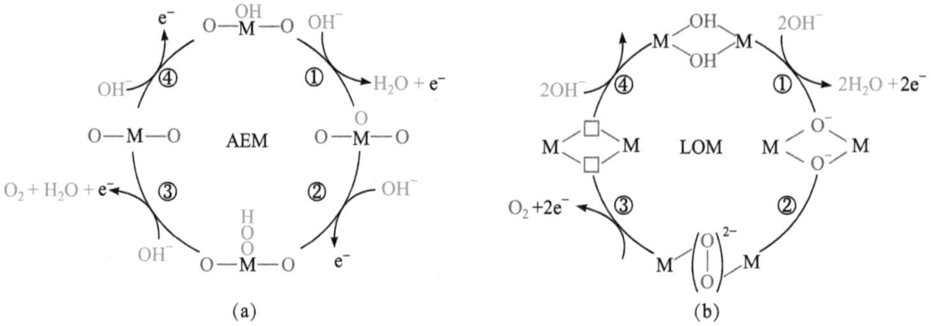

图 3.5   AEM(a)和 LOM(b)下 OER 的电子转移过程

目前用于 OER 的催化剂可以分为三种:

(1) 贵金属及其合金。研究主要集中在 Ru 和 Ir 材料及其合金上。贵金属 Ru 和 Ir 基催化剂在 OER 中优于其他铂族金属(如 Rh、Pd 和 Pt),具有优异的活性和稳定性。由于暴露的活性位点的数量、原子排列、缺陷等方面的差异,催化特性对晶体学取向很敏感。通过控制贵金属的形貌和暴露晶面,可以得到优异的催化性能。合金化也有利于调控纯金属的电子结构,与不同的过渡金属合金化,可以降低贵金属的用量,同时提高 OER 性能。此外,将贵金属负载于不同的载体上,通过控制负载金属的大小,从纳米颗粒到团簇再到单原子,可以有效提高金属的催化活性,降低贵金属载量,也获得了广泛的关注。

(2) 金属氧化物。在贵金属氧化物中,RuO_2 和 IrO_2 一直被认为是酸性介质中 OER 的活性和稳定性标准。可以通过调节表面氧化态、晶面工程、粒径或形貌控制、掺杂、缺陷、改变结晶度等进一步提升金属 Ru/Ir 氧化物的性能。而由于贵金属的稀缺性,非贵金属氧化物及氢氧化物的研究也越来越多,主要包括单金属氧化物(主要是 Co、Ni、Cu 和 Mn 氧化物)、尖晶石氧化物和钙钛矿氧化物。单一非贵金属氧化物电催化剂的 OER 活性取决于金属类型、金属氧化态、形貌和载体。此外,较差的导电性极大地阻碍了其在 OER 中的应用。为解决电导率差的问题,制定了两种策略,包括掺杂杂原子操纵氧化物的结构和组成,引入氧空位、形成多金属氧化物和掺入导电基材。

(3) 非贵金属氢氧化物。非贵金属氢氧化物可以简单分为氢氧化物、层状双氢氧化物(LDHs)和氢氧氧化物,其中 LDHs 表现出非常优异的 OER 性能。目前的合成方法与 LDHs 的形态密切相关,同时 LDHs 的层间可互换阴离子被其他官能团或大分子取代,以扩大层间距离,暴露出更多的活性位点并加速离子转移。此外,LDHs 可以剥落成单层或几层,然后与其他层状材料组装,以构建逐层结构。LDHs 还可以将具有多种价态的其他金属(Mn、Co、Fe、V、Cr、Ce、Mo、W 等)离子掺入宿主基质中以增加催化活性中心的数量,从而优化催化性能。

　　尽管如此，目前仍然无法使用所研究的材料进行大规模电解水制备氢气，主要原因在于催化材料的催化活性不高、催化剂组分含量较少、操作方法烦琐、催化剂活性物质与基底黏结不牢固、催化剂稳定性差、制氧电位大于 1.5 V 等，这些因素限制了工业化电解水制氢的发展。除催化剂的影响外，电解水制氢还需要考虑电解槽的设计，两种工业实践的电解水技术是碱性电解槽(AWE)和质子交换膜电解水器(PEMWE)。碱性电解槽需要较长的启动准备时间，并且对电力负荷的变化响应缓慢，难以适应可再生能源(如阳光和风)的频繁变化。相比之下，PEMWE 是一种更先进的电解水技术，它使用超薄质子交换膜(PEM)传输质子并隔离阴极/阳极，因此电流密度大($>2 \ A \cdot cm^{-2}$)、转化效率高($80\% \sim 90\%$)、氢气纯度高($>99.99\%$)。PEMWE 在高动态运行条件下的高灵活性和快速响应性使该技术在与间歇性可再生能源集成方面表现优异。

　　在 PEMWE 中，核心成分主要包括流场板(BP)、多孔传输层(GDL)、质子交换膜(PEM)及阴/阳极电催化剂。图 3.6 显示了 PEMWE 堆栈中单个电池的示意图。两个半电池被 PEM 隔开，PEM 在反应过程中运输质子并阻止产物气体通过。催化剂直接应用于膜或多孔传输层。在大多数电池设计中，催化剂层沉积在膜上，形成电池的关键成分，即膜电极组件(MEA)。由 PEM、阴极和阳极电催化剂集成的 MEA 是 PEMWE 的核心，在很大程度上决定了电解水的性能。理想的 PEM 应能够满足多种功能要求，包括低透气性、优异的质子导电性、良好的吸水性、低溶胀比、出色的化学和机械稳定性、低成本和高耐久性。到目前为止，全氟磺酸(PFSA)膜是 PEMWE 常用的商用 PEM。该膜具有疏水性聚四氟乙烯主链和亲水性磺酸侧链。根据等效重量(EW)、侧链化学性质和长度，PFSA 可分为不同的膜，如 nafion、aciplex、flemion、3M 和短侧链(SSC)。GDL 夹在 MEA 的两侧，是 PEM 和 BP 之间的多孔介质。液体/气体两相流体通过 GDL 通道输送到催化剂层，在催化剂层水分解为电子、O_2 和催化剂阳极的质子。O_2 通过催化剂层和 GDL 流回流场板，然后流出电池。电子通过 GDL、BP 和外电路到达阴极侧。同时，质子通过 PEM 到达阴极，在阴极与电子反应形成 H_2。然后 H_2 流过阴极 GDL 并离开电池。

　　高性能 GDL 材料必须满足以下要求：①由于阳极 OER 的高过电势、氧气的存在及水分解过程中产生的质子引起的高酸性环境，GDL 必须耐腐蚀；②GDL 需要导电电子，因此必须具有良好的导电性和低电阻率；③GDL 必须为膜提供机械支撑，特别是在工况存在压力差的情况下，必须有效地排出气体并逆流到催化剂层。目前在工业上用作 GDL 的有钛筛网、烧结粉末、毛毡和泡沫。

　　BP 封装两个半电池，是 PEM 电解槽中的多功能组件。BP 有两个基本功能：一个是电连接堆栈中的相邻电池；另一个是供应和去除反应物(水)和气态产物(H_2 和 O_2)，其他功能包括质量传递和传热。必须在电解槽操作环境中的高压、氧化(阳极)和还原(阴极)条件下保持这些功能。因此，要求 BP 具有高导电性、耐腐蚀性、不渗透性、低成本和足够的机械强度。目前，可用作 BP 的材料有石墨、钛、不锈钢等。与石墨相比，钛具有耐腐蚀性优异、初始电阻率低、机械强度良好和质量轻等特点，是目前 PEMWE 的最佳板材。

　　在电解水制氢的过程中，H_2 和 O_2 产物依次通过催化剂表面、GDL 和 BP，从电池中释放出来。上述核心部件对制氢用 PEM 电解水的成本、性能和寿命有重要影响。

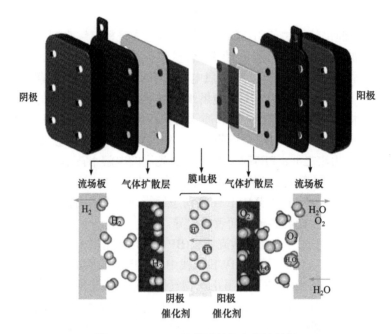

图 3.6　PEMWE 的堆栈结构和关键材料

BP 和 GDL 占堆栈成本的最大比例分别为 51% 和 17%。氧化和腐蚀性的操作环境限制了材料(主要是先进的钛基材料)的使用，还需要 Pt 和 Au 等保护涂层。为了降低整个电解槽的成本，有必要开发廉价的替代材料。相对而言，PEM 和催化剂在 PEMWE 堆栈成本中所占比例较小，分别为 5% 和 8%。此外，MEA 的制造占整体成本的 10%。因此，如何在实现高效电解水的同时最大限度地降低材料成本仍然是 PEMWE 面临的巨大挑战。

在碳达峰、碳中和的背景下，将可再生能源与 PEMWE 整合制氢是实现清洁能源转型的有效途径。PEM 电解水技术仍处于工业化生产的初级阶段，其成本、性能和寿命等主要与电催化剂、PEM、MEA、GDL 和 BP 的开发有关。开发高效、清洁的 PEM 电解水技术目前主要从以下几个方面开展：

(1) 电催化剂：电催化剂的改进思路主要是降低 Pt 和 Ir 的用量，提高其质量活性，引入非贵金属组分降低电催化剂成本，进一步研究催化剂的失活机制，以解决催化剂的稳定性问题。

(2) PEM：PEM 的化学、机械和热性能与 PEMWE 的性能和寿命密切相关。目前 PEM 可以通过以下方法开发或改进：①添加 PEM 夹层结构以降低膜的透气性；②提高化学稳定性和机械性能，同时确保其水化程度；③提高其工作温度上限，增强其热稳定性；④开发成本较低的膜(如碳氢化合物基膜)。

(3) MEA：MEA 由 PEM、阴极催化剂层和阳极催化剂层组成，有时还包含两个 GDL，是电解水产氢的反应位置。因此，调整 MEA 的制备可以从根本上提高 PEMWE 的性能和寿命，降低成本。对 MEA 的改进不仅应从催化剂本身的活性角度出发，还应该考虑 MEA 制备技术的优化，包括油墨成分、涂布方法和热压条件。

(4) GDL：GDL 是水/气转换和电子传输的主要场所。GDL 的优化可以通过提高其孔隙率和导电性实现。合理调整 GDL 的孔结构和尺寸将提高电子转移效率，加速水/气转换，使 PEMWE 具有优异的性能。Ti 基 GDL 的主要问题是其降解(如表面钝化和氢脆)，这将导致接触电阻的增加和机械强度的衰减。为了防止降解，GDL 通常涂有贵金属(如 Au 和 Pt)保护层，以满足工业对其性能和寿命的要求。然而，这也会增加 PEMWE 的成本，因此仍需要寻找低成本、高导电性、高耐腐蚀性、耐氢脆性的涂层材料。

(5) BP：BP 的功能包括传导电子、提供水流路径、分离 O_2 和 H_2，支持电解槽并提供热传导。由于 BP 和 GDL 都采用具有贵金属涂层的钛板，因此对于 BP 的优化，第一个方向与 GDL 相同，第二个方向是合理设计其流场。目前，BP 的流场设计主要包括以下三种类型：①使用钛网作为平隔板，使用多孔钛烧结作为 GDL；②使用带有蚀刻通道的厚钛板；③使用冲压有通道的钛板。然而，上述流场或者加工成本高，或者造成应力变形，导致无法放大实际应用。因此，合理设计 BP 的流场也是一个热点问题。

总的来说，实现电解水制氢不仅需要高效的催化剂，更需要优异的电解池设计，包括电解池各部分组件的协同设计。

3.1.2　光解水制氢

1972 年，日本科学家藤岛昭(Fujishima)等报道了 TiO_2 光电极在紫外光照射下能分解水产生 H_2 和 O_2。这一发现为实现太阳能分解水制氢提供了可行性依据。此后，光催化反应得到广泛关注和研究。经过 50 多年的发展，光催化研究取得了很大进展，不仅在光解水制氢领域开发了很多性能优良的半导体催化材料，而且在采用光催化方法去除环境污染物、实现环境净化方面也得到很大发展。环境光催化方法是通过光源照射半导体，产生一些强氧化性中间物，如光生空穴或羟基自由基，并通过这些强氧化性中间物氧化一些有机污染物(如甲醛)、工业排放的废水等环境污染物，将这些污染物最终氧化成对环境无污染的产物，从而实现环境净化。光解水制氢(图 3.7)是通过半导体光催化剂在光照射下产生空穴-电子对，电子将水还原得到目的产物 H_2。

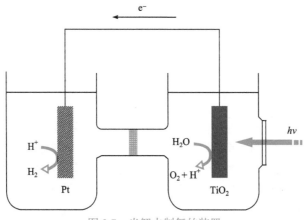

图 3.7　光解水制氢的装置

光催化反应的理论依据是半导体的能带理论。孤立原子中的电子数有限，能级之间

相互分离。固体中的电子不再单属于某个原子，而属于整个固体结构。描述电子状态的
固体能带理论认为，在固体中每个孤立的原子轨道会发生重叠和干扰，但始终遵守泡利
不相容原理，虽然能级众多，但各能级大小并不相同。因此，在有限的空间内，形成无
数个差别很小的能级，从宏观上看，几乎呈连续分布，形成一种能带结构。单个原子的
电子首先占据能级较低的内层轨道，外层轨道没有被占满，甚至存在空轨道，当众多原
子堆积成固体后，外层空轨道形成空带，即导带(conduction band，CB)。这些空带之所以
称为导带是因为当内层电子被激发到空带后形成自由电子，可在金属原子间自由移动，
形成导电性。相应地，原子的内层轨道在原子堆积成固体后形成被电子占据的能带——
价带(valence band，VB)。价带内的电子被激发至导带参与导电的同时，在价带内留下一
个可以重新接纳电子的位置，称为空穴(hole)，空穴的电子可以被激发出去，也可以接受
其他电子，电子的激发和接受过程也可以视为导电的过程，所以形成空穴的价带也能参
与导电。另外，靠近原子核的电子由于与原子的作用力很大，不容易被激发，也不容易
逃到其他金属原子上，所以不参与导电。对于金属导体，导带和价带之间部分重合，导
带电子和价带电子可自由移动，所以容易导电。对于半导体和绝缘体，导带和价带之间
存在一定的间隙，这个间隙没有电子，称为禁带(forbidden band，FB)。通常在温度为 0 K
时，导带上没有电子，价带上的电子不能跨越禁带，没有自由电子，所以半导体和绝缘
体不能导电。不同的是，半导体材料禁带宽度较窄，价带电子更容易被激发到导带，从
而形成导带上自由电子与价带内空穴导电的情况(图 3.8)，而绝缘体材料禁带较宽，价带
上电子不容易被激发至导带，所以通常不容易导电。

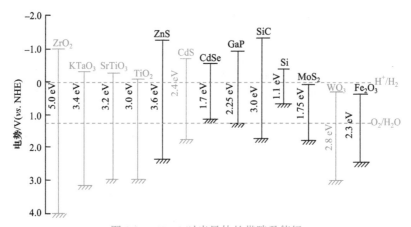

图 3.8　pH = 0 时半导体的带隙及能级

　　对于金属，所有价电子所处的能带就是导带。对于半导体，所有价电子所处的能带
是价带，比价带能量更高的能带是导带。在绝对零度下，半导体的价带是满带(见能带理
论)，光电注入或受热激发后，价带中的部分电子越过禁带进入能量较高的空带，空带中
存在电子后，即成为导电的能带——导带。半导体相对于导体及绝缘体而言具有特殊的
电子结构，主要是指半导体具有一个适中的能隙宽度，当入射光的能量等于或大于半导
体光催化剂的禁带宽度或能隙宽度时，电子受到激发，从最高占据分子轨道(价带)跃迁至
最低未占据分子轨道(导带)，因此在价带上产生相应的光生空穴(h^+)，而导带中产生了光

生电子(e^-)。光生空穴和光生电子分别具有非常强的氧化和还原能力。太阳能光解水要产生氢气和氧气，光生电子必须能还原水放出氢气，而光生空穴必须能氧化水放出氧气。因此，从热力学角度来说，只有当半导体的导带电势比氢电极电势 H^+/H_2(-0.41 eV，pH = 7)负、价带电势比氧电极电势 O_2/H_2O(+0.82 eV，pH = 7)正时才能实现水的分解，得到氢气(图 3.9)。通过计算，水的氧化还原电势为 1.23 eV，理论上禁带宽度(E_g)大于 1.23 eV 的半导体能光解水制氢。实际上，过电势的存在使得合适的禁带宽度为 1.8 eV。根据半导体的电势可以估计其氧化还原能力，若导带电势越负，则它的还原能力越强，若价带电势越正，则它的氧化能力越强。

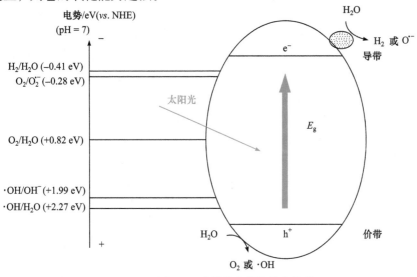

图 3.9　半导体光催化反应机理

典型的半导体光解水制氢主要分为三个过程，即光子吸收、光生电荷迁移和表面氧化还原反应。

(1) 光子吸收。半导体光催化剂从外界吸收能量超过其自身的禁带宽度后，在半导体的体相激发产生光生载流子。在这个过程中，材料的禁带宽度决定了其对光子的吸收能力。当半导体吸收光子的能量等于或超过其禁带宽度时，电子被激发从价带跃迁到导带，则半导体的价带上留下一个带有正电的光生空穴。因此，如前所述，半导体对太阳光谱的吸收范围取决于半导体材料能带的大小：带隙(band gap)=1240/λ。换句话说就是带隙越小，吸收范围越宽。根据水分解的电极电势，在电解水制氢过程中外加电压必须大于或等于 1.23 V。由于在产氢及产氧的过程中存在过电势，因此通常情况下禁带宽度不应小于 1.8 eV。研究表明该禁带宽度的半导体可以吸收波长小于 700 nm 的太阳光，相当于太阳光谱的 50%。

(2) 电荷的分离及光生载流子向半导体表面的迁移。半导体在受到能量足够的太阳光激发后，产生的电子和空穴对迁移到半导体颗粒的表面。这个过程受到光催化材料的晶体结构、结晶度及粒径大小等因素的影响。晶体结构中存在大量的缺陷和位错，这些本征结构的区别会对电荷分离及光生载流子的迁移能力产生影响。例如，缺陷可作为电子和空穴的捕获中心，也可作为电子和空穴的复合中心。一般来说，对于单独的半导体材料，存在缺陷会降低材料的光催化活性，因而提高材料的结晶度、减少晶体内部的缺陷将提高材料的催化效果。然而，对于半导体复合结构，存在的缺陷能有效捕获电子，从而抑制光生载流子的复合。禁带宽度的不同会促使电子被快速导走，提高了光催化活性。此外，减小半导体尺寸，则光生载流子迁移到催化剂表面反应活性位的距离变短，因此光生电子和空穴复合的机会减少。

(3) 表面氧化还原反应。迁移到表面的光生载流子能与水分子或其他有机物发生氧化还原反应，在光催化作用下产生 H_2 和 O_2。

根据催化剂对光响应的波长，可以将半导体光催化剂分为紫外光响应半导体催化剂和可见光响应半导体催化剂。

(1) 紫外光响应半导体催化剂。目前被深入研究的是 TiO_2、$SrTiO_3$、La：$NaTaO_3$ 等宽禁带半导体，其禁带宽度只能响应紫外光波长，通常将它们称为第一代半导体光催化剂，目前已经广泛应用于光分解水制氢和降解污染物。最早用于光分解水的半导体是 TiO_2，它具有光催化活性高、化学性质稳定、无毒、无污染、廉价和容易获得等优点，是迄今被研究得最多、应用最为广泛的光催化剂。与 TiO_2 类似，ZnO 也是一种紫外光响应半导体催化剂，它的性质稳定，无毒、无污染且价格便宜，具有类似于 TiO_2 的禁带宽度和光降解有机物的反应机理，因而其应用仅次于 TiO_2。ZnO 受光激发产生的空穴具有较强的氧化能力，因此工业上主要用于降解有机污染物，或者与其他光催化剂复合后也可用于制氢。

(2) 可见光响应半导体催化剂。CdS 是研究和报道最多的可见光响应半导体催化剂。CdS 具有两个重要优点：一是它的禁带宽度为 2.4 eV，导带电势低于水的还原电势，价带电势高于水的氧化电势，能带结构符合光分解水的要求；二是光谱响应范围宽(400～800 nm)，能很好地吸收可见光。此外，CdS 还具有价格低、制备过程简单、形貌容易调控等优点，因此广泛用于光解水制氢和降解环境污染物。

从理论上讲，具有合适的能带宽度和能级位置的半导体光催化材料都能发生光催化水解反应。在光源照射下，半导体产生的载流子发生变化，当光生电子和空穴被光激发后会经历很多变化，主要包括捕获和复合两个过程。光生空穴具有很强的氧化性，可与半导体表面吸附的有机物或溶剂中的电子发生反应，使得原本不吸收光或者无法被光子直接氧化的物质通过光生空穴被氧化。光生电子又具有很强的还原性，使得半导体表面的电子受体被还原。氧化和还原这两个过程均为光激活过程，然而迁移到内部和表面的光生电子和空穴又存在复合的过程，这是很多光催化剂的光催化活性不高的主要原因。同时，在光催化反应的过程中，催化材料对光谱的利用范围窄、光量子效率低，这些问题使光解水制氢的实际应用受到了限制。为了提高光催化剂的量子效率，人们使用了很多方法对光催化剂进行改性来提高其催化活性。目前，主要的改性方法有贵金属沉积、离子掺杂、染料光敏化、复合半导体、光催化剂纳米化、表面螯合及衍生作用、外场耦合等。

目前，由于快速电荷复合和反向反应，用于在可见光照射下同时产生氢气和氧气的整个水分解系统的可用效率仍然很低。为了实现可持续的高效制氢，需要不断添加电子供体，以使制氢效率达到水分解反应效率的一半。这些牺牲电子供体可以不可逆地消耗光生空穴，从而阻止不良的电荷复合。考虑到光催化水分解制氢的成本较低，来自工业的污染副产品和来自动物或植物的低成本可再生生物质是水分解系统中优先选择的牺牲电子供体。它们可以同时完成制氢、废物处理和生物质转化的任务，成本很低或没有成本。此类光催化水分解制氢系统需要考虑分子机理和反应动力学。

3.2　生物质制氢

生物质是指通过光合作用而形成的各种有机体，广义上包含所有的微生物、植物及以上述物质为食物的动物和其生产的废弃物。生物质能是太阳能以化学能形式储存在生物质中的能量，是可再生能源的重要组成部分。将生物质能进行高效地开发、转发和利用对于缓解当前环境和能源问题具有重要的意义。

生物质制氢主要是指生物质经过不同预处理后，利用气化或微生物催化脱氧的方法制氢。可用来进行生物质制氢的物质主要包括农业废弃残留物、能源作物、林业废弃残留物和工业城市废弃残留物等。与水分解制氢相比，生物质制氢理论上不需要消耗大量电能；与化石燃料相比，部分生物质的 N、S 含量低，制备过程中二氧化碳排放量更少，显示出更好的环境兼容性；与甲醇、甲酸等小分子化学品制氢等技术相比，生物质制氢原料来源更为广泛。此外，生物质(如秸秆等)作为农业废弃物，常通过燃烧取暖等低效率、高碳排放的方式进行消耗。若能通过制氢的方式消耗生物质，将大幅减少温室气体的排放，实现生物质在全生命周期的零碳排放，促进我国能源结构的多样化发展，助力国家"双碳"目标的实现。

生物质制氢主要包括生物质微生物制氢和生物质热化学制氢两种方式(图 3.10)。前者采用生物学方法，具有原料来源丰富、成本低廉、反应条件温和等优点，主要包括光合微生物制氢、暗发酵制氢、光暗发酵耦合制氢等。生物质微生物制氢技术过程复杂，目前还主要处在实验室研究阶段。后者通过热化学方式，将生物质通过直接热解或添加气化剂气化的热解方式进行制氢。直接热解过程简单，但转化效率低；气化热解先将生物质转化为富氢的合成气，再通过气体分离和纯化，得到高纯度的氢气。

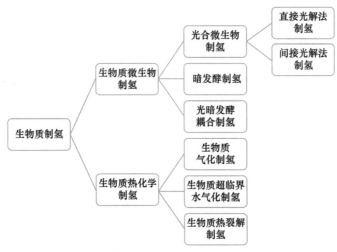

图 3.10　生物质制氢方式

3.2.1 生物质微生物制氢

生物质微生物制氢技术通常是指在氢化酶和固氮酶等作用下，通过微生物的参与将生物质中的有机物和水分转化为氢气。可用于生物质制氢的微生物种类极多，包括兼性厌氧菌(如大肠杆菌)和专性厌氧菌(如各类梭状芽孢杆菌、嗜热菌等)。根据产氢微生物在生长过程中所需的能源方式，可以分为光合微生物制氢、暗发酵制氢及光暗发酵耦合制氢。生物质微生物制氢受 pH、温度、氢气分压、反应器和微生物类型等多方面因素影响。

1. 光合微生物制氢

光合微生物制氢主要指通过光合微生物直接将太阳能转化为氢能的过程，按照技术的原理可以分为直接光解法制氢和间接光解法制氢。

1) 直接光解法制氢

直接光解法制氢过程主要发生在藻类或植物细胞中，通过光合作用的方式，微生物首先将水分子分解为氧气和氢离子，氢离子进一步通过氢化酶或固氮酶的作用转化为氢气，一般蓝藻通过固氮酶，绿藻通过氢化酶。具体反应方式如下：

第一步：
$$2H_2O \longrightarrow 4H^+ + 4e^- + O_2$$

第二步：对于蓝藻等，主要通过固氮酶把氮气转化成氨气，同时将 H^+ 还原，产生氢气。
$$N_2 + 8H^+ + 8e^- + 16ATP \longrightarrow 2NH_3 + H_2 + 16ADP + 16Pi$$

上式中 ATP 为腺苷三磷酸，由一分子腺嘌呤、一分子核糖和三分子磷酸基团组成；ADP 为腺苷二磷酸，由一分子腺嘌呤、一分子核糖和两分子磷酸基团组成；Pi 为磷酸基团。

对于绿藻，在光照和厌氧的条件下，通过氢化酶的作用将 H^+ 还原，产生氢气。
$$2H^+ + 2e^- \longrightarrow H_2$$

通常情况下，对于采用固氮酶产氢的方式，由于固氮反应需要大量能量，因此目前能量利用率远未达到实用化 10%的最低标准。而绿藻虽然体内没有固氮酶，理论上具有更高的能量利用率和产氢速度，但可逆氢化酶对氧气敏感，极易失活，产氢难以持续。因此，直接光解法制氢技术目前主要处在实验研发阶段。

2) 间接光解法制氢

间接光解法制氢通常包含细胞体代谢和有机物积累的过程。一类是一步间接法，在光照和厌氧条件下，绿藻通过代谢消耗体内营养物质，产生电子传递到厌氧条件下诱发生成的可逆氢化酶，还原 H^+，产生氢气，同时得到 O_2 及 CO_2 等副产物。另一类是两步间接法，首先通过藻类正常的光合作用产生有机物和氧气，然后在厌氧、无硫的条件下诱导氢化酶表达，通过光照消耗有机物还原产氢。该方法可以实现氢气和氧气两种主要产物在空间和时间上的分离，提升产氢的速度，是当前光合微生物制氢的研究热点。

总体而言，光合微生物制氢以分解水和小分子有机物为主，难以降解大分子有机物制氢；通过固氮酶将氮气转化成氨气同时产生氢气的方式能量利用率较低；借助微生物代谢物的间接制氢方式受到代谢产物的稳定性影响，产氢效率不高；同时考虑到光反应器的运行难度大、成本高等问题，光合微生物制氢主要还处在实验室研发阶段，离产业化还有很长的一段路要走。

2. 暗发酵制氢

暗发酵制氢一般指厌氧发酵细菌在黑暗环境中分解生物质制氢。与光合微生物制氢相比，厌氧微生物暗发酵制氢不需要光源，条件更加温和，工艺难度更低。

暗发酵制氢一般在专性厌氧菌和兼性生物中进行，发酵底物在氢化酶的作用下，通过厌氧发酵细菌在代谢过程中释放分子氢的形式，平衡反应中的剩余电子来保证代谢过程的顺利进行，主要通过丙酮酸脱羧和辅酶 I 的氧化与还原平衡、调节两种途径产氢。具体反应过程如下：

$$C_6H_{12}O_6 + 6H_2O \longrightarrow 12H_2 + 6CO_2$$
$$C_6H_{12}O_6 + 2H_2O \longrightarrow 4H_2 + 2CO_2 + 2CH_3COOH$$
$$C_6H_{12}O_6 \longrightarrow 2H_2 + 2CO_2 + CH_3CH_2CH_2COOH$$

与光合微生物制氢相比，厌氧发酵过程制氢稳定、不需要光源、能够稳定持续地制氢、产物处理后可获得生物燃料、产氢能力较强，更易于实现规模化应用，同时发酵底物选择范围较宽，除葡萄糖外，蔗糖、淀粉、纤维素、木质素等均可以作为底物，反应容器不受光源的限制，便于放大，有望成为工业制氢技术新的研究方向。该技术目前存在的主要问题包括制氢过程中细菌的代谢机理不明确，底物利用率普遍偏低，现有制氢容积大多处在实验研究阶段，仍需进一步设计才能满足大规模应用的需求。

3. 光暗发酵耦合制氢

光暗发酵耦合制氢兼具光合微生物制氢与暗发酵制氢的特点，一种方式是将暗发酵过程中产生的有机酸用于光合微生物制氢过程；另一种方式是暗发酵与光合微生物制氢过程在包含两种类型微生物群落的单个反应器中完成。耦合制氢对设备和工艺提出了更高的要求，能否工业化应用需要进一步考虑经济可行性。

除上述微生物参与的生物质能制氢技术外，近年来还开发了无细胞途径的酶催化制氢技术。该技术通过多种酶协同催化，在无细胞参与的条件下可以使碳水化合物和底物转化为含有氢气的产物。该技术通过人为共建酶催化系统，具有转化效率高、能耗低等优点，目前主要存在的问题是成本较高、催化反应速率较慢。

4. 生物质微生物制氢的影响因素

生物质微生物制氢技术主要受到 pH、温度、氢气分压、底物浓度等多种因素影响。pH 主要影响氢化酶的活性，进而影响产氢底物的分解速率，通常需要在酸性条件下才能发挥最佳的产氢效果。温度对微生物的生长、代谢途径和产物的分布等都有一定的影响，研究表明以海带为底物进行暗发酵的菌种最适合温度为 35~45 ℃。氢气分压主要影响化学反应的平衡，氢气分压高会使反应逆向进行，因而通常需要将反应生成的多余氢气尽快排出。过高的底物浓度不利于传质的进行，会导致不完全转化和有机酸的积累，从而使细胞活性降低，而过低的底物浓度则使氢气产生量过少，成本高，因而需要维持适当的底物浓度。

5. 生物质微生物制氢反应器

生物质微生物制氢反应器(图3.11)是生物质微生物制氢商业化的关键,其结构和性能对产氢效率和运行稳定性有重要影响,通过工艺优化,可以实现间歇式或连续式制氢过程。目前制氢反应器主要有连续搅拌反应器、升流式厌氧污泥床、膨胀颗粒污泥床、半连续厌氧反应器等。尽管在反应器的数值模拟、流场分析、控制优化等方面取得了一定进步,但目前仍处在小规模阶段,离产业化仍有一定距离,需要深入探究放大过程中遇到的问题,以保持放大后的析氢效率和析氢稳定性。

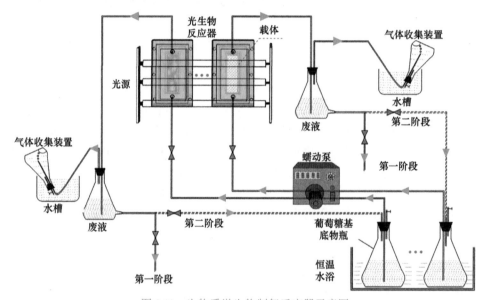

图 3.11 生物质微生物制氢反应器示意图

3.2.2 生物质热化学制氢

生物质热化学制氢主要指通过热化学的方法处理生物质材料,最终将生物质材料转化为氢气。热化学方法可以直接将生物质转化成氢气,也可以通过间接的方式,将生物质先转化成生物醇类、苯酚类、酸类等易储存的中间产物,再进一步重整制氢。根据制氢原理的不同,通常分为生物质气化制氢、生物质超临界水气化制氢及生物质热裂解制氢。

1. 生物质气化制氢

生物质气化制氢一般是将生物质加热到 700 ℃以上,利用空气、氧气、水蒸气及其混合气等气化剂的作用,将生物质进行气化,最终转化得到富氢燃料。主要反应过程如下:

$$生物质 + 蒸汽 \longrightarrow H_2 + CO + CH_4 + CO_2 + 其他碳氢化合物 + 焦炭(油)$$

整个过程通常在氧气充足的环境下进行,因而产物多以气体为主。对生物质进行气化的目的是去除不可燃成分,提高燃料热值,同时去除易造成大气污染的氮、硫等元素,提高氢、碳元素的质量比。众多研究结果表明,在气化介质中加入适量的水蒸气可以提高氢气的产量。生物质气化制氢的产氢率高、气体质量好，主要问题是气化过程易产生焦油等物质，难以裂解。通过添加白云石、镍基催化剂等方式，可以降低焦油裂解温度。例如，雷帕尼亚(Rapagna)等引入 La-Ni-Fe 三金属催化剂，使得气化制氢的产物中氢气含量达到 60%(体积分数)。

2. 生物质超临界水气化制氢

超临界水是指当温度和气压达到一定值时，水经高温膨胀和高压压缩的密度变化效果相同时水的一种特殊状态，其中临界温度为 374 ℃，临界压力为 22.1 MPa。超临界水具有强的反应活性及对有机物的融合能力，这些潜在的特性使得超临界水气化成为一种有效的生物质制氢方式。生物质在与水混合加热并加压到水的超临界状态后，会在几分钟时间内快速分解成氢气及小分子的烃类，生物质气化率甚至能达 100%。超临界水可以削弱分子间氢键，促进氢气的产生。超临界水气化主要经历热解、水解、冷凝及脱氢分解等，以碳水化合物为主的生物质为例，主要经历的化学反应如下：

蒸汽重整：$\qquad CH_xO_y + (1-y)\,H_2O \longrightarrow CO + (x/2 + 1 - y)\,H_2 + CO_2$

甲烷化：$\qquad\qquad CO + 3H_2 \longrightarrow CH_4 + H_2O$

水煤气变换：$\qquad CO + H_2O \longrightarrow CO_2 + H_2$

生物质超临界水气化制氢不需要对生物质进行干燥；氢气在高压条件下产生，减少了气体压缩、储存过程；超临界水对氢气和甲烷等产物溶解度高，因此有利于二氧化碳的分离；对于快速生产的生物质材料，通常灰分较高(含碱性盐)，得到的气相产物 CO 浓度低，氢气浓度高。生物质超临界水气化制氢反应机理复杂，目前主要处在早期研发阶段，但由于其具有上述优点，且流程简单、不易产生焦油和焦炭等副产品，在未来具有较强的竞争力。但同时也应考虑水在超临界状态下反应活性高，对设备的耐腐蚀性提出了更高的要求(图 3.12)。

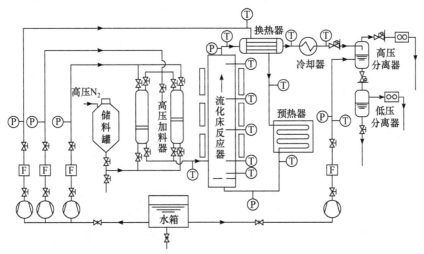

图 3.12　生物质超临界水气化制氢系统

Ⓟ压力表；Ⓣ温度传感器；Ⓕ质量流量计；高压柱塞泵；湿式气体流量计；背压阀；截止阀

3. 生物质热裂解制氢

生物质热裂解制氢是一种分步制氢技术，该方法首先通过生物质热解得到固、液、气产物，然后将气体和液体产物通过蒸汽重整技术、水相重整技术、自热重整技术、光催化重整技术等方式得到氢气，其中蒸汽重整目前研究最为广泛。生物质热裂解通常在无氧或有限氧的条件下进行，转化得到的液体产物是后续蒸汽重整的主要原料。为了得到更多的液体，生物质热裂解通常遵循快升温、适中反应温度(约 500 ℃)、短气相停留等原则。与生物质气化制氢相似，生物质热裂解制氢过程通常需要使用催化剂(如沸石、碳酸盐、金属氧化物、镍基材料等)降低焦炭的产量，提高反应速率。液体产物较为复杂，包括水、小分子有机酸、烷烃、酚类、芳香烃类等化合物。

相比于较为成熟的生物质热裂解步骤，其他重整技术目前主要处在实验室研发阶段，主要在催化剂的作用下，液体产物与水蒸气作用得到小分子气体，代表性的反应方程式如下：

生物油重整：　　　　　　生物油 $+ H_2O \longrightarrow CO + H_2$

烷烃重整：　　　　　　　$C_xH_y + xH_2O \longrightarrow xCO + (x + y/2) H_2$

水煤气变换：　　　　　　$CO + H_2O \longrightarrow CO_2 + H_2$

4. 生物质热化学制氢的影响因素

生物质气化制氢受到生物质的类型及原料粒径、气化温度及蒸汽含量、催化剂等多方面因素影响。例如，Tian 等研究发现木质素含量高的生物质原料具有更高的制氢效率。对于生物质的原料粒径，大颗粒不利于传热，导致多余的焦炭产生，因而降低原料粒径能有效提升产氢效率。就温度而言，高气化温度通常有利于氢气含量和产量的提升，但过高的温度对水煤气变换反应有抑制作用，导致氢气体积分数降低，因而需要选择合适的气化温度、聚合反应速率与氢气产量。通常情况下，加入更多的蒸汽，能够增加氢气和 CO_2 的产量，降低碳氢化合物和 CO 的生成，但同时也需要考虑能耗等因素，得到最佳的蒸汽含量。添加催化剂是提升气化速率和产氢量的有效方式，目前镍基催化剂使用较为广泛。

生物质超临界水气化制氢近年来发展迅速，其制氢过程首先受到生物质种类的影响，不同生物质的木质素、纤维素、淀粉、葡萄糖等含量各不相同。保罗(Paul)等对比了葡萄糖、淀粉、纤维素及木薯废料生物质在亚临界和超临界状态下的热解产物，发现虽然几类物质产物均为二氧化碳、氢气、甲烷、一氧化碳、其他碳氢化合物及焦炭和焦油等杂质，但不同底物对应的气体含量区别较为明显，其中葡萄糖具有最高的产氢量，木薯基生物质产氢量较低，纤维素产物中的焦炭含量较高。除生物质种类外，温度、压力、原料浓度、停留时间均会影响制氢效率。温度上升会降低超临界水的密度，促进有机物的溶解，有利于自由基反应，可以得到较高的产气量和氢气产率。压力增大会增加超临界水的介电常数，有机组分溶解度降低，对气体产物的形成不利。通常情况下，高浓度反应物会阻碍超临界水的传质，进而降低气化速率。对于停留时间，适当增加反应时间，气体总量、碳转化效率和能量效率更高，但到一定停留时间后达到阈值，无法进一步提高反应速率。总体而言，温度和停留时间对生物质超临界水气化制氢技术的影响较为显著，而压力增大会起反作用，一般控制在 22～30 MPa。此外，镍基催化剂、二氧化钌等催化剂的引入对制氢也起促进作用。

生物质热裂解制氢同样受到温度的影响，适当升高温度能提升氢气产量、增强催化剂的活性，进而减少积碳的产生。催化剂是生物质热裂解制氢技术的关键，可以促进焦油、焦炭裂解，提升氢气体积分数。一种好的催化剂除具有较高的裂解和催化产氢效果外，还应具有较强的耐烧结能力、较好的机械性能、较低的成本和易于再生/回收的特性。常用的催化剂主要有镍基催化剂、天然矿石催化剂(如白云石、橄榄石、石灰石等)、碱/碱土金属催化剂(如氢氧化钾)、复合催化剂等。其中，复合催化剂能够有效解决单一催化剂的局限性，表现出更好的催化活性和催化稳定性。例如，以 NiO/白云石作为复合催化剂，以松木屑作为生物质原料，合成气中氢气体积分数达到 71.8%，最高产氢量达到 $45.8 \text{ g} \cdot \text{kg}^{-1}$。

总体来看，生物质微生物制氢目前大多还处于实验室研究规模。其中，光合微生物制氢受限于反应机理，难以降解大分子有机物，能量转化利用率低，反应器设计难度大，运行成本较高；而暗发酵制氢虽然具有不受光源限制、底物选择丰富、条件温和等优势，但目前发酵过程细菌的代谢机理、底物的消耗机理等仍不明晰，为产业化的可行性分析带来了挑战。生物质热化学制氢中，生物质气化制氢及生物质热裂解制氢日趋完善，若能更好地解决生物质原料的预处理、催化剂失活毒化等问题，同时通过降低反应温度、提升氢气产量的方式提升成本效益，则有望获得进一步应用。尽管如此，生物质制氢的产物较为复杂、氢品质低，仍需进一步开发分离和纯化方案。对于生物质超临界水气化制氢，反应器和催化剂的开发将不断推动该项技术的变革。我们需要不断探索，紧跟世界技术前沿，甚至做到领跑该领域的发展。

3.3　化石燃料制氢

化石燃料制氢是指以化石燃料(包括煤炭、石油、天然气及其衍生物)为原料的制氢方法。图 3.13 展示了 2020 年全球氢气产量和我国氢气主要来源占比情况，可以看出化石燃

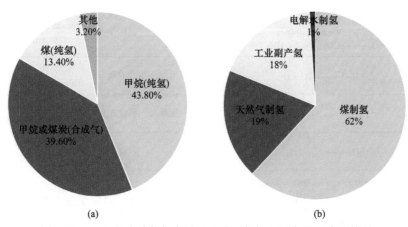

图 3.13　2020 年全球氢气产量(a)和我国氢气主要来源(b)占比情况

料依然是全球绝大部分氢的制取来源。尽管化石燃料储量有限,且在制氢过程中容易对环境造成污染,但作为目前发展相对成熟的工业技术,仍然需要在更高效、更清洁的新型制氢方法得到广泛应用之前,作为过渡工艺发挥重要作用。目前化石燃料制取的氢主要作为石油、化工、化肥和冶金工业的重要原料,某些含氢气体产物也作为燃料供城市使用。表 3.1 列举了一些常用化石燃料制氢技术的基本原理及简单评价。

表 3.1　不同化石燃料制氢方法评述

制氢方法	理想反应式	反应条件	催化剂	发展现状	方法评述
醇水蒸气重整	$C_nH_{2n+1}OH + (2n-1)H_2O \longrightarrow nCO_2 + 3nH_2$	<300 ℃ 常压,中压	Cu 系、Cr-Zn 系	成熟	外供热、氢含量高,CO 含量低,适合车载制氢,需原料供给稳定,活性高、稳定性好的催化剂
甲醇裂解	$CH_3OH \longrightarrow CO + 2H_2$	约 300 ℃ 常压,中压	Cu 系	成熟	外供热,CO 含量高,需原料供给稳定,活性高、稳定性好的催化剂,不适合车载制氢
醇自热重整制氢	$C_nH_{2n+1}OH + (n/2)H_2O + (3n/4 - 1/2)O_2 \longrightarrow nCO_2 + (3n/2 +1)H_2$	<300 ℃ 常压,中压	Cu 系、Cr-Zn 系	国外成熟,国内研制	低热、自热,氢含量高,CO 含量低,适合车载制氢,需原料供给稳定,活性高、稳定性好的催化剂
甲烷重整	$CH_4 + H_2O \longrightarrow CO + 3H_2$	>800 ℃ 常压,中压	N 系	商业化	温度高,需净化 CO,不适合车载制氢
烃部分氧化重整	$C_nH_m + nO_2 \longrightarrow m/2H_2 + nCO_2$	>500 ℃ 常压,中压	Cu 系、Ni 系	较为成熟	原料来源丰富、供给方便,催化剂易失活,需活性高、稳定性好的催化剂
烃自热重整	$C_nH_m + H_2O + (n - 1/2)O_2 \longrightarrow nCO_2 + (m/2 + 1)H_2$	<800 ℃ 常压,中压		研究开发	自热,原料来源丰富、供给方便,适合车载制氢,需活性高、稳定性好的催化剂
石脑油重整	$C_nH_m + 2nH_2O \longrightarrow nCO_2 + (m/2 + 2n)H_2$ $C_nH_mO_p + (n - p/2 - 1/2)O_2 + H_2O \longrightarrow nCO_2 + (m/2 + 1)H_2$	<800 ℃ 常压,中压	Ni 系	成熟	原料来源丰富,需外供热,需活性高、稳定性好的催化剂
汽油自热重整	$C_nH_m + H_2O + (n - 1/2)O_2 \longrightarrow nCO_2 + (m/2 + 1)H_2$ $C_nH_mO_p + (n - p/2 - 1/2)O_2 + H_2O \longrightarrow nCO_2 + (m/2 + 1)H_2$	<800 ℃ 常压,中压		报道很少,高度保密	自热反应,原料来源丰富、供给方便,适合车载制氢,需活性高、稳定性好的催化剂
煤气化	$C + H_2O \longrightarrow CO + H_2$	>1000 ℃ 常压,中压		成熟	反应温度高,CO 含量高,有硫和氮氧化物生成,不适合车载制氢
氨分解	$2NH_3 \longrightarrow N_2 + 3H_2$		Fe 系	研究开发	无 CO,温度高,难储存,不适合车载制氢
肼分解	$N_2H_4 \longrightarrow N_2 + 2H_2$			研究开发	无 CO,自热反应,存在安全隐患,不适合车载制氢
柴油自热重整制氢	$C_nH_m + H_2O + (n - 1/2)O_2 \longrightarrow nCO_2 + (m/2 + 1)H_2$ $C_nH_mO_p + (n - p/2 - 1/2)O_2 + H_2O \longrightarrow nCO_2 + (m/2 + 1)H_2$	<800 ℃ 常压,中压		未见报道,高度保密	自热反应,原料来源丰富、供给方便,适合车载制氢,需活性高、稳定性好的催化剂

3.3.1　煤制氢技术

我国的煤炭资源十分丰富，对煤的利用也有悠久的历史。2020 年，煤炭在我国能源结构中仍然占据重要地位，占比为 58%。因此，利用煤炭制氢是符合我国国情的重要制氢手段。以煤为原料制取含氢气体主要分为直接制氢和间接制氢两大类，其中间接制氢是指将煤先转化为甲醇，再由甲醇重整制氢；而直接制氢有焦化和气化两种方式。焦化是指在 900～1000 ℃、隔绝空气的条件下，将煤转化为焦炭，同时得到含氢气 55%～60%(体积分数)的焦炉煤气。气化是指在高温常压或加压条件下，煤与水蒸气或氧气等气化剂作用，经过造气反应、水煤气变换反应及氢的提纯与压缩三个阶段，转化成包含氢气的气体产物。煤气化是吸热反应，反应所需的热量由氧气与碳的氧化反应提供，涉及的主要反应如下，工艺流程如图 3.14 所示。

$$C(s) + H_2O(g) \longrightarrow CO(g) + H_2(g)$$
$$CO(g) + H_2O(g) \longrightarrow CO_2(g) + H_2(g)$$

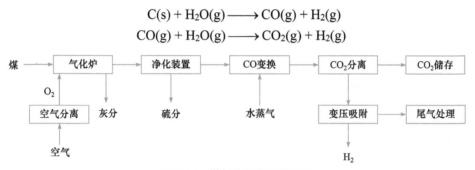

图 3.14　煤气化制氢工艺流程

煤气化制氢工艺有很多种，如科佩斯-托采克(Koppers-Totzek)法、德士古(Texco)法、鲁奇(Lurgi)法、气流床法、流化床法等。煤气化制氢具有成本低、来源广泛、适合大规模制取等优点，在我国有良好的应用基础，是传统煤制氢技术的重要内容。但有害物质及温室气体的排放、生产过程的烦琐及对大规模投资的需求都是亟待优化解决的重要问题，为顺应可持续发展的需求，仍需要在现有基础上全面提高技术水平。

煤炭气化制氢的广泛应用及对环境保护的日益重视都推动了煤制氢零排放技术的长足发展，钙基催化剂由于对煤与水蒸气的中温气化催化作用显著，在该技术的研究发展中受到了广泛关注。由美国洛斯阿拉莫斯国家实验室(Los Alamos National Laboratory，LANL)提出的零排放煤制氢/发电技术(图 3.15)中，高温蒸汽和煤反应生成氢气和 CO_2，氢气作为原料在燃料电池中转化为电能，CO_2 被 CaO 吸收转化为 $CaCO_3$，经过煅烧后获得高纯 CO_2 及可回收利用的 CaO，整个体系实现了零排放的物料循环利用，同时钙基催化剂通过吸收 CO_2 气体，大幅度提高了气化反应速率和产氢效率。目前，在经过进一步联合开发和优化后，该技术中煤的热利用率可达 70%。

从化工合成、煤化工发展趋势和未来能源需求角度分析，煤炭气化制氢技术近期的主要用途仍然是化工合成，可用于合成氨、合成甲醇等。此外，煤炭液化过程中，使用煤炭气化工艺生产氢气，用于煤加氢反应也是一个重要的煤炭化工方向。随着氢燃料电池的逐步商业化和推广使用，煤炭气化在制氢方面也将得到广泛应用。

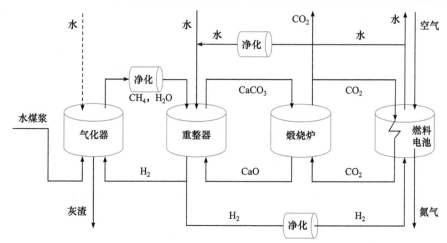

图 3.15　零排放煤制氢/发电系统示意图

3.3.2　天然气制氢技术

1. 天然气水蒸气重整制氢

直接开采的天然气首先需要去除硫化物等杂质，将含有 75%～85%甲烷的天然气混合一定比例的氢气通入管网，催化加氢后进行脱硫反应，再混入水蒸气，在催化剂的作用下发生蒸汽转化反应和一氧化碳变换反应，反应体系温度为 650～850 ℃，过程中发生的基本反应如下：

转化反应：

$$CH_4 + H_2O \longrightarrow CO + 3H_2 \qquad \Delta H = 206 \text{ kJ} \cdot \text{mol}^{-1}$$

变换反应：

$$CO + H_2O \longrightarrow CO_2 + H_2 \qquad \Delta H = -41 \text{ kJ} \cdot \text{mol}^{-1}$$

总反应式：

$$CH_4 + 2H_2O \longrightarrow CO_2 + 4H_2 \qquad \Delta H = 165 \text{ kJ} \cdot \text{mol}^{-1}$$

按照一定比例将原料混合，可以得到 CO：H_2 = 1：2(物质的量比)的合成气：

$$3CH_4 + CO_2 + 2H_2O \longrightarrow 4CO + 8H_2 \qquad \Delta H = -659 \text{ kJ} \cdot \text{mol}^{-1}$$

从反应式可见，天然气水蒸气重整反应从总体上看是一个显著的吸热反应，在整个反应过程中的能耗很高，燃料成本在总生产成本中所占的比例超过一半。而且，高温可以促进转化反应的发生，但不利于变换反应的进行，也会对反应器的制作原料提出更高的要求。因此，在实际生产过程中，为了兼顾燃料成本和烃类的转化率，需要对反应温度进行适当调控。此外，受化学平衡和生产工艺的影响，一次转化过程不能将甲烷完全转化，还有 3%～4%的甲烷残存在一次转化气中，有时甚至高达 8%～10%，需要进行二次转化，导致该方法存在装置规模大和成本较高的缺点。

2. 天然气部分氧化重整制氢

天然气部分氧化重整制氢可以分为直接部分氧化重整制氢和催化部分氧化重整制氢两类，前者需要在高温下进行，存在危险性高、实用性差等问题。在反应过程中，混合气含氧量及反应条件不同时，产物的组成也会存在显著差异。当氧含量为 10%～20%、压力为 50～300 atm 时，主要生成甲醇、甲醛和甲酸；当氧含量增加到 35%～37%时，可得到乙炔；当氧含量进一步增加时，主要生成一氧化碳和氢气；当氧过量时，则发生完全氧化反应，生成二氧化碳和水蒸气。

天然气部分氧化重整制氢的主要反应及平衡常数如下：

主要反应：

$$CH_4 + \frac{1}{2} O_2 \longrightarrow CO + 2H_2 \qquad \Delta H = -35.5 \text{ kJ} \cdot \text{mol}^{-1}$$

平衡常数：

$$K_p = \frac{p_{CO} p_{H_2}^2}{p_{CH_4} p_{O_2}^{1/2}}$$

在天然气部分氧化重整制氢过程中，为了防止出现析碳现象，可以在反应体系中加入一定量的水蒸气，使产物进一步参与发生以下反应：

$$CH_4 + H_2O \longrightarrow CO + 3H_2 \qquad \Delta H = 206 \text{ kJ} \cdot \text{mol}^{-1}$$
$$CH_4 + CO_2 \longrightarrow 2CO + 2H_2 \qquad \Delta H = 247 \text{ kJ} \cdot \text{mol}^{-1}$$
$$CO + H_2O \longrightarrow CO_2 + H_2 \qquad \Delta H = -41 \text{ kJ} \cdot \text{mol}^{-1}$$

天然气部分氧化重整制氢是制备氢气的重要方法之一，与传统的水蒸气重整制氢相比，其具有更低的反应能耗和更小的装置规模，应用成本更低。为进一步提高制氢效益，提出了天然气水蒸气重整和天然气部分氧化重整联用技术，该技术不仅可以降低反应温度，还可以有效提高产品氢的纯度。

3. 天然气裂解制氢

天然气可以通过裂解的方式直接生成碳和氢气，裂解产物为高纯氢气和固体碳，碳氧化合物含量很少，具有工艺相对简单的优点，适用于小规模天然气现场制氢。目前常见的天然气裂解制氢包括热裂解、催化热裂解、等离子热裂解和太阳能热裂解等方法，裂解反应式为

$$CH_4 \longrightarrow 2H_2 + C$$

1) 热裂解

热裂解是一种间歇式产氢方法，以气态烃为原料，使燃烧和裂解分别进行。首先，将天然气和空气以完全燃烧的化学计量比作为投料比进行混合，将混合气通入炉中加热燃烧，升温至 1300 ℃时不再供应空气，使继续引入的天然气在高温下热分解成炭黑和氢气。由于天然气裂解为吸热过程，吸收热量使反应炉内温度降低，当温度降至 1000～1200 ℃时，再次通入空气使天然气完全燃烧，放热使炉内温度升高，待温度达到 1300 ℃时，再次停止供应空气发生天然气裂解反应，如此间歇往复进行。该方法具有经济、简

单的特点，已成熟应用于炭黑、颜料与印刷工业。

2) 催化裂解

C—H 键具有较高的稳定性，因此 CH4 在发生裂解反应时需要较高的活化能。在无催化剂时，温度高于 700 ℃时才能保证裂解反应正常进行。当对产氢量有较高要求时，反应温度甚至需要高于 1300 ℃。合适的催化剂可以有效降低反应活化能，加快反应速率。因此，可以通过加入催化剂的方法降低裂解反应所需的温度。在天然气催化裂解制氢反应中，催化剂种类、反应温度、接触时间、压力及空气流速都对其有显著影响，因此在催化裂解制氢工艺中对催化剂的研究仍是重点。

目前常用的催化剂有两类，一类是负载型金属催化剂，包括一些迁移性金属，如 Ni、Fe、Co 等过渡金属和 Pd、Pt、Rh 等贵金属催化剂，具有较高的催化剂活性。但在催化裂解反应过程中不断有固体碳产生，并沉积在金属催化剂表面导致催化剂失活，需要经过再生过程除去积碳以恢复其催化活性，从而提高催化剂的使用寿命。常用的再生方法是利用氧气或水蒸气等氧化剂与碳反应除去积碳：

$$C + O_2 \longrightarrow CO_2$$
$$C + 2H_2O \longrightarrow CO_2 + 2H_2$$

这两种方法都能完全恢复催化剂的活性。氧化过程比水蒸气气化过程快，再生效率随温度升高而增加，但氧气在氧化积碳的同时可能将金属氧化为金属氧化物。相比之下，水蒸气再生过程不改变催化剂的金属形式，更适合循环生产工艺。

另一类催化剂是非金属催化剂，其中研究最广泛的是碳材料，如炭黑、活性炭、石墨、碳纳米管、碳纤维、纳米结构碳及合成金刚石粉末等。这类物质对 CH4 裂解也有催化作用，其中活性炭和炭黑催化活性更高。由于催化剂与反应产物相同，无需分离即可利用，大大节约了生产成本。与金属催化剂裂解工艺相比，碳基催化剂催化工艺具有如下特点：无需再生反应，只需一个反应器即可连续运行；除不含 CO 的氢气外，还可以生产出作为商品的纯炭黑，经济价值高；废气(不包括供热的烟气)中无有毒的 CO 或温室气体 CO2，污染比其他的天然气制氢工艺更小。但该工艺仍存在缺点，如反应温度偏高、甲烷的转化效率较低等。因此，目前关于天然气催化裂解制氢的研究主要集中在两方面，一是降低反应温度；二是寻找开发催化效果更佳的碳结构。

3.3.3 石油制氢技术

石油是黏稠的深褐色液体，被称为"工业的血液"，主要成分是各种烷烃、环烷烃、芳香烃的混合物。我国对石油资源的开发利用可以追溯到公元 10 世纪。通常石油不直接用作制氢原料，而选用其初步裂解后的产品(如石脑油、重油、石油焦及炼厂干气)制氢。

1. 石脑油催化裂解制氢

石脑油是蒸馏石油的产品之一，又称化工轻油、粗汽油，是以原油或其他原料加工生产的轻质油，用作化工原料。石脑油催化裂解制氢的原理是在高温高压下使其发生裂解反应。

首先，对成分杂乱不一的原料石脑油进行预处理，包括加热、过滤、减压蒸馏等步骤，便于后续反应进行。预处理完成后，在预热炉内将石脑油升温至 600～700 ℃，再送入反应器内发生催化裂解反应。反应得到的氢气含有一些未反应的烃类物质及其他杂质，需要通过氢气的压缩、冷却、除杂、干燥等步骤进行精制，获得产品氢气。

2. 重油部分氧化制氢

重油主要包括原油加工过程中产生的常压油、减压渣油及深度加工后的燃料油。重油与水蒸气及氧气发生部分氧化反应制得含氢混合气，在水蒸气参与但加氧不足条件下，典型的部分氧化反应包括三个步骤，分别是烃类燃料的不完全氧化反应、烃类燃料与水蒸气的转化反应及水煤气变换反应：

$$C_nH_m + n/2O_2 \longrightarrow nCO + m/2H_2$$

$$C_nH_m + nH_2O \longrightarrow nCO + (n + m/2)H_2$$

$$H_2O + CO \longrightarrow CO_2 + H_2$$

其中，不完全氧化反应为放热反应，转化反应为吸热反应，前者放出的能量可以为后者提供热量。不完全氧化反应随烃类原料和反应条件的不同而变化，可在催化剂作用下在较低温度下进行，也可在无催化剂、适当压力和较高温度下进行。催化部分氧化的主要原料为低碳烃类，包括石脑油或甲烷等；而非催化部分氧化的原料为重油，反应温度为 1150～1315 ℃。与低碳烃相比，重油碳含量较高，导致重油制氢产物中氢气、CO 和 CO_2 的体积分数分别为 46%、46% 和 6%，且大部分氢来源于蒸汽。另外，与天然气制氢相比，重油部分氧化制氢需要空气分离设备供氧。

3. 石油焦气化制氢

石油焦是重油热裂解及缩合而成的产品，本质是一种部分石墨化的碳素，其形态随流程、操作条件及进料性质的不同而有所差异，通常为黑色多孔颗粒或块状。石油焦气化制氢与煤制氢非常相似，在煤制氢的基础上发展而来。高硫石油焦是一种常见的石油焦气化制氢原料，制氢工艺流程主要有空气分离、石油焦气化、一氧化碳变换、低温甲醇洗及变压吸附(pressure swing adsorption，PSA)等。气化制氢是石油焦利用的理想出路，石油焦气化制氢可为炼油厂二次加工提供大量氢气，不仅可提高炼油厂的轻油收率和经济效益，而且解决了高硫石油焦的利用问题。

4. 炼厂干气制氢

炼厂干气是炼油厂在原油深加工过程中的副产物，如催化裂化干气、焦化干气等。这类气体的主要组成是 C_1～C_4 的烷烃，是制氢的理想原料。但此类气体中含有较多的烯烃和有机硫，且硫的形态较为复杂。因此，必须将烯烃除去或转化为饱和烃类，并将有机硫净化，以满足蒸汽转化催化剂的要求。炼厂干气制氢的主要方法是轻烃水蒸气重整加变压吸附分离，目前已在国内多家公司投产。工艺流程与天然气制氢非常相似，包括干气压缩加氢脱硫、干气蒸汽转化、一氧化碳变换及变压吸附等。

3.4 小分子化学品制氢

3.4.1 甲醇制氢

甲醇是一种无色透明的液体，具有刺激性气味，可溶于水，是木材蒸馏工业的副产品。第一套生产甲醇的商业流程建于 1830 年，第一家工厂由巴斯夫在 1923 年建立。目前，甲醇是一种世界性的化学商品，2015 年的产能为 7.5×10^7 t，2021 年达到 1.1×10^8 t。甲醇的主要应用包括油料生产、甲基叔丁基醚(MTBE)生产、汽油的混合成分和二甲醚(DME)生产等。这些应用技术成熟，而甲醇制氢技术仍处于起步阶段。

甲醇在许多方面具有作为氢气载体的优势：①含氢量高，具有与甲烷相同的氢碳比(4∶1)，但常温常压下是液体，便于储存；②可以与水任意比例混溶，但是沸点(65 ℃)比水低，更容易处理和控制。由于甲醇中没有 C═C 键，因此与其他燃料相比，甲醇转化为氢气所需的温度范围较低。甲醇作为氢气载体可以快速、有效地转化为 H_2。根据重整氧化剂的不同，甲醇重整制氢反应主要有甲醇水蒸气重整(steam reforming，SR)制氢，甲醇部分氧化重整(partial oxidation reforming，POR)制氢和甲醇自热重整(autothermal reforming，ATR)制氢三类。

1. 甲醇水蒸气重整制氢

蒸汽转化是将碳氢化合物转化为氢气的过程，其效率高、操作经济。与氧化过程相比，每摩尔甲醇可以产生更多的氢气。甲醇水蒸气重整制氢是目前人们研究最为广泛，被认为最有希望用于质子交换膜燃料电池(PEMFC)氢源的制氢方式之一。通过与水反应，甲醇中的氢全部转化成氢气，1 mol 甲醇生成 3 mol 氢气，是所有甲醇重整制氢反应中氢气含量最高的反应。

$$CH_3OH + H_2O \longrightarrow CO_2 + 3H_2 \qquad \Delta H_{298} = 50 \text{ kJ} \cdot \text{mol}^{-1}$$

图 3.16 为甲醇水蒸气重整制氢示意图。重整器通常与分离器相连，该分离器收集高纯度的氢气流，用于质子交换膜燃料电池等。如果存在高浓度的一氧化碳，可以添加一个变换反应器，进一步将多余的一氧化碳转化为氢气和二氧化碳。

铜基催化剂作为甲醇合成中的常用催化剂，在甲醇水蒸气重整制氢中有非常广泛的应用。与大多数有利于合成气生产的Ⅷ族金属催化剂相比，铜基催化剂有利于二氧化碳和氢气的生产，因此有利于为质子交换膜燃料电池应用生成氢气。Cu/ZnO 是一种常用的甲醇水蒸气重整制氢反应的工业催化剂，其制备方法是：首先将硝酸锌、硝酸铜及碳酸钠的混合物共沉淀，产生一种无定形沉淀物，这种沉淀物会老化为晶体前驱体，再经过干燥和煅烧后获得 CuO 和 ZnO 的混合氧化物，最后通过氢气预处理将铜还原为金属状态。工业中，常添加 ZrO_2 增加催化剂内铜微晶的分散性，提高催化剂的性能。使用铜基催化剂也面临着一些挑战，如对硫和氧的敏感性及自燃性等，会使催化剂失活。金属铈(Ce)的加入会影响铜基催化剂中的分散、氧化还原行为和催化活性，有效缓解催化剂氧化问题。当氧化状态从 Ce(Ⅲ)转变为 Ce(Ⅳ)时，Ce 可以吸附氧。CeO_2 释放氧气后，氧

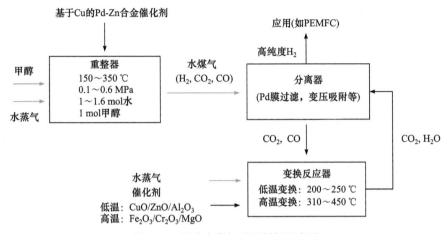

图 3.16　甲醇水蒸气重整制氢示意图

气与催化剂表面的碳反应，以抑制积碳。这种独特的氧化还原反应使二氧化铈成为一种非常有前景的催化促进剂。二氧化铈作为铜基催化剂的有利载体，能改善材料的分散性、粒径和稳定性，同时抑制焦炭的形成，使催化剂具有长时间的活性，增加了对 H_2 和 CO_2 的选择性，并降低了对 CO 的选择性。

在甲醇水蒸气重整制氢反应中，与传统的铜基催化剂相比，虽然金属基催化剂(如镍、铑、钯和铂等)具有优异的热稳定性，在 300 ℃以上烧结(催化剂失活的主要原因)的倾向性较低，但是上述金属倾向于在甲醇水蒸气重整制氢中生产合成气(CO 和 H_2)而不是氢气(H_2)，因此应用受限。

2. 甲醇部分氧化重整制氢

甲醇部分氧化重整制氢是指燃料和空气在反应器中部分反应或燃烧产生富氢合成气。通过改变进入反应器的空气含量调控甲醇氧化催化制氢的反应产物，当氧气量远低于完全氧化的化学计量比时，反应生成氢气、二氧化碳、氮气和其他微量元素的混合物。

虽然甲醇水蒸气重整制氢因其高产率而成为一种广受关注的热化学制氢途径，但是反应需要吸收大量的热，而甲醇部分氧化重整制氢是一个放热过程。与甲醇水蒸气重整制氢相比，它在动力学上更快、所需的反应堆容器更小。然而，在高放热条件下，温度控制是一个需要考虑的问题。通常，甲醇部分氧化重整制氢的氢选择性只有甲醇水蒸气重整制氢的一半，而 CO 的选择性更高。甲醇部分氧化重整制氢反应式如下：

$$CH_3OH + \frac{1}{2}O_2 \longrightarrow CO_2 + 2H_2 \qquad \Delta H_{298} = -192\ \mathrm{kJ \cdot mol^{-1}}$$

甲醇部分氧化重整制氢中 CO_2 和 H_2 的选择性高度依赖于催化剂。在各种金属中，甲醇部分氧化重整制氢最广泛使用的是具有高活性的铜基材料。Huang 和 Wang 于 1986 年首次将 Cu/Zn 催化剂引入甲醇部分氧化重整制氢，通过共沉淀法以不同质量的铜和锌组成制备催化剂，并在还原后进行活性测量。这项研究表明，在铜的最佳组成20%～40%(质量分数)时，甲醇部分氧化重整制氢反应放热，具有很高的制氢率。阿莱霍(Alejo)等观察到表面积与活性之间存在正相关性，铜含量增加到 40%以上会降低催化剂活性。Chen 等观察到，催化剂的程序升温还原峰值随着铜负载量的增加而增加。这意味着在还原预处理过程中，较高的铜负载量下需要增加氢气量和较高的温度才能将 CuO 还原为活性金属铜，这是由于铜晶粒尺寸的增加、铜的较低分散性及在较高铜含量下与载体的较弱相互作用。

铜在催化烧结期间的稳定性较低，相比之下，钯基催化剂具有更高的稳定性，可以用于长时间催化。与其他Ⅷ族金属相似，基于金属钯(Pd^0)的催化剂，如 Pd/Zn 合金催化剂，能够促进分解产物 H_2 和 CO 的生成，有效提高甲醇部分氧化重整制氢中的甲醇转化率。其他材料如银(Ag)和金(Au)也被研究作为潜在的催化剂。例如，Mo 等发现，ZnO、Al_2O_3 和 $ZnO-Al_2O_3$ 负载的 Ag 对甲醇部分氧化重整制氢有活性，用 CeO_2 修饰 Ag/ZnO 可以提高 H_2 的选择性。

3. 甲醇自热重整制氢

甲醇自热重整制氢是一个涉及部分氧化和蒸汽重整的反应。燃料与空气和蒸汽反应生成富氢气体。甲醇自热重整制氢利用放热的甲醇部分氧化重整产生的足够热量，以空气、蒸汽和燃料的理想混合物触发吸热的甲醇水蒸气重整。甲醇自热重整制氢的理想情况是系统既不释放也不消耗外部能量。与甲醇水蒸气重整制氢相比，甲醇自热重整制氢无需外部热输入，使得其设置相对简单，成本更低。而与甲醇部分氧化重整制氢相比，甲醇自热重整制氢具有更好的热回收率和更高的氢气产率。甲醇自热重整制氢的反应体系由甲醇水蒸气重整制氢反应式和甲醇部分氧化重整制氢反应式结合而成：

$$CH_3OH + (1-2r)H_2O + rO_2 \longrightarrow CO_2 + (3-2r)H_2 \quad \Delta H_{298} = [-241.8(2r)+49.5] \text{ kJ} \cdot \text{mol}^{-1}$$

式中，r 表示供给反应的氧气和甲醇的物质的量比。甲醇自热重整制氢的催化剂需要在氧化和还原条件下同时对甲醇部分氧化重整制氢和甲醇水蒸气重整制氢具有活性。由于吸热的蒸汽重整反应和放热的甲醇氧化反应的反应速率差异很大，反应器中需要控制的主要参数是温度。铜基催化剂的高分散性使催化剂表现出较高的活性。然而，铜容易烧结而导致催化剂失活。CeO_2 是在甲醇自热重整制氢中 Cu 的载体。铈独特的氧化还原特性使其用途广泛，适合防止结焦。Zr 是一种相容的掺杂剂，可以改变 $Cu-CeO_2$ 的结构和化学性质，提高稳定性和活性。锌基催化剂同样显示出相当高的活性。在相对较高的温度下，粒状 $ZnO-Cr_2O_3$ 在甲醇自热重整制氢反应中也表现出了良好的活性。

3.4.2 甘油制氢

甘油(1, 2, 3-丙三醇)是制备生物柴油的主要副产物(约占最终混合物的 10%)，主要由甘油三酯与甲醇的酯交换反应和植物油的皂化反应生成。近年来，生物柴油需求的增长导致了甘油产量的快速增长。在作为生物柴油工业副产物获得的甘油(粗甘油)中存在几种杂质(主要是甲醇、盐、水和游离脂肪酸)，因此需要进行处理和纯化，以使其适用于制药和食品工业。但粗甘油可以直接用于制氢，这种方法可以提高生物柴油的经济可行性，促进甘油的使用。

甘油重整制氢包括甘油水相重整和甘油蒸汽重整，是吸热反应，其总反应式如下：

$$C_3H_8O_3 + xH_2O + yO_2 \longrightarrow aH_2 + bCO_2 + cCO + dH_2O + eCH_4$$

1. 甘油水相重整制氢

甘油水相重整制氢包括多个反应,主要反应为

$$C_3H_8O_3 \longrightarrow 4H_2 + 3CO \qquad \Delta H_{298} = 251\,kJ \cdot mol^{-1}$$

$$CO + H_2O \longrightarrow H_2 + CO_2 \qquad \Delta H_{298} = -41\,kJ \cdot mol^{-1}$$

甘油水相重整制氢的工艺由杜梅西奇(Dumesic)等开发,通常使用比甘油蒸汽重整更低的温度。在甘油水相重整制氢中,含有甘油的溶液在催化剂存在下加热至200~250 ℃,一锅法生产氢气。甘油水相重整制氢有以下优势:

(1) 在封闭环境中,由于部分水分蒸发,产生相对较高的自生压力,在低温和较高压力下,反应可以在液相中发生。因此,在甘油水相重整制氢工艺中,试剂蒸发所需的能量较低,能耗低于甘油蒸汽重整制氢。

(2) 水溶液中的反应增加了工艺的安全性,并使利用粗甘油成为可能,大大减少了纯化步骤,降低了初始原料的成本。

(3) 水煤气变换反应在低温和高水浓度的条件下进行,并在甘油水相重整制氢后发生,避免了在重整炉后连接单独的水煤气变换反应器。

此外,加压气体的生成为甘油水相重整制氢工艺与膜分离步骤的耦合铺平了道路,膜分离步骤由氢分压驱动。然而,在低温下会消耗产生的氢生成甲烷(甲烷化)或更高相对分子质量的碳氢化合物,气相中生成 H_2、少量 CO、CO_2、甲烷和低链烷烃($C_2\sim C_3$)。相反,液相含有含氧化合物,如醇、醛、羧酸和二醇等(图 3.17)。

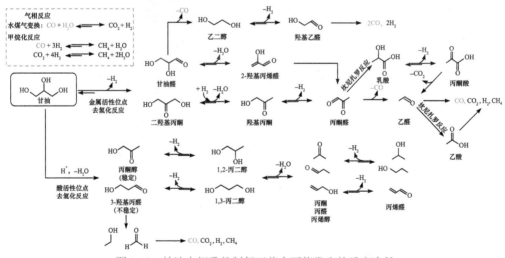

图 3.17　甘油水相重整制氢工艺中可能发生的反应途径

与低链碳氢化合物或醇相比,甘油的复杂性及重整过程中涉及的众多反应(图 3.17)导致其产品分布广泛,特别是甘油水相重整制氢涉及脱水、脱氢、氢化、氢解和 C—C 裂解反应。考虑到这些因素,确定甘油水相重整制氢的最佳条件并不容易,涉及不同的参数,并且可能相互影响。一般来说,高温低压下有利于天然气的生产。厄兹居尔(Özgür)等发现,在连续流反应器中制氢的最佳温度约为 230 ℃。反应速率随着甘油浓度的增加

而增大。然而,在曼富罗(Manfro)等和罗等的研究中,甘油转化率和产氢量随着甘油浓度的增加而降低。塞雷蒂奇(Seretic)和齐亚卡斯(Tsiacars)在较短的反应时间和较低的甘油浓度下使产氢量最大化,并且高催化剂量有助于C—C裂解及甲醇、乙醇和乙二醇的形成。

催化剂的作用是甘油水相重整制氢反应的基础。首先,甘油被吸附在催化剂的活性金属位点上,然后它可以沿着不同的路线形成不同的中间体。特别是 C—C 裂解导致低碳链分子(如乙二醇)的形成。相反,C—O 键断裂通常会消耗氢并导致烷烃的形成,但在甘油水相重整制氢中使用的相对较低温度下,烷烃的重整受到热力学限制。Dumesic 等建议甘油水相重整制氢催化剂应具有 C—C 裂解反应和水煤气变换反应活性,抑制C—O裂解、费歇尔-托罗普合成及甲烷化等氢化反应的性质。因此,甘油水相重整制氢反应中通常使用Ⅷ族金属。铂是最适合 C—C 裂解和水煤气变换的高活性金属。镍是铂的廉价替代品,但它在甲烷化过程中也很活跃,这会造成氢的损耗。掺杂活性金属或使用双金属催化剂可以很好地提高催化活性。例如,锡改性多孔结构的雷尼镍铝合金催化剂在甘油和其他含氧化合物的甘油水相重整制氢中提供了良好的活性。硼的加入同样也可以增加镍催化剂的活性。此外,载体性质可以通过影响活性相的分散、与活性相相互作用或提供共催化位点而高度影响甘油水相重整制氢的反应性。甘油水相重整制氢最常用的载体及其主要特征如图 3.18 所示。

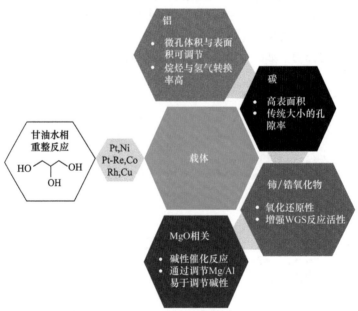

图 3.18　甘油水相重整制氢最常用的载体及其主要特征

2. 甘油蒸汽重整制氢

甘油蒸汽重整制氢是强吸热反应,需要高温(400～700 ℃)、常压及合适的催化剂,反应方程式如下:

$$C_3H_8O_3 + 3H_2O \longrightarrow 3CO_2 + 7H_2 \qquad \Delta H_{298} = +128 \ kJ \cdot mol^{-1}$$

从反应方程式可以看出,1 mol 甘油能产生 7 mol 氢气,高于等量的甲醇和乙醇产生的氢气量。在大多数情况下，含水甘油溶液被连续送入蒸发器，然后通过惰性气体流(通常为氮气或氦气)引入连续流固定床反应器。在甘油蒸汽重整制氢反应过程中，生成的氢气从反应混合物中排出，从而提高了反应产率。此外，甘油蒸汽重整制氢技术的使用不需要对当前的氢气生产工业流程进行重大调整。甘油蒸汽重整制氢反应主要受温度、压力、水与甘油的比例、进料速度等因素的影响。研究表明在 $525 \sim 575$ ℃可以获得最佳的甘油蒸汽重整制氢结果。而当温度较低时，二氧化碳的甲烷化反应导致甲烷的生成，使氢气的产率降低。与其他重整制氢工艺相比，甘油蒸汽重整制氢的主要优点是可以在常压、高底物转化率下生产更高浓度的氢气。水/甘油进料速率强烈影响反应的产率和制氢选择性，当水/甘油(物质的量比)高于 9 时，氢气产率最大。另外，必须限制水量，以减少蒸发器的体积，降低蒸发成本，提高生产率。

甘油蒸汽重整制氢是高能耗工艺，一种降低能耗的方案是加入少量氧气，以促进甘油的部分氧化：

$$C_3H_8O_3 + \frac{7}{2}O_2 \longrightarrow 3CO_2 + 4H_2O \qquad \Delta H_{298} = -1565 \ kJ\cdot mol^{-1}$$

利用组合氧化重整的策略，氧化重整的同时发生热解、水煤气变换和燃烧，总反应方程式为

$$C_3H_8O_3 + \frac{3}{2}H_2O + \frac{3}{4}O_2 \longrightarrow 3CO_2 + \frac{11}{2}H_2 \qquad \Delta H_{298} = -240 \ kJ\cdot mol^{-1}$$

此外，还可以优化操作条件，以便在不需要外部能量输入的情况下进行该反应。这样，氧化重整可以从 1 mol 甘油产生 5.5 mol 氢气。有研究报道了在 700 ℃下，填充床反应器中利用传统的 $Ni/CeO_2/Al_2O_3$ 催化剂的甘油自热蒸汽重整制氢，反应转化率达到 99.56%。甘油蒸汽重整制氢最常用的载体如图 3.19 所示。

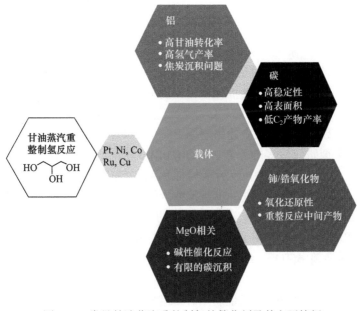

图 3.19　常见甘油蒸汽重整制氢的催化剂及其主要特征

3.4.3 氨气分解制氢

氨气的氢含量较高[质量分数为 17.8%，体积密度在 10 bar(1 bar = 10^5 Pa)压力下为 121 kg $H_2 \cdot m^{-3}$]，在 20 ℃和 8.6 bar 下即可液化，因此其运输和储存相对容易，所需能量较低。氨气的分解反应是吸热反应：

$$2NH_3(g) \longrightarrow N_2(g) + 3H_2(g) \qquad \Delta H_{298} = 92 \ kJ \cdot mol^{-1}$$

在 400 ℃和 1 atm 条件下，氨气转化率达到 99.99%(反应物仅为氨气)。这意味着需要一个较高的操作温度来驱动氨气分解反应完成，从而产生极高纯度的氢气，可以用于燃料电池(如质子交换膜燃料电池)。金属催化剂与负载类型的选择是氨气分解制氢两个最重要的影响因素(图 3.20)。

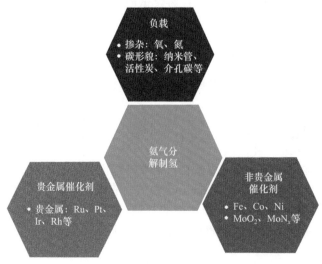

图 3.20　氨气分解制氢的主要影响因素

氨气分解的关键因素之一是催化剂的选择。1904 年，珀曼(Perman)和阿特金森(Atkinson)进行了关于氨气分解反应的最早工作之一。他们评估了温度和压力对分解速率的影响，以及汞、铁和铂等元素的催化活性。随后，帕帕保利·马鲁(Papapoly Marou)和邦托佐格卢(Bontozoglou)在 225~925 ℃、低反应压力下测试了以金属丝或多晶箔形式的不同贵金属，发现氨气分解的反应速率遵循 Ir > Rh > Pt > Pd 的顺序。在贵金属中，钌是作为氨气分解催化剂研究最多的元素。希尔(Hill)和托伦特-穆尔恰诺(Torrente-Murciano)报道了迄今被认为在氨气分解中最活跃的催化剂：Cs(20%，质量分数，下同)促进的Ru/CNT(碳纳米管上负载的钌)，进一步对碳纳米管进行石墨化处理，不仅降低了 Cs 含量(4%)，而且与在相同反应条件下未进行石墨化的载体催化剂相比，转化率有显著提高。Wang 等测试了 Ru/CNT 催化剂除 Cs 外的其他促进剂，在 400 ℃下发现 K 促进的钌催化剂可以获得最高的转换频率(TOF，约为 35 s^{-1})，促进效应的顺序为 K > Na > Li > Ce > Ba > La > Ca。

在用作氨气分解催化剂的非贵金属中，镍与铁是研究最多的元素。通过测试活性炭上负载的铁和镍催化剂，唐纳德(Donald)等发现这两种催化剂都表现出良好的中期稳定性，在 10 h 的反应中显示出逐渐增大的活性，而铁催化剂的转化率明显高于镍催化剂的转化率。对比分散在氧化铝基底中的过渡金属 Ni、Fe 和 Co 的催化活性，Gu 等发现钴催化剂具有较高的催化活性，其次是镍催化剂，最后是 Fe/Al$_2$O$_3$。这三种催化剂在 70 多小时后都表现出很高的分解反应稳定性。Xu 等比较了添加和不添加 Fe 或 Ca 时不同类型的低有序碳的催化结果，发现使用 Fe 促进的催化剂可以提高转化率，而使用 Ca 促进的催化剂对反应有抑制作用。

哈伯-博施(Haber-Bosch)合成氨的活性催化剂，如用 K$_2$O、Al$_2$O$_3$ 和 CaO 促进的铁催化剂，最初就尝试被用于分解氨气的试验。将磁铁矿与 Al$_2$O$_3$ 和 CaO 熔融制备的催化剂具有良好的催化活性。由含有 TiO$_2$、CaO、Al$_2$O$_3$、K$_2$O、SiO$_2$ 和 Mn 杂质的天然铁矿石组成的催化剂显示出良好的活性，但在 3 h 后活性迅速下降。通过原位实验，Tseng 等发现，由 Fe 组成的催化剂的活性形式为 Fe$_3$N$_x$，其在高温(>675 ℃)下会形成 FeN$_x$，对氨转化有负面影响。Pelka 等观察到，纳米晶铁催化的氨气分解反应速率更高。在氧化物中封装铁催化剂可以提高催化剂的催化活性，如 Li 等比较了单独的铁纳米颗粒和封装在二氧化硅中的铁纳米颗粒，发现后者的活性高得多(在 500 ℃时转化率为 9% vs. 27%)，在 SBA-15 介孔二氧化硅上负载的 Fe$_2$O$_3$ 催化剂也可以提高氧化铁的催化活性(在 500 ℃下为 18% vs. 4%)。

虽然钴在合成氨中的活性不如铁，但在氨气分解反应中它更有效。在 Zhang 等的工作中，使用 Co$_3$O$_4$ 在 500 ℃的反应温度下氨的转化率达到最大值，当温度继续升高时，转化率则降低。添加助催化剂氧化物(如 Al$_2$O$_3$、CaO 和 K$_2$O 等)被认为可以稳定催化剂的表面积，从而提高转化率。例如，向氧化钴中添加少量(10%)氧化铝，与纯氧化钴相比转化率提高了约 20%。

工业上，氨气分解的催化剂主要由氧化铝负载的镍组成。Zhang 等发现 Ni/Al$_2$O$_3$ 催化剂在金属 Ni 的粒径为 1.8~2.9 nm 时表现出最高产率，并且在氧化铝中掺杂镧会提高催化活性。这是因为镍与稀土有很好的协同作用，尤其是镧和铈的氧化物，其可以用作镍催化的促进剂。Yan 等分别制备并比较了 Ni、Ni$_{0.5}$Ce$_{0.5}$O$_x$、Ni$_{0.5}$Al$_{0.5}$O$_x$ 与 Ni$_{0.5}$Ce$_{0.1}$Al$_{0.4}$O$_x$ 组成的多孔微球催化剂，发现由镍和铈组成的催化剂效果优于 Ni$_{0.5}$Al$_{0.5}$O$_x$，而 Ni$_{0.5}$Ce$_{0.1}$Al$_{0.4}$O$_x$ 可使催化剂的稳定性增加。大仓(Okura)等测试了不同的稀土(Y、La、Ce、Sm、Gd)和铝氧化物作为镍的载体，发现 Y$_2$O$_3$ 对应的催化剂具有最高的转化率。中村(Nakamura)和藤谷(Fujitani)对载体 Y$_2$O$_3$、CeO$_2$、MgO、La$_2$O$_3$、Al$_2$O$_3$ 和 ZrO$_2$ 进行了比较，得出了类似的结果。他还发现，ZrO$_2$ 载体对应的 TOF 值最高。

除 Fe、Co 与 Ni 外，另一种较多用于研究氨气分解的非贵金属催化剂是钼。氧化钼(MoO$_3$)的催化活性较低，但可以通过机械力化学预处理(球磨)改善，其在反应过程中形成的具有催化活性的氮化钼可以提高催化剂的催化活性。克里希南(Krishnan)等测试了以 MoS$_2$ 为活性相、以锂皂石或经 Al、Ti、Zr 改性的锂皂石为载体组成的催化剂，发现使用经 Zr 改性的载体可以获得最佳催化性能，在 600 ℃时转化率达到 94%。这是因为杂原子改性载体可增加 MoS$_2$ 的分散度和催化剂的碱度。Xu 等利用氧化钼纳米带合成了 Mo$_2$N 催化剂，在相同的反应条件下，与氮化物 VN 和 W$_2$N 相比，该催化剂的氨转化率高出约 3 倍。Liu 等对大量负载在 SiO$_2$ 上的过渡金属进行了系统研究，发现 MoN$_x$ 可能是氨气分解的一种有前途的催化剂，负载在 SBA-15 上的 MoN$_x$ 比负载在 SiO$_2$ 上时具有更高的催化活性和转化率(在 500 ℃下为 62% *vs.* 50%)。

通过掺杂改变碳的性质,从而改变其与金属之间的作用也是提高催化剂的催化活性的手段之一。与其他形式的碳[CNT、活性炭或未掺杂的有序介孔碳(OMC)]相比,掺杂氮的 OMC 上负载的钌表现出较高的催化活性。氮掺杂对碳纳米管上负载的钌催化剂也有积极影响。研究表明,用氮掺杂碳纳米管会增加金属的分散性,从而提高催化活性。马可(Marco)等发现,使用碳纳米纤维(CNF)作为 Ru 的载体,与未掺杂的载体相比,掺杂氮会导致催化活性增加,但如果在碳纳米纤维的结构中引入的是氧,则活性不会增加。另外,通过改变钌颗粒的大小,氨转化率也可以得到进一步优化。研究表明当钌颗粒大小约为 2 nm 时能获得最好的氨转化率。

3.4.4 甲酸制氢

甲酸(formic acid,HCOOH)来源广泛,可以从化石燃料中提炼、通过光催化 CO_2 加氢及生物质加工等方法获取,是一种重要的可再生化学储氢材料。甲酸的质量储氢密度为 4.4%,体积储氢密度为 53 g·L^{-1},室温下为液体且无毒性、能量密度高、稳定性好及储运安全,具有非常好的发展前景。此外,还可将甲酸分解与 CO_2 加氢反应集成,从而实现氢气的储存、生产、利用的零排放循环过程。甲酸分解制氢通常分为脱氢和脱水两种反应路径,如下所示:

$$HCOOH \longrightarrow CO_2 + H_2 \qquad \Delta G = -48.4 \ kJ \cdot mol^{-1}$$
$$HCOOH \longrightarrow CO + H_2O \qquad \Delta G = -28.5 \ kJ \cdot mol^{-1}$$

第一条反应路径的脱氢反应产物为气相 CO_2 和 H_2,在特定条件下容易分离,是理想的反应途径;第二条反应路径会产生 CO,从而导致催化剂的毒性和失活,这是不利的。因此,很有必要开发出合适的催化剂促进第一条反应路径,抑制 CO 副产物的生成,使得 H_2-CO_2 混合物很容易被分离,同时分离出来的 CO_2 可以通过逆反应重新生成甲酸,实现甲酸的再生,从而建立起一个 CO_2-中性储氢循环体系。甲酸脱氢催化剂主要包括均相催化剂和非均相催化剂(图 3.21)。

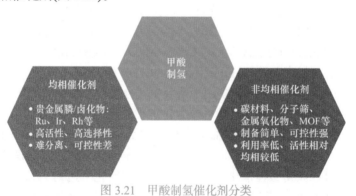

图 3.21　甲酸制氢催化剂分类

1. 均相催化剂

均相催化剂是指与反应物分布在同一相的催化剂。1967 年,科菲(Coffey)等使用铱膦配合物在乙酸介质中首次实现了液相甲酸的分解制氢，在回流条件下，甲酸分解的转换频率(TOF)可达 1187 h^{-1}，其中含单配位磷化氢配体 Ir 基催化剂[IrH$_3$(PPh$_3$)$_3$]的催化活性最佳。此后，研究人员开展了一系列以 Ru、Rh 和 Ir 等过渡金属为中心，以含磷化合物(苯基膦磺酸盐、苄基膦、苯基膦等)、含氮化合物(联吡啶、联嘧啶、二羟基联吡啶、邻二氮杂菲等)为配体的金属配合物作为甲酸脱氢均相催化剂的研究，均取得突破性进展。劳伦齐(Laurenczy)等采用亲水钌基催化剂，由高水溶性配体间三磺酸三苯基膦(TPPTS)与[Ru(H$_2$O)$_6$]$^{2+}$或 RuCl$_3$ 在水溶液中实现甲酸分解。此种高效原位制氢方法在宽压力范围(1～22.0 MPa)、大温度范围(70～120 ℃)的温和条件下进行可控速率操作。随着温度升高，反应速率增大(120 ℃时，TOF = 670 h^{-1})，并且全部反应的转化率均在 90%以上。此种方法下的甲酸制氢过程能够有效解决催化剂失活和副产物形成的问题。贝勒(Beller)等研究了 RhBr$_3$ · xH$_2$O、RhCl$_3$ · xH$_2$O、[RhCl$_2$(p-cymene)]$_2$、[RhCl$_2$(Ph)]$_2$ 和[RhCl$_2$(PPh$_3$)$_3$]等催化剂在 40 ℃、胺加合物存在条件下的催化性能。他们首次证明了不同的膦配体对甲酸/胺加合物与钌前体催化产氢的影响，RuBr$_3$ · xH$_2$O/3PPh$_3$ 催化剂在 40 ℃时展现了最好的催化性能，催化乙酸-三乙胺(物质的量比为 5：2)分解反应 20 min 后，其 TOF 值达到 3630 h^{-1}。

　　为防止在连续制氢工艺中释放胺而引起催化剂失活，在含有 N, N-二甲基乙胺的体系中，使用优化的[RuCl$_2$(C$_6$H$_6$)]$_2$/DPPE 催化剂能够高效、稳定地催化甲酸产氢，室温下，其总转换频数(TON)约为 260 000，TOF 值约为 900 h^{-1}。此后，Beller 等筛选了不同的胺类，进一步提高了体系的稳定性，在 25 ℃、N, N-二甲基己胺的作用下，45 天的 TON 可达 1 000 000。更为重要的是，该系统在燃烧过程中仅检出 H$_2$、CO$_2$，没有 CO，因此该系统在燃料电池中具有广泛的应用前景。为了降低催化剂中贵金属的用量，进而降低催化剂的成本，Beller 等利用廉价的 Fe$_3$(CO)$_{12}$、2, 2$'$：6$'$, 2$''$-三吡啶或 1,10-菲咯啉和三苯基磷化氢原位形成的催化剂，可以在可见光照射和环境温度下产氢。根据 N 配体的种类，可以观察到催化剂周转数(>100)，在 60 ℃下的 TOF 为 200 h^{-1}，且无CO生成。[Fe(CO)$_3$(PPh$_3$)$_2$]催化甲酸制氢机理见图 3.22。

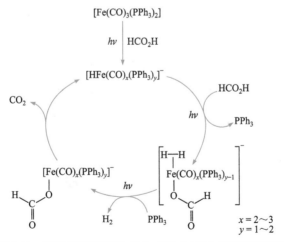

图 3.22　可见光照射下[Fe(CO)$_3$(PPh$_3$)$_2$]催化甲酸制氢机理

在过去几十年中，均相催化剂的研究取得了显著进展。均相催化剂在使用过程中具有高活性和高选择性的优点，但是具有不易与反应物分离、反应进行需要借助有机溶剂或添加剂及反应的可控性差等缺点，限制了其实际应用。

2. 非均相催化剂

与均相催化剂相比，非均相催化剂具有制备简单、反应可控性强、回收方便和能够重复利用等优点，引起了人们的广泛关注。非均相催化剂主要以碳材料、金属氧化物、二氧化硅(含分子筛)、复合材料及树脂、金属有机骨架(MOF)材料为载体制备。这些催化体系的开发为高活性、高稳定性、低成本甲酸分解制氢催化剂的研究提供了新的思路和支持。1978 年，威廉斯(Williams)等采用活性炭负载的 Pd 催化剂(Pd/C)首次实现了室温下甲酸的高选择性分解制氢。此后，负载型催化剂因其催化性能远优于非负载型而备受关注。徐强课题组采用氢氧化钠辅助还原的方法成功地制备了沉积在纳米多孔碳 MSC-30 上的高度分散的 Pd 纳米颗粒(NPs)。金属与载体之间明显的相互作用和 NPs 的高分散性相结合，极大地提高了催化剂的催化性能，在 50 ℃时，非均相催化分解甲酸的 TOF 达到 2623 h^{-1}，H_2 的选择性为 100%；在 25 ℃时，也可以实现甲酸的完全脱氢，TOF 高达 750 h^{-1}。

Liu 等采用湿还原法成功地将超细 PdAg 纳米粒子(NPs)固定在 NH_2 官能化的金属有机骨架 MIL-101(Cr)上，如图 3.23 所示。通过氨基的作用，将所得 PdAg 纳米颗粒的粒径控制在 2.2 nm，且均匀分散在 NH_2-MIL-101(Cr)表面。$Pd_{0.8}Ag_{0.2}$/NH_2-MIL-101(Cr)催化剂在 50 ℃下的 TOF 值可达 1475 h^{-1}，在相似的条件环境下，与报道的大多数贵金属非均相

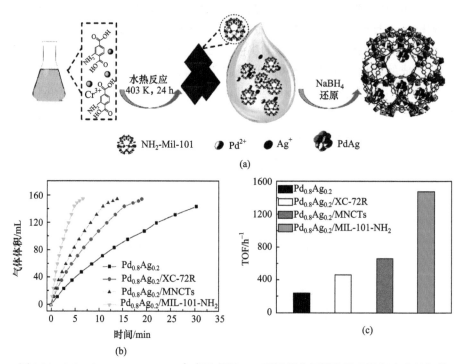

图 3.23　PdAg/NH_2-MIL-101(Cr)合成示意图(a)；不同催化剂催化甲酸脱氢产生的气体体积与时间的关系(b)；不同催化剂初始 TOF 值(c)

催化剂相当, 表现出良好的甲酸分解催化活性。Bi 等探索了具有不同纳米晶形态的 ZrO_2 负载 Au 纳米颗粒, 在无碱水溶液中可以实现接近完全的甲酸脱氢反应。在 80 ℃时, $Au/m-ZrO_2$ 在开放体系中每小时可获得高达 81.8 L 氢气(每克 Au), 在封闭体系中可获得 5.9 MPa 的高压气体。利用漫反射傅里叶变换红外光谱(DRFTIR)和 CO_2-温度程序解吸 (TPD)技术发现, $Au/m-ZrO_2$ 具有更高的碱性位密度, 而表面的碱性位点可以显著促进甲酸脱质子过程, 这是实现高脱氢活性的关键因素。Zhang 等报道了一种新型的席夫(Schiff)碱改性金催化剂($Au@Schiff-SiO_2$), 如图 3.24 所示, 在没有任何添加剂的情况下, 它在高浓度甲酸溶液中表现出非常高的活性。在 10 mol·L^{-1}甲酸溶液中, TOF 最高可达 4368 h^{-1}, 在 50 ℃下, 99%甲酸溶液的 TOF 最高可达 2882 h^{-1}。更重要的是, 它是一种可以有效地从纯甲酸中生成 H_2 的方法。Au 催化剂对纯甲酸脱氢的独特催化特性使人们对 Au 有了新的认识, 为甲酸储能和催化剂的合理设计提供指导。为了提高催化剂的催化活性, 并降低贵金属基催化剂的成本, Cai 等将廉价的非贵金属硼掺杂钯纳米催化剂(Pd-B/C)促进甲酸水溶液在室温下产氢。Pd-B/C 在 30 ℃时 TOF 达到 1184 h^{-1}, 约为 Pd/C 的 3 倍。与 Pd/C 催化剂相比, Pd-B/C 催化剂上 CO 的覆盖率较低, B 的掺杂能够有效地抑制 CO 在 Pd 表面的富集, 从而提高催化剂的抗 CO 中毒性能。

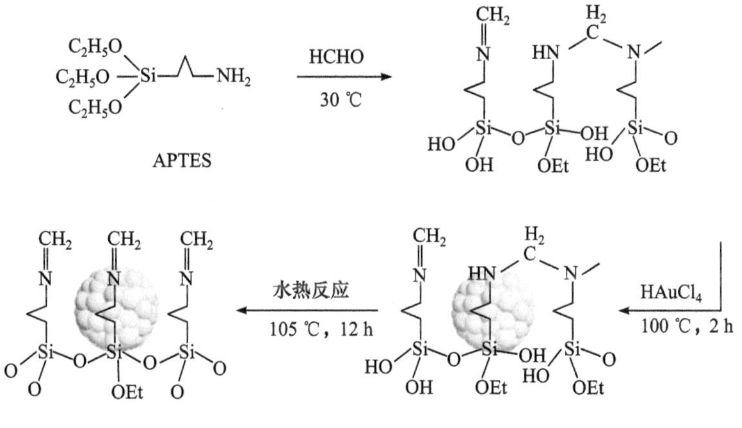

图 3.24　$Au@Schiff-SiO_2$ 催化剂的合成示意图

综上所述, 甲酸作为一种可再生的化学储氢材料, 它的制氢反应过程的研究对于促进人类社会的可持续发展具有重大意义。近年来, 国内外学者对这两类催化剂进行了大量的研究, 但其仍然存在催化效率低、稳定性差、生产成本高等问题。因此, 开发高效、低成本、易分离的催化剂, 以及寻找合适的非贵金属替代贵金属作为活性组分是未来甲酸制氢反应催化剂研究的关键所在。

3.5　其他制氢技术

氢能是一种安全、清洁、高效、丰富、应用广泛的可持续能源, 被认为是 21 世纪最具发展潜力的清洁能源和高效的能源载体。然而, 传统制氢技术需要消耗大量一次能源或生产原料，采用可再生能源制氢才能实现真正的零碳排放，进而产生巨大的能源经济效益。本节从可再生能源制氢技术出发，详细介绍风能、海洋能和核能制氢技术的现状与应用，并对未来的氢能技术应用进行了总结展望。

3.5.1 风能制氢

风能作为最具有代表性的可再生能源，因其清洁无污染、资源丰富等优势，具有大规模开发利用的潜能。风能制氢技术是有效提高风能利用率和改善弃风、弃电问题的有利方案，是一种清洁、高效的新能源利用模式。它主要是将超出电网接纳能力部分的电量直接用于电解制氢，制备的氢气经过储存、运输，可以在氢燃料电池汽车等领域应用。风能制氢一方面可向燃气供应网络提供清洁高能的氢燃料，实现由电到气的互补转换；另一方面可以将氢能直接用于燃料电池等技术。氢能既可以通过燃料电池转变为电能，利用电网调峰加入电网，以提高风电上网的电能品质，又可以作为能源载体通过管道或车载方式进入商业和工业领域，如燃气管道、化工、冶金等行业。另外，风能制氢也将极大地推动纯绿色能源汽车——氢燃料电池汽车产业的飞速发展。

图 3.25 为风能制氢系统的基本结构，该系统主要包括风力发电机组、电网系统、电解水装置、储氢装置及燃料电池等部分。通过控制系统调节风电上网与电量比例，对弃风电量进行最大限度的吸纳，从而使规模化风电上网难问题得到缓解，将风力发电的多余电量进行利用，通过电解水制氢并借助固态和高压储氢等技术，使储氢密度得到有效提高。

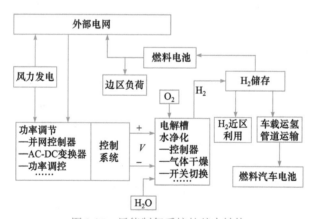

图 3.25　风能制氢系统的基本结构

风能制氢具有诸多优点：①对于平衡风电输出起到有利作用；②可以有效提高风力发电的利用效率；③可以将富余的风能转变为氢能储存起来；④可以实现一些电气及控制设备的公用，降低成本；⑤可以将风力机的塔筒作为储氢装置，降低系统投资。因此，风能制氢在国内外引起了广泛关注。风能制氢主要有三大技术特征：

(1) 风力发电机需要具有高适应性。风力发电机不仅要借助变流装置向电网输运电能，也要将弃风能源为氢电解池提供电力。因此，对风力发电机必须对风力的波动有很强的抵抗力，对其适应性提出了较高的要求。

(2) 电解池需要具备高效性、高适应性和环保、安全性。制氢电解池将风能转换为电能并通过电解水提供高纯度氢气，该过程需要保证高效的能量转换，而功率的波动会对电解池的寿命和氢气纯度产生很大的影响，这对电解池提出了较高的要求。为确保系统的稳定，可以通过优化电解池电极、催化剂等材料，降低电解成本；通过优化隔离膜等，提高性能；通过调节工艺参数，改善电解池的抗功率波动等，以保证系统安全运行。

(3) 风能制氢控制系统需要具备灵活性、高效性、安全性。风能制氢技术综合控制系统包括制氢、储氢和燃料电池控制系统。制氢控制系统可以实现制氢功率的灵活分配，通过控制制氢电压保证制氢系统高效运行，并借助一系列系统控制，保证制氢、储氢、用氢系统的安全、高效运行，是风能制氢的重要技术特征。

风能制氢项目最早由美国提出，该项目通过一系列发电机与电解反应堆相连制氢。但是，将风能转换为氢气储存电能的技术，欧洲则处于领先地位。欧盟计划实现不依赖于化石能源的可持续发展，而实现这一目标的重要环节就是将可再生能源以氢气的形式大规模储存起来并加以利用。欧盟在西班牙和希腊分别建成了风能制氢示范工程，将风能与电解水制氢结合，运用氢能储存、燃料电池和海水淡化等技术，为能源储存、供应电力和淡水提供绿色"氢"能源。2011 年 10 月，全球第一个涉及氢气储能和利用的项目正式建成启用，它是位于德国柏林普伦茨劳的风氢混合电站，该项目风电装机容量为 6 MW，电解槽装机容量约为 0.6 MW。2014 年，德国提出将风力发电产生的氢气注入天然气网，并建立示范工厂，这是风能制氢应用的一个重要开端。同年，美国国家可再生能源实验室和 Xcel 能源公司启动了 Wind2H2 示范项目，该项目利用风能与光伏发电生产和储存氢气，最大限度地利用可再生能源并优化能量转移。随后，日本也提出了一系列风能制氢方案和应用方案。

我国的风能制氢技术起步较晚，但近年来发展迅猛，我国已成为世界上风电增长最快的国家。2013 年，中国电力公司提出了大规模风电储能新途径——风能制氢和燃料电池发电系统，并指出氢的有效储存和燃料电池是关键技术。2016 年，我国建设的世界最大的风能制氢综合利用示范项目已全部并网发电，该项目位于张家口市沽源县，安装了 100 台单机容量为 2 MW 的风电机组，包括 200 MW 风力发电部分、10 MW 电解水制氢系统及氢气综合利用系统三个部分，具有每年制氢 1752 万 m³ 的生产能力。2016 年 9 月，我国首座利用风光互补发电制氢的 70 MPa 加氢站(同济-新源加氢站)在大连建成，集成了可再生能源现场制氢技术、90 MPa 超高压氢气压缩和储存技术、70 MPa 加注技术及 70 MPa 加氢站集成技术。2020 年，利用内蒙古风光电价优势，我国规划建设 5000 MW 风、光、氢、储一体项目。根据国家中长期发展规划，到 2050 年底，我国风电总装机容量将超过 1000 GW。

总体来看，风能制氢技术具有较快的发展，但仍然存在制氢效率偏低、制氢能耗高等问题。风能制氢过程产生的杂质少、碳排放少、对环境友好，最重要的是能够充分利用剩余风电实现绿色、清洁制氢的目标。除此之外，风能制氢对未来的相关产业，如风电产业、智能电网、燃料电池发电系统、新能源汽车(以氢为燃料电池的汽车)的发展同样意义重大。然而，从技术角度来看，风能的随机性、不稳定性、频繁的功率波动会对设备的运行寿命及氢气的纯度、质量造成影响，这些问题还需要政府、企业、科研院所等合力解决，如关注解决氢能利用途径、加强间歇性电源功率波动的适应性及提高风能发电品质等。

3.5.2　海洋能制氢

海洋能是一种储量巨大的可再生能源，而且清洁无污染，在绿色环保可持续发展的理念下，海洋能是当下研究和重点发展的清洁能源之一，具有非常可观的开发价值。世界许多沿海国家和地区纷纷通过制定中长期发展路线图、出台相关激励政策、建立海上公共平台等方式，带动海洋能各环节产业发展，多管齐下拓展蓝色经济空间，将海洋能与氢能结合，发展海上风电绿色制氢技术，快速推进能源转型升级。

根据存在形式的不同，海洋能可以分为潮汐能、海流能、波浪能、盐差能、温差能、海上风能、海上光能等。这些能源通过物理形式存在于海洋之中，不像在陆地和空中那样容易散失。我国的海域储存潮汐能 1.1 亿 kW，潮流能 1200 万 kW，海流能 2000 万 kW，波浪能 1.5 亿 kW。通过多种途径对海洋能源进行利用，将其转化为可移动、可便携、可储存的氢能是充分利用可再生能源特性的理想解决方案。海洋能通过发电制取淡水及氢气是实现海能海用、海洋效益最大化的有效途径之一。将海洋能直接用于海水淡化，并利用海洋能发电进行电解制氢，在获得淡水资源的同时制取氢燃料，建设海上淡水与氢气综合供给站，可以解决沿海地区或无水无燃料岛屿、岛礁的淡水和燃料供给问题。电解海水制氢可通过两种方式实现：①将海水淡化并除杂后进行电解，如图 3.26(a)所示；②直接电解海水，如图 3.26(b)所示。

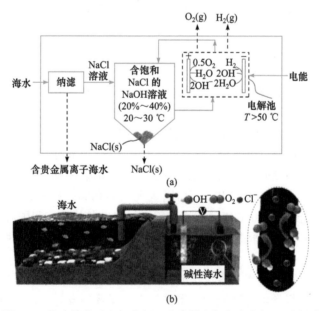

图 3.26　海水淡化后电解产氢(a)和直接电解海水产氢(b)示意图

海洋能制氢已经得到快速发展，如荷兰建成的全球首个基于油气平台海上风电制氢项目 PosHYdon、法国 ENGIE 集团制定的 4 GW 海上风机制氢项目等，欧洲海洋能中心也计划开展海洋能制氢方面的研究。2019 年，德国 Tractebel Overdick 搭建了一个适用于容量为 100～800 MW 的风力涡轮机的海上风电制氢平台，该平台先通过脱盐装置将海水淡化成高纯度水，再利用海上风能发电将水电解成氢和氧，当风力涡轮机容量为 400 MW 时，产氢量达 80 000 $m^3 \cdot h^{-1}$，电解后的 H_2 用作能量载体或工业原料。同年，荷兰海王星能源公司建立了全球首个海上绿氢试点项目 PosHYdon，期望通过 Q13a 平台整合北海中的三种能源系统：海上天然气、海上风能和海上氢气，此项目采用了 1.25 MW 质子交换膜电解槽，产氢量为 223 $m^3 \cdot h^{-1}$。2020 年，丰田汽车公司利用可再生能源发电+在线电解海水制氢+氢燃料电池为船舶 Energy Observer 提供燃料电池系统，该船可行驶 10 000 n mile(海里，1 n mile = 1.852 km)。英国 Dolphyn 项目计划在北海开发一个 4 GW 的浮式风电场，在风机容量为 10 MW 的单个浮式风电平台的甲板区域上安装电解装置制取氢气，并通过管道输送，预计在 2037 年实现年产氢气 36 万 t 的目标，计划总投资超过 120 亿英镑。

我国的海洋能制氢起步比较晚，主要是通过海上风能电解水制氢。2020 年 6 月，我国首个海上风电场项目在青岛启动，该项目开展了海上风电+波浪发电、海上风电+海洋化、海上风电+制氢储氢、海上风电+海水淡化、海上风电+海洋科学研究等多样化融合试验与示范应用。2021 年 6 月 25 日，世界首例海洋能制氢系统在浙江舟山摘箬山海域成功进行了实海况系统的单元联调试验，首次实现海洋能发电与绿色制氢全过程，扎实地走出了"淡氢氧"三联供海能海用创新技术方案的第一步。总的来说，我国海上风电制氢仍处于初期发展阶段，尚未形成成熟的海上风电制氢技术方案路线，技术积累较薄弱，与欧洲相比缺乏完整的技术可行性和经济可行性的验证。

海上风电制氢是具有巨大创新潜力的前沿性领域，不但可以在一定程度上解决海上风电发展所面临的问题，而且可以为水电解制氢提供清洁绿色能源。目前国内外对于海洋能制氢的研究还处于起步阶段，如何将海洋能发电装备与制淡制氢有效集成，形成高效能、高可靠的示范系统，对于海洋能制氢的应用研究意义重大。

3.5.3　核能制氢

核能作为清洁低碳、安全高效的优质能源，是未来新能源中最具竞争力的重要组成部分，是我国积极应对气候变化，实现"双碳"目标的重要支撑。核能发电在技术成熟性、可持续性、经济性等方面具有非常大的优势，与光电、水电、风电相比具有无间歇性、受自然条件约束较少等优点，有望成为可以大规模替代化石能源的清洁能源。在确保安全的基础上大力发展核电是当前我国能源建设方案中的一项重要政策，对保护环境、保障能源供应与安全和实现可持续发展具有十分重要的意义。

核能制氢就是将核反应堆与先进制氢工艺相结合，进行氢的大规模生产。目前，核能制氢工艺中研究较多的是甲烷蒸汽重整、高温蒸汽电解和热化学循环分解水，上述三种方式制氢分别从核反应堆中获得电能和热能。其中，热化学循环分解水是核能制氢的一个重要研究方向。热化学制氢是基于热化学循环，以核反应堆提供的高温作为热源，将核反应堆与热化学循环制氢装置耦合，使水在 800～1000 ℃下催化热分解，从而制取氢和氧。与电解水制氢相比，热化学制氢的效率高、成本低、总效率预期可达 50% 以上。

Page 76

氢能科学与技术

热化学循环制氢是将若干个热驱动的化学反应组成一个闭路循环,循环过程的总输入为水和高温热,总输出为氢气和氧气,其余物质作为反应的中间产物或中间反应物循环使用。热化学循环制氢体系主要可分为钙溴循环、氯循环、金属/金属氧化物循环及碘硫循环等。目前认为最有应用前景的硫循环是美国通用原子能(GA)公司发展的碘硫循环(I-S 循环)和西屋电气公司发展的混合硫循环(HyS)。碘硫循环(或 GA 工艺)包括 3 个化学反应:

$$SO_2 + I_2 + 2H_2O \longrightarrow 2HI + H_2SO_4 \quad 27\sim127\ ℃[本生(Bunsen)反应]$$

$$2HI \longrightarrow H_2 + I_2 \quad 127\sim727\ ℃$$

$$H_2SO_4 \longrightarrow H_2O + SO_2 + \frac{1}{2}O_2 \quad 847\sim927\ ℃$$

混合硫循环(或西屋工艺)是电化学-热化学混合循环,由两步组成:

$$2H_2O + SO_2 \longrightarrow H_2SO_4 + H_2 \quad 80\ ℃,电解$$

$$H_2SO_4 \longrightarrow H_2O + SO_2 + \frac{1}{2}O_2 \quad >850\ ℃$$

热化学制氢要求反应堆能够提供 750～1000 ℃的高温,要防止核反应堆工作和热交换过程中发生交叉污染,还要考虑安全性、经济性等问题。因此,在对核氢厂的设计中,要充分隔离这两座设施的实体,以消除制氢厂可能发生的爆炸隐患和化学泄漏对反应堆造成的伤害,也要保证制氢厂的放射性水平足够低——使制氢归于非核系统。图 3.27 为核氢设施的一种布置。

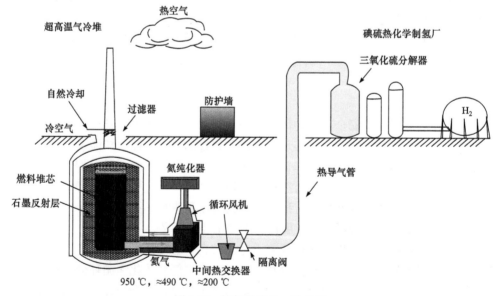

图 3.27　核氢设施的一种布置

作为氢能发展先行者和领导世界氢燃料电池发展的主要国家,早在 1970 年美国便开始布局氢能技术研发。2004 年,美国开始执行"核氢启动计划",提出在下一代核电站计划中要设计、建造高温气冷堆并用于制氢。2021 年 1 月，美国能源部宣布支持在帕洛弗迪核电厂开展核能制氢示范项目，以实现在 10 年内将制氢成本降至 1 美元·kg⁻¹的目标。俄罗斯国家原子能集团公司(Rosatom)决定在科拉核电厂建设制氢示范设施，将在该电厂安装 1 MW 电解槽，未来将陆续安装总计 10 MW 电解槽。20 世纪 80 年代中期，日本原子能机构(JAEA)开始碘硫循环的研究，并于 1998 年实现了原理验证性的 48 h 连续 1 L·h⁻¹ 的速率产氢，JAEA 也开展了基于 GTHTR300C 的氢电联产方案，研究方案中 170 MWt(堆功率)用于制氢，可实现 1.9 t·h⁻¹ 的产氢量和 45.5%的产氢效率。

我国在核能制氢方面起步较晚。2001 年，清华大学核能与新能源技术研究院(INET)在国家 "863" 计划的支持下建成了 10 MW 高温气冷实验反应堆(HTR-10)，2003 年达到满功率运行。目前 200 MWe(电功率)高温气冷堆示范电站建设已经列入国家重大专项，对核能制氢技术的研究也列为专项的研发项目。2018 年，中国核工业集团有限公司联合清华大学、中国宝武钢铁集团有限公司开展核能制氢、核氢冶金项目合作研究，目前已完成 10 NL·h⁻¹(NL 为标准升)制氢工艺的闭合运行，建成了产氢能力 100 NL·h⁻¹ 规模的台架并实现 86 h 连续运行。然而，核能制氢创新发展同样面临着比较严峻的挑战：

(1) 核能制氢的产能和用能协调性问题。当前相关核能制氢研发项目是考虑将 "超高温堆+中间换热器+工艺热利用回路" 耦合在一起，这还需要对多种组合方案开展系统性研究。

(2) 核能制氢的经济性及应用前景的不确定性突出。基于核能制氢技术工艺发展情况及实际需求，有必要深入探索核能制氢的发展方向和重点，切实实现利用核热显著提高制氢效率，持续提升其市场竞争力。

(3) 高温气冷堆制氢中间换热器的寿命安全状况。中间换热器长期处于高温、高压、腐蚀、粉尘等严苛环境下，材料和结构稳定性及安全性面临长期的考验。

目前各发达国家都在积极进行核能制氢项目的研究，力图早日迈入氢能经济社会。核能具有高效、低耗、环保的特点，但其工艺方法的成熟度、生产规模和经济性及其应用前景存在较大的不确定性。从核能制氢技术发展来看，需探索更好的热化学制氢技术方法，使反应堆产能与高温工艺热制氢相互促进、协调发展，以全面提升核能制氢的先进性、可靠性及经济性。

氢能作为一种清洁、可储存的能源，有巨大的发展潜力。新能源制氢具有环境友好、规模适应性强、地理环境制约少等优点，将新能源发电与电解水制氢结合起来，充分利用新能源提供清洁、廉价的电力，实现电解全过程二氧化碳零排放，是 "绿色氢气" 的关键。现如今，氢能正在渗透到能源的各个方面，除传统制氢技术外，新能源制氢更带动了氢燃料电池、加氢站等各种下游产业的迅速发展，进一步拓展了氢能的利用前景。相应地，随着氢能利用的快速发展，制氢、储氢及输氢技术研发与应用备受关注，新能源制氢是解决氢能利用问题的关键技术。总之，随着新能源制氢技术的研发、推广及应用，氢能利用将迎来大好局面，无论是新能源制氢还是氢能应用，前景都十分广阔。

3.6　氢气的分离

氢气的分离技术关系到从制氢、储氢到用氢的高效转化，是制氢到用氢的关键环节。目前分离提纯氢气的主流方法有物理法、化学法、膜分离法等。其中，物理法主要是通过对气压、温度等物理条件的改变实现氢气的分离，包括吸附法(变压吸附、变温吸附、真空吸附)、低温分离法(深冷分离、低温吸附)；化学法是化学材料中储存的氢转化为氢单质，往往伴随着化学反应的发生，如金属氢化物分离法、催化法；膜分离法主要是利用膜材料的筛分性能对氢气进行分离提纯，这些膜材料多种多样，包括无机膜、有机膜、金属膜等。

3.6.1　膜分离法

气体膜分离技术具有能耗低、投资小、占地面积小和使用方便等优点，现已在石油和化工行业中得到广泛应用。

在气体膜分离技术中，氢气膜分离技术占有很大的比重。到目前为止，氢气膜分离技术是开发应用最早、技术最成熟的气体膜分离技术。氢气膜分离技术如此重要的原因有以下几点：

(1) 氢气在石油和化工行业中具有非常重要的意义。

一方面，氢气既是石油化学和炼油工业的重要副产物(重整、裂解)，又是重要的原料(合成氨、合成甲醇、加氢精制、加氢裂化)。但如果用石油来制氢，不仅工艺复杂，而且还需消耗大量的资源和能源，每生产 1 t 氢气将消耗 5 t 原油。一套制氢、加氢联合装置，制氢装置的投资只占总投资的 30%，而能耗却占 70%。

另一方面，石油在二次加工(如催化重整、加氢裂化、加氢精制和催化裂化等)过程中会发生一系列复杂的裂化、异构化、芳构化、氢转移和脱氢等化学反应。因此，石化工业每天会排放出大量的含氢气体。过去，由于没有合适的回收方法，只好将它们烧掉。为了合理利用资源、节约能源和保护环境，最好的办法是选用合适的方法对其加以回收利用。氢气膜分离是其中一种较好的回收方法。

(2) 石油和化工行业的工况条件适合氢气膜分离。

现代化工和石油炼制的工艺过程有些是在有压力的情况下进行的，而且它所排放的气体中含氢量较高，这非常适合应用以氢的分压差为推动力的膜分离技术。

(3) 现有的许多膜材质适合用于氢气膜分离(表 3.2)。

表 3.2　现有氢气分离膜材质及其性能

膜材质	相对压力		分离比
	H_2	N_2	
二甲基硅氧烷	390	181	2.15
聚苯醚	113	3.8	29.6
天然橡胶	49	9.5	5.20

续表

膜材质	相对压力		分离比
	H₂	N₂	
聚砜	44	0.088	50.0
聚碳酸酯	12	0.3	40.0

(4) 采用氢气膜分离的经济合理性。

采用氢气膜分离技术从催化裂化气中回收和提纯氢气原料消耗少、能耗低，因此综合成本低，具有经济合理性。以每回收 1000 Nm³(标准立方米)、H₂ 的体积分数为 98%为基准，氢气分离的消耗量参数如表 3.3 所示。

表 3.3　工厂氢气分离制备技术

氢气分离技术	原料消耗/kg	能耗/kJ	投资/万元	综合成本/万元
膜分离	90	6652	350	45～55

氢气分离膜经过近 40 年的发展，主要在膜材料、膜结构和膜组件型式三个方面取得了很大的进展。

氢气分离膜主要分为致密金属膜、无机多孔膜、有机聚合物膜、混合基质膜等(图 3.28)。

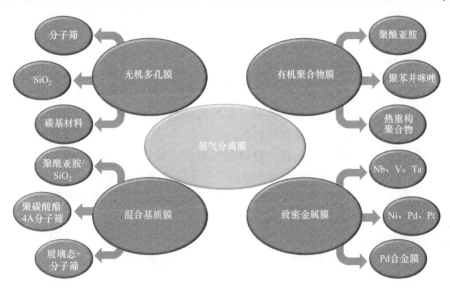

图 3.28　氢分离膜材料的种类

1. 致密金属膜

致密金属膜是最常用的氢气分离膜，Ni、Pd、Pt 及元素周期表中ⅢB～ⅤB族金属都能透过氢，应用前景广泛。但实际工业应用仍面临各种挑战，如膜的热稳定性、机械性能有待提高，化学稳定性差、易被杂质气体毒化、制备成本高也限制了其应用规模扩大。

H_2 在致密金属膜中遵循溶解-扩散机理，具体如下：氢分子扩散到膜表面，在表面解离、吸附，氢原子在膜基体材料中溶解、扩散，并在膜背面脱附重新结合生成氢分子，氢分子扩散离开膜。在由单一元素组成的纯金属膜中，H_2 的渗透性能取决于金属的晶体结构、化学反应性、晶格缺陷。以 VB 族元素(如 Nb、Ta、V)和 α-Fe 为体心的立方结构具有较高的 H_2 渗透性，面心立方结构(相关元素为 Ni、Pd、Pt 等)的 H_2 渗透性次之。

在多种金属的膜中，Pd 及其合金膜长期以来获得广泛关注和深入研究，用 Pd 及其合金膜纯化后，H_2 纯度可达 99.999 99%。阻碍纯 Pd 膜应用的突出问题是氢脆现象，即当温度低于 300 ℃、压力低于 2 MPa 时，Pd 存在 α-与 β-氢化物相转变，晶格之间产生应力，出现缺陷。Pd 膜在接触硫化物、CO、H_2O 等物质时会发生中毒现象，严重降低 H_2 的渗透性能。为了避免 Pd 膜的氢脆、中毒现象出现并降低膜的成本，多在 Pd 中掺入其他元素(如 Fe、Cu、Ni、Ag、Pt、Y)形成合金膜。

2. 有机聚合物膜

有机聚合物膜因易于制备、有机物分子可设计调控且价格低廉、没有重金属污染等而具有较高的商业价值，常见种类为致密膜。气体在膜中按照溶解-扩散机理传递，上游气体吸附并溶解在膜中，在推动力作用下从膜的一侧向另一侧扩散，透过膜后从膜上脱附。对于氢气渗透膜，强化材料渗透性并弱化溶解性是获得高性能的有效方法。玻璃态聚合物是常见的氢气分离膜材料，具有刚性结构、窄的自由体积分布，可形成类似分子筛分机理的无机膜。代表性的有机聚合物膜材料有聚酰亚胺、聚苯并咪唑及其衍生物、热重构聚合物。

3. 无机多孔膜

能够实现气体分离的无机多孔膜，其孔径通常小于 2 nm。H_2 渗透机理一般为分子筛分，因而孔径的孔型成为决定无机多孔膜分离性能的重要因素。根据膜材料种类，无机多孔膜分为分子筛膜、SiO_2 膜、碳基材料膜。

分子筛膜主要由硅酸盐、磷酸铝、硅磷酸铝形成，具有良好的机械性能、较高的化学与热稳定性。由于分子筛难以形成自支撑膜，分子筛膜通常采用多孔基底作为支撑层，在支撑层中填入分子筛，可提高必要的机械强度，同时满足氢气的高效吸附-分离。常用的基底有 Al_2O_3、多孔金属等。

碳基材料膜中最常见的是无定形多孔碳分子筛膜，通常是在真空或惰性气体保护环境下，将聚糠醇、聚丙烯腈、酚醛树脂、聚酰亚胺等聚合物前驱体碳化或热解制备而成。聚合物在碳化过程中发生分子链断裂，生成的小分子以气体形式逸出，气体逸出时的通道形成了多孔结构。

4. 混合基质膜

混合基质膜是指将有机和无机材料掺杂而成的膜，通常有机聚合物作为连续相，无机材料作为分散相；不仅可以弥补有机聚合物膜和无机多孔膜的不足，而且可以联合两者优点(如有机聚合物良好的成膜、加工性能，无机材料的高本征气体吸附-分离性能)。

因此，混合基质膜在气体分离领域得到广泛应用。为了获得高选择渗透性能的氢气分离膜，将玻璃态聚合物、具有分子筛分功能的无机材料进行组合是优化选择。较多采用的有机聚合物为聚酰亚胺和聚(2, 2′-间苯二胺-5, 5′-苯并咪唑)，初期使用的无机材料有 SiO_2、分子筛等。

3.6.2 变压吸附法

吸附现象早已被人们所知，但是吸附作为一种分离技术在工业上被大规模采用还是近几十年的事情。吸附技术早期用于工业气体的干燥和净化。20 世纪 60 年代初，这项技术成功用于氢的分离提纯，奠定了吸附分离技术大规模工业化的基础。目前，变压吸附(PSA)技术已在世界范围内成为提纯氢的主要分离方法(图 3.29)，吸附分离技术作为化工单元过程正在迅速发展成为一门独立的学科，在石油和化学工业、冶金工业及电子、国防、医药、农业及环境保护等领域得到了越来越广泛的应用。PSA 技术已成为气体化合物分离和提纯的重要手段。

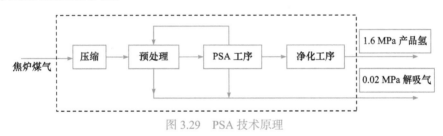

图 3.29　PSA 技术原理

1. 原理

一些具有发达微孔结构的固体材料对流体分子具有吸附作用，这类吸附材料称为吸附剂。当流体分子与固体吸附剂接触后，吸附作用随即发生。吸附导致被吸附的分子在流体中和吸附剂表面呈现不同的浓度分布，被吸附的分子在吸附剂表面得到富集。不同的分子在吸附剂上呈现不同的吸附特性。外界条件，如流体温度、流体浓度(压力)会直接影响分子的吸附特性。利用不同分子在吸附剂上吸附特性的差异，通过改变温度或压力的方式可以实现混合物的分离和提纯。

变压吸附过程是在一定压力下进行吸附，在低压下进行解吸。由于吸附循环周期短，吸附热来不及散失，可供解吸之用，因此吸附热和解吸热引起的吸附床温度变化一般不大，吸附过程可近似看作等温过程。

一般变压吸附包括如下过程：

(1) 放压：吸附床在一定压力下完成吸附过程后，通过放压方式(通常降至接近大气压)使被吸附组分解吸出来。采用自然放压方式，放压程度有限，被吸附组分不能充分解吸，吸附剂再生不完全。

(2) 抽真空：吸附床降到大气压后，为了进一步减小被吸附组分的分压，可用抽空的方法降低吸附床压力至真空状态，使被吸附组分充分解吸。

(3) 冲洗：利用纯净的产品气或其他适当的气体冲洗吸附床，以减小被吸附组分的分压使其充分解吸，从而达到吸附剂再生的目的。

(4) 升温：一些吸附性很强的组分在低分压下有强烈的吸附作用，通过降低分压难以解吸。此时，需要采用加热方式进行解吸，这就是变温吸附分离过程。

2. 专用吸附剂

(1) 硅胶类：硅胶是用硅酸钠与硫酸反应制得，通过纯化和不同的处理方法可制得不同品种和规格的硅胶。硅胶具有多孔性和高比表面积结构，是一种强吸附剂。它的主要化学组分是二氧化硅，除与氢氟酸、强碱溶液发生化学反应外，不与其他物质发生反应，具有不可燃、无毒、无味、无腐蚀性和热稳定性较高等特点。

(2) 活性炭类：活性炭是一种非常优良的吸附剂，利用木炭、竹炭、各种果壳和优质煤等作为原料，通过物理和化学方法对原料进行破碎、过筛、催化剂活化、漂洗、烘干和筛选等一系列工序加工制造而成。它具有物理吸附和化学吸附的双重特性，可以有选择地吸附气相、液相中的各种物质，以达到脱色精制、消毒除臭和去污提纯等目的。活性炭类吸附剂应用于化工、电力、食品、环保等多种相关行业。

(3) 分子筛类：可用于 PSA 提纯一氧化碳、氢，制氢，制氧，浓缩乙烯、甲烷，以及干燥等各类装置。

另外，还有针对某种组分选择性吸附而研制的特殊吸附材料。吸附剂对各气体组分的吸附性能通过实验测定静态下的等温吸附线和动态下的穿透曲线来评价。吸附剂具有良好的吸附和解吸性能是吸附分离过程的基本条件。在变压吸附过程中，吸附剂的选择还要考虑解决吸附和解吸之间的矛盾。吸附剂对杂质应有较大的吸附量，同时被吸附的杂质应易于解吸。

选择吸附剂的另一要点是组分间的分离系数尽可能大。气体组分的分离系数越大，分离越容易，得到的产品纯度越高。在吸附过程中，由于吸附床内压力呈周期性变化，气体在短时间内进入或排出吸附床层，吸附剂要经受气流的频繁冲刷，因此要求所选用的吸附剂有足够的强度，以减少破碎和磨损。分离组成复杂、类别较多的气体混合物常需要选用几种吸附剂，这些吸附剂可按吸附分离性能依次分层装填在同一吸附床内，有时也可分别装填在几个吸附床内。变压吸附工艺对吸附剂具有特殊的要求，因此将变压吸附工艺所用的吸附剂称为专用吸附剂。

3. 技术特点

PSA 技术是一种低能耗的气体分离技术。PSA 工艺要求的压力一般为 0.1～3.5 MPa，允许压力变化范围较宽，一些有压力的气源，如氨厂弛放气、变换气等，其自身的压力满足 PSA 工艺的要求，可省去再次加压的能耗。处理这类气源，PSA 制氢装置的消耗仅是照明、仪表用电及仪表空气的消耗，能耗很低；装置压力损失很小，一般不超过 0.05 MPa。PSA 装置可获得高纯度的产品气，如 PSA 制氢装置可得到 98%～99.999%的产品氢气；PSA 工艺流程简单，无需复杂的预处理系统，一步或两步就可实现多种气体的分离，可处理各种组成复杂的气源，对水、硫化物、氨、烃类等杂质有较强的承受能力；PSA 装置的运行由计算机自动控制，自动化程度高，操作方便，装置启动后短时间内即可投入正常运行，输出合格产品。

4. 发展现状

20 世纪 60 年代，国外已将 PSA 提氢技术用于石化工业。用于石化工业的 PSA 提氢装置规模较大，原料气处理能力一般在 10 000 Nm³ · h⁻¹ 以上。PSA 技术应用的最大领域是石化工业，国外 PSA 装置所产氢的 50% 以上用于石油炼制。随着我国炼油工业的发展，氢需求量不断增加，为 PSA 技术在炼油化工和焦化行业中的应用提供了用武之地，国产 PSA 技术迅速崛起。20 世纪 70 年代初，西南化工研究设计院在国内率先开展 PSA 技术研究，80 年代实现工业化后 PSA 技术得到快速发展。2017 年，单套 PSA 提氢装置的规模达 300 000 Nm³ · h⁻¹(表 3.4)。2022 年 9 月 19 日，全球在建最大煤制氢 PSA 装置在陕西榆林一次开车成功，产氢总能力达 480 000 Nm³ · h⁻¹。

表 3.4　PSA 提氢技术产氢能力

技术参数	描述
产氢量	$> 10^5\ \mathrm{Nm^3 \cdot h^{-1}}$
进料工艺	由四床一均一塔发展为十床四均三塔
吸附剂	由单一发展为多种
再生方式	由氢气回流吹扫发展为真空解吸再生
氢气纯度	99.999%
回收率	80%～95%

3.6.3　深冷分离法

深冷分离法是利用原料气中各组分临界温度的差异，对原料气进行部分液化或低温蒸馏，从而达到分离氢气的目的。深冷分离法工艺成熟，具有回收率高、处理量大、原料气中氢含量要求低等优点，但投资高、装置启动时间长，且原料气在进入深冷设备前需要除去水和二氧化碳等杂质，以免在低温下堵塞设备，因此在原料气含氢量较少时采用深冷分离工艺很不经济(表 3.5)。

表 3.5　变压吸附法、膜分离法和深冷分离法的比较

项目	变压吸附法	膜分离法	深冷分离法
氢气回收率/%	75～90	< 90	90～98
产品氢纯度(体积分数)/%	>99.9	< 95	95～99
原料气中氢含量最小值(体积分数)/%	50	15～20	20
进气压力/MPa	1.0～5.6	1.6～12.6	1.6～3.6
产品氢压力/原料气压力	1	0.1～0.25	可变
组合性	差	好	差
相对投资	1～3	1	2～3
操作方便性	较好	非常好	较复杂

深冷分离法常用于提纯空气中的氮气和氧气。氢气深冷分离技术适用于含氢天然气的分离,在标准状态下,氢气、甲烷和乙烷的沸点分别为-252.8 ℃、-161.5 ℃和-88.6 ℃,因此混合气低温分离氢气是可行的,但缺点是深冷分离工艺设备复杂、能耗高、维护不便。

3.6.4　其他分离方法

除上述介绍的三种氢气分离方法外,近年来还出现了一些新型氢气纯化分离方法,如金属氢化物分离法、水合物分离法、电化学氢分离法等。其中,金属氢化物分离法是一种储存和精制高纯度氢的技术,主要工作原理是利用储氢合金选择性吸附氢气,生成固体氢化物,即可与其他杂质气体分离,在需要的时候氢化物分解释放氢气。水合物分离法是基于小分子气体(如 CH_4、C_2H_6、CO_2、N_2 等)和水在一定压力和温度条件下生成冰状水合物的特性,将氢气与这些小分子气体分离。电化学氢分离法是利用燃料电池系统,将混合气体通入燃料电池,在电能驱动下,氢气在阳极反应生成氢离子,氢离子在阴极侧与电子结合生成氢气,排出高纯氢气。随着科技的不断发展,这些新型氢气分离技术有望取得实际应用。

思　考　题

1. 在电催化产氢的过程中,酸性电解质可以更直接地提供质子源,这是否意味着同一催化剂在酸性电解质中的电催化活性要高于在碱性电解质中表现出的活性?
2. 如何设计优异的光(电)催化剂实现高效的水分解制氢过程?
3. 小分子制氢分为哪几类?各有哪些优缺点?
4. 哪些方法可以提高催化剂的活性?
5. 写出甘油水相重整制氢反应的所有反应途径。
6. 简要画出微生物制氢反应装置示意图。
7. 超临界流体如何在氢气制备领域应用?
8. 放热反应制氢与吸热反应制氢对比,哪一类更具有优势?通过什么方法可以将吸热反应变为放热反应?
9. 风能制氢的主要技术特征有哪些?
10. 目前常见的核能制氢工艺有哪些?
11. 氢气的分离膜有哪些种类?
12. 常用的氢气分离方法各有什么优缺点?
13. 煤气化制氢主要包括哪三个过程?
14. 写出天然气水蒸气重整制氢的反应方程式。
15. 对"灰氢"这一概念做出解释。
16. 煤气化制氢是_____(放热/吸热)反应。
17. 以下选项中,_____是天然气部分氧化重整制氢的产物,_____是完全氧化的产物(多选)。

  A. 甲醇 B. 甲醛 C. 甲酸   D. 乙醇   E. 乙烯

  F. 乙炔 G. 一氧化碳 H. 二氧化碳 I. 氢气   J. 水

第4章　氢能的储存

4.1　液　态　储　氢

液氢(liquid hydrogen)，也称液态氢，通常是气态氢气经过压缩后，进一步深度冷却到21 K以下而得到的液体。液氢需要保存在特制的绝热真空容器中。在常温、常压下，液氢的密度较大，为氢气的845倍，并且它的体积能量密度高于压缩储存的氢气，因此在单位体积内，液态储氢的氢气质量远大于压缩储氢。然而，受限于氢的质轻特点，作为燃料时，液氢比相同体积的汽油具有更小的能量。这意味着若用液氢完全替代汽油，则液氢储罐所需的体积远大于油箱的体积。

液氢作为氢的一种物理状态，其沸点为20.38 K，气化热较小，仅$0.91\ kJ \cdot mol^{-1}$，并且与外界存在巨大的传热温差，稍有热量从外界渗入，即可使氢气快速沸腾而损失。利用少量液氢蒸发以保持低温的特性，可以将液氢的储槽设计成敞口对其进行短时间储存，而长时间储存则需要使用特制的储罐，具体将在后文详细介绍。

在储罐中储存液氢时，类似于液化天然气的情况，即存在热分层现象。这种现象导致液氢在储罐中形成上、下两层，底部液体承受来自上部的压力，使底部液氢的沸点略高于上部。同时，由于少量挥发，上部液氢始终保持着极低的温度。当体系静置一段时间后，液体形成了上冷下热的两层结构。上层略冷且密度较大，因此蒸气压较低；而底层略热且密度较小，蒸气压较高。这个状态极不稳定，稍有外界扰动，上、下两层就会翻动，即温度和蒸气压较高的底层翻动到顶部，进而引起液氢暴沸，产生大量气体，导致储罐爆破。为解决这个问题，人们通常在较大的储罐中配备搅拌装置进行缓慢搅拌以阻止热分层；较小的储罐则加入体积分数约为1%的铝屑，加强上下的热传导。图4.1(a)为典型的车用小型液氢储罐，图4.1(b)为地面大型液氢储罐。

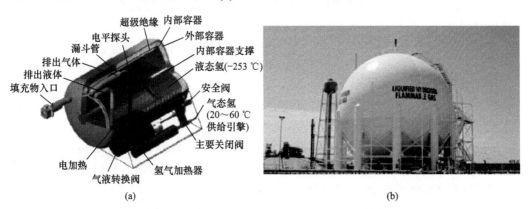

图4.1　车用小型液氢储罐(a)；地面大型液氢储罐(b)

4.1.1　液氢的特点

氢作为燃料或能量载体时，液氢是较好的使用和储存方式。液氢虽然是一种液体，但它与常见的液体相比有许多不同的特点。例如，液氢分子之间的缔合力很弱；液态范围较窄($-259 \sim -253$ ℃)；液氢的密度和黏度都很低；液氢极性小、离子化程度很低等。一般来说，液氢的物理性质介于惰性气体和其他低温液体之间。

目前液氢的主要用途是作燃料，但液氢作为航天燃料有如下缺点：

(1) 密度低，固体复合推进剂密度为 $1.6 \sim 1.9$ g·cm^{-3}，液体推进剂密度较小为 $1.1 \sim 1.3$ g·cm^{-3}，而液氢仅为 0.07 g·cm^{-3}。

(2) 温度分层，储罐内的液氢上层和下层的温度不一致。

(3) 蒸发速率快，易产生损失和危险。

(4) 液氢在储箱中晃动，引起飞行状态不稳定。

为了克服液氢的局限性，研究人员提出了一些改进方法，以提高其性能。其中一种较为有效的方法是进一步冷冻液氢，形成液氢和固氢的混合物，称为泥氢(slush hydrogen)，以增加其密度。泥氢是一种含有固态氢颗粒的流动态液体。在液氢的改进研究中，引入凝胶化技术以改善其性能。在液氢中加入胶凝剂，可以制备凝胶液氢(gelling liquid hydrogen)，也称为胶氢。胶氢与液氢类似，具有流动性，但具有更高的密度。与液氢相比，胶氢的优点如下：

(1) 液氢凝胶化后的黏度增加了 $1.5 \sim 3.7$ 倍，这对提升液氢的安全性起到了积极作用。由于黏度增大，液氢在凝胶化状态下泄漏带来的风险降低了。这意味着在储存和使用凝胶液氢时，泄漏的风险大大降低。

(2) 液氢凝胶化后，蒸发速率仅为液氢的 25%。这意味着凝胶化技术可以有效减少液氢的蒸发损失。蒸发损失是液氢储存和运输过程中的一个重要问题，液氢的低沸点使其易于蒸发。通过凝胶化，液氢的蒸发速率大大降低，从而减少了资源浪费。

(3) 凝胶化技术能够增大液氢的密度。凝胶化后的液氢具有更高的密度，这意味着在相同体积下可以储存更多的氢气。这对于液氢的储存和运输具有重要意义，较大的密度可以减少所需的储存空间和运输成本。

(4) 液氢凝胶化后，液面晃动减少了 20%～30%。这对于长期储存液氢非常有益，可以简化储罐结构，也提高了储存的稳定性和安全性。

(5) 凝胶化液氢还可以提高比冲，进一步提升航天飞行器的发射能力。

4.1.2　液氢的生产

液氢生产主要有三种方式：①节流液化循环(预冷型林德-汉普森系统)；②带膨胀机液化循环(预冷型克劳德系统)；③氦制冷液化循环。

节流液化循环最早由德国科学家林德(Linde)和英国科学家汉普森(Hampson)于1859年独立提出，称为林德-汉普森循环。后来，法国科学家克劳德(Claude)于1902年首次成功实现了带有活塞式膨胀机的空气液化循环，所以将带有膨胀机的液化循环称为克劳德液化循环。随后南迪、萨兰吉和巴伦发现，二次氦气冷箱也可以用来液化气态氢气。这种循环以氦作为制冷介质，由氦制冷循环实现气态氢的冷凝液化，所以也称为氦制冷氢液化循环。

　　基于氢液化单位能耗的比较,液氮预冷带有膨胀机的液化循环表现出最低的能耗,而节流液化循环表现出最高的能耗,氦制冷液化循环的能耗位于两者之间。以液氮预冷带有膨胀机的液化循环作为基准,节流液化循环的单位能耗高出 50%,氦制冷液化循环高出 25%。带有膨胀机的液化循环效率最高,在大型氢液化装置中得到广泛应用。节流液化循环流程简单,在小型氢液化装置中得到广泛应用。相比之下,氦制冷液化循环虽然在运行时具备安全可靠性,但由于其设备复杂性较高,因此在氢液化过程中的实际应用相对较少。目前全球市场主流使用的均为第二种,即带膨胀机液化循环。

1. 国外现状

　　截至 2022 年 4 月,全球液氢产量接近 $500 \, t \cdot d^{-1}$,其中美国是全球最大的液氢市场。欧洲和亚洲的液氢产量相当,在 $30 \, t \cdot d^{-1}$ 左右。此外,俄罗斯的氢液化装置服务于航天火箭发动机,澳大利亚的氢液化装置通过船运将液氢出口到日本,但这两个国家尚未公开其液氢产能。美国空气化工产品公司在美国得克萨斯州新建的液氢工厂于 2021 年 10 月投产,产能约 $30 \, t \cdot d^{-1}$。目前全球的氢液化装置基本由德国林德公司、法国液化空气集团和美国空气化工产品公司这三家大型工业气体公司提供,各公司均拥有产能 $30 \, t \cdot d^{-1}$ 的氢液化技术。

2. 国内产业化现状

　　我国当前液氢生产以航天为主,民用市场刚刚起步。2020 年以前,国内的氢液化装置均从国外进口,主要服务于氢氧火箭发动机的开发。2020 年 4 月,鸿达兴业股份有限公司在内蒙古乌海兴建了中国首条民用液氢生产线,开创了我国液氢商业化应用的先河。2021 年 9 月,我国自主研制的首套吨级氢液化装置在北京航天试验技术研究所调试成功,设计液氢产能为 $1.7 \, t \cdot d^{-1}$,这套装置实现了 90% 以上国产化。2022 年 1 月,北京中科富海低温科技有限公司产能 $1.5 \, t \cdot d^{-1}$ 的全国产化氢液化装置出口加拿大,这是国内首套出口的氢液化装置。

4.1.3　液氢的储存方式

1. 车载液氢储罐

　　液氢的液化过程可以通过多次绝热膨胀循环实现,类似于液化天然气的方法。液氢作为氢的一种储存形式,可以有效地储存氢气。然而,液氢的沸点极低,并且与外界存在巨大的温差,即使微小的热量从外界渗入储罐,也会导致液氢迅速沸腾和损失。因此,如何有效地保持超低温度是车载液态储氢技术的核心问题。为了有效地减少液氢燃料的蒸发损失,液氢储罐通常采用双层壁式结构。在这种结构中,内外层罐壁之间保持真空状态,并且放置碳纤维和多层薄铝箔以减少热量传递。图 4.2 为德国林德公司研制的车载液氢储罐,该结构采用了上述设计原理。该车载液氢储罐配备有特殊安全管理系统,能实时监控由液氢的蒸发造成的压力升高。当系统检测到内部氢气压力达到限度时,将主动排出过量氢气,以保证储罐的安全。

　　多家汽车制造公司(包括美国通用、福特和德国宝马等)已经推出了采用车载液氢储

图 4.2　德国林德公司研制的车载液氢储罐

罐供氢的概念车。其中，美国通用汽车公司于 2000 年 10 月在北京展示了一款名为"氢动一号"的零排放燃料电池轿车，该车搭载了液氢储罐。"氢动一号"的电池组能够产生80 kW 的输出功率，电动机的输出功率为 55 kW，最高时速可达 140 km·h⁻¹，百公里加速仅需 16 s，并且能够在 –40 ℃ 的环境下持续行驶，续航里程为 400 km。该车仅消耗5 kg 的液氢燃料，整个储氢系统的质量为 95 kg。随后，通用汽车公司还推出了改进型的"氢动三号"轿车，其最大功率提高至 94 kW，电机功率为 60 kW，最高时速为 150 km·h⁻¹，续航里程同样为 400 km。该车的液氢消耗量减少至 4.6 kg。"氢动三号"搭载的液氢储罐长为 1000 mm，直径为 400 mm，质量达到 90 kg。该液氢储罐的质量储氢密度为 5.1%，体积储氢密度为 36.6 kg·m⁻³。从质量和体积储氢密度的角度考虑，液氢技术已接近实用化的目标要求。上述车辆和液氢储罐的性能指标证明了液氢技术在实际应用中的潜力和可行性。然而，对于液氢储罐而言，首先因为需要进行严格的绝热设计，液氢低温储箱所需的体积约为液氢的 2 倍；其次，氢气的液化成本高、耗能大，制取 1 kg 液氢的能耗约为 12 kW·h；最后是液氢的蒸发问题，虽然现有的"氢动一号"车载储氢罐可以将蒸发速率控制在每天 3% 以内，但并未彻底解决其蒸发问题。该现象会带来两方面的风险：一方面，储箱压力持续升高，因此在相对封闭的环境中存在安全隐患；另一方面，即使汽车不开动，氢燃料也会每天自然减少，造成能源的浪费。而液氢的高能、绿色、无污染是其不可忽视的优点，因此目前国内很多研究机构都针对液氢车载使用中的一些难题进行研究，推动车载液氢供氢的实践工作。

2. 工业液氢储罐

液氢作为氢氧发动机的推进剂，其工业规模的使用与火箭发动机的研制密不可分。例如，美国著名的土星 5 号运载火箭中，液氢的装载容量为 1275 m³。地面储罐的容积为3500 m³，工作压力为 0.72 MPa。根据相关数据，液氢的日蒸发率为 0.756%。

俄罗斯深冷机械制造股份有限公司(JSC 深冷公司)目前生产的火箭发射靶场液氢储罐有两种规格可供选择：1400 m³ 和 250 m³。其中，1400 m³ 的液氢罐为球罐结构，外径为 16 m，内径为 14 m，内筒壁厚度为 20 mm，外筒壁厚度为 24 mm。球罐的总高度为20 m，球罐中心线到地面的高度为 11.2 m。该液氢罐采用真空多层绝热方式，其日蒸发率小于 0.26%。

日本种子岛宇宙中心的液氢储罐容积为 540 m³，采用珍珠岩真空绝热方式。数据显示，该液氢储罐的日蒸发率小于 0.18%。在设计过程中，他们对影响珍珠岩绝热性能的各种因素进行了详细分析。此外，在安装过程中，他们采用了许多新技术，并进行了大量的模型试验工作，主要涉及密封性能、绝热性能和清洁度等方面。

法属圭亚那太空中心使用了 5 个容积为 360 m³ 的可移动、卧式液氢储罐，这些液氢储罐全部由美国公司生产。

在我国，液氢储罐主要用于液氢生产和航天发射中心，如北京航天试验技术研究所、文昌卫星发射中心和西昌卫星发射中心等。这些场所配备了地面固定罐、铁路槽车和公路槽车等设备用于液氢的储存和运输。其液氢储罐有从国外进口的设备，也有国内几个大型低温储存设备生产厂家生产的设备。

4.1.4　液氢设备的绝热方式

1. 堆积绝热

堆积绝热是在需要绝热处理的表面上堆积或包覆一定厚度的绝热材料，以实现绝热的目的，如图 4.3(a)所示。堆积绝热可分为固体泡沫型、粉末型和纤维型等不同形式。常见的堆积绝热材料包括泡沫聚氨酯、泡沫聚苯乙烯、珠光砂、气凝胶、超细玻璃棉和矿棉等。为了减少固体导热，选择密度较低的材料是堆积绝热的一项重要原则。为防止堆积绝热材料空间有水蒸气和空气通过渗入，从而降低绝热性能，可设置蒸汽阻挡层或向绝热层中充入高于大气压的干燥氮气防止水分的渗入。堆积绝热广泛应用于天然液化气储运容器，大型液氧、液氮、液氢储存及特大型液氢储罐中。堆积绝热的显著特点是成本低，无需真空罩，适用于不规则形状，但绝热性能稍逊一等。

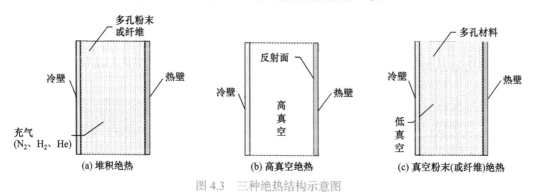

图 4.3　三种绝热结构示意图

2. 高真空绝热

高真空绝热也称为单纯真空绝热，要求容器的双壁夹层绝热空间保持高真空度，通常要求压力低于 1.33×10^{-3} Pa，以消除气体对流传热和大部分气体传导传热的影响，如图 4.3(b)所示。在低温区域，热量主要通过辐射传热的方式传入，同时还存在少量剩余气体和固体构件的传热。因此，提高高真空绝热的性能可以从降低辐射热和提高、保持夹层空间的真空度两个方面考虑：一是壁面采用低发射率的材料制作或夹层壁表面涂上低发射率的材料，如银、铜、铝、金等，并进行表面清洁和光洁处理，或者安置低温蒸汽冷却屏以降低器壁的温度和减少辐射传热；二是在高真空夹层中放置吸气剂以保持真空度。高真空绝热具有结构简单、紧凑、热容量小等优点，适用于小型液化天然气储存，少量液氧、液氮及少量液氢的短期储存。

3. 真空粉末(或纤维)绝热

真空粉末(或纤维)绝热是将多孔性绝热材料(粉末或纤维)填充到绝热空间中，并将该空间抽取到一定真空度(约为 10^{-3} Pa)的绝热模式，结合了堆积绝热和真空绝热的特点，如图 4.3(c)所示。在真空粉末(或纤维)绝热中，气体传热起重要作用，将绝热层抽成真空状态，可以显著降低热导率。只要在相对较低的真空度下，就可以消除粉末(或纤维)多孔介质之间的气体对流传热，从而获得和保持高真空度。辐射热是真空粉末(或纤维)绝热中的主要热泄漏途径，在绝热层中掺入铜或铝片(包括颗粒)可以有效抑制辐射热，这种绝热方式称为真空阻光剂粉末绝热。影响真空粉末绝热性能的主要因素包括绝热层中气体的种类和压力，粉末材料的密度、直径，金属添加剂的种类和数量。真空粉末绝热所需的真空度并不高，但其绝热性能比堆积绝热高 2 个数量级，因此广泛应用于大中型低温液体储存，如液化天然气、液氧和液氮运输设备及大型液氢船运设备。然而，真空粉末绝热的最大缺点是需要较大的绝热夹层间距，结构复杂而笨重。

4. 高真空多层绝热

高真空多层绝热常简称为多层绝热，是一种高效的绝热结构，其在真空绝热空间中采用辐射屏和具有低热导率的间隔物交替层，如图 4.4 所示。绝热空间的真空度通常抽取到约 10^{-3} Pa。辐射屏常用铝箔、铜箔或涂有铝涤纶薄膜等材料制成，间隔物常采用玻璃纤维纸、植物纤维纸、尼龙布、涤纶膜等材料。这种多层绝热结构使得绝热层中的辐射传热、固体传热及残余气体传热都被降低到最低程度，从而实现了卓越的绝热性能，因此也称为超级绝热。在实际制造过程中，绝热层间分布着大量的小孔以保持多层层间压力平衡，保证内层的残余气体被充分抽出。真空多层绝热的特点是绝热性能卓越、质量轻、预冷损失小，但制造成本高、抽空工艺复杂、难以对复杂形状绝热，应用于液氧、液氮的长期储存，液氢、液氦的长期储存及运输设备中。

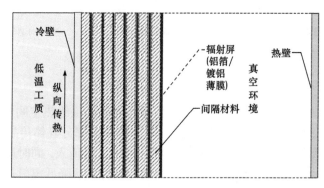

图 4.4　多层绝热结构模型

5. 高真空多屏绝热

高真空多屏绝热是一种多层绝热与蒸汽冷却屏相结合的绝热结构，在多层绝热中采用由挥发蒸汽冷却的汽冷屏作为绝热层的中间屏，由挥发的蒸汽带走部分传入的热量，从而有效地抑制热量从环境流入低温液体。多屏绝热是多层绝热的一大改进，绝热性能十分优越，热容量小、质量轻、热平衡快，但结构复杂、成本高，一般适用于少量液氢、液氮的储存容器中。

总的来说，低温液体储运容器绝热结构形式的选择应根据不同低温液体的沸点，储存容器容积的大小、形状、日蒸发率等工况要求、制造成本等多种因素综合考虑。在低沸点液体储运容器的绝热选择中，高效绝热技术(如高真空多层绝热)被广泛采用。对于大型容器，制造成本较低的绝热形式(如堆积绝热)常被优先考虑，而不必过分关注质量和占用空间大小。运输型和轻便容器则应选择质量轻、体积小的绝热类型。对于形状复杂的容器，一般不宜采用高真空多层绝热。而对于间歇使用的容器，宜选择具有较小热容量的高真空绝热或具有液氮预冷的高真空绝热。对于小型液氢和液氮容器，尽可能采用多屏绝热技术。

液氢具有沸点低和极易气化的特点，因此液氢储运容器必须具备卓越的绝热性能。根据储存容量的大小、移动性或固定性等工况条件的不同，可以选择多种绝热结构形式。液氢储罐典型的绝热结构形式是高真空多层绝热。

4.1.5　液氢的运输

1. 液氢的运输方式

液氢主要通过车辆和船舶进行运输。当液氢需要从生产厂家运输至较远的地方时，目前常见的方式是将液氢装载到专用的低温绝热槽罐中，并通过卡车、机车、船舶或飞机进行运输。这种运输方式既能满足大量液氢的输送需求，又具有较快速和经济的特点，因此在当前情况下被广泛采用。液氢绝热槽罐通常采用水平放置的圆筒形结构，是液氢储存的关键设备。汽车型液氢储罐的容量可达 100 m^3，铁路运输通常需要使用特殊的大容量绝热槽，一次性可运输 120～200 m^3 液氢。俄罗斯的液氢储罐容量从 25 m^3 到 1437 m^3 不等。其中，25 m^3 和 1437 m^3 的液氢储罐分别具有 19 t 和 360 t 的自重，可储液氢 1.75 t 和 100.59 t，其储氢质量分数为 9.2%～27.9%，储罐每天蒸发损失分别为 1.2% 和 0.13%。这些数据说明液氢的储存密度和损失率与储罐的容积之间存在较大的关联，大型储罐的储氢效果要优于小型储罐。

除用车辆运输外，液氢还可用船舶运输，不过需要更好的绝热材料，以确保液氢在长距离运输过程中保持液态。为此，装载在驳船上的液氢储存容器需要采用优质的绝热材料。这种驳船的海路运输方式可以将液氢通过海路从路易斯安那州运送到佛罗里达州的肯尼迪航天中心。驳船上的低温绝热罐的液氢储存容量可达约 1000 m^3。显然，与陆上的铁路或高速公路运输相比，这种大容量液氢的海上运输更经济，同时也更加安全。日本、德国、加拿大都有类似的海路运输报道。加拿大计划将液氢从加拿大运往欧洲，详细调查研究了在船甲板上设置多个液氢储罐(总容积达 1.5 万 m^3)的船运方式。德国已经开始研究未来大规模液氢海上运输，其中涉及对总容积为 12 万 m^3 的大型液氢运输船的研究工作。研究报告比较了多种类型的液氢运输船的船体结构形式，包括小水线面双体运输船和液氢集装箱货运船等，但并未详细说明液氢储罐和绝热系统的技术细节。

液氢的质量轻，有利于减少运费，运输时间短则液体蒸发少，因此液氢空运比海运还好。在特殊情况下，液氢还可以通过专门的管道进行输送。然而，液氢是一种低温液体，其储存容器和输送管道需要具备高度的绝热性能。即使如此，在运输过程中仍然会存在一定的损耗，因此液氢管道通常适用于短距离输送。美国肯尼迪航天中心采用真空多层绝热管路输送液氢。美国航天飞机液氢加注量为 1432 m^3，液氢通过液氢库输送到 400 m 外的发射点。液氢管道采用直径为 254 mm 的真空多层绝热管路，由 20 层极薄的铝箔构成辐射屏，隔热材料为多层薄玻璃纤维纸。管路采用分节制造，每节管段长为 13.7 m，并在现场进行焊接连接。每节管段夹层中装有分子筛吸附剂和氧化钯吸氢剂。在液氢温度下，压力为 1.33×10^{-2} Pa 时，分子筛对氢的吸附容量可达 160 mL $\cdot$ g^{-1} 以上，活性炭可达 200 mL $\cdot$ g^{-1}。夹层真空度的主要影响因素是残留的氢气和氖气。因此，在夹层抽真空的过程中，采用干燥氮气多次吹洗置换。分析结果表明，在夹层残留气体中，氢含量最高可达 95%，其次是氮气、氧气、水蒸气、二氧化碳和氦气。分子筛在低温低压下对水仍有强大的吸附能力，当分子筛吸附水量超过 2% 时，其吸附能力明显下降。

2. 液氢储藏型加氢站

液氢技术在航空航天领域扮演着关键角色，并且已经相对成熟，具备一整套技术标准和相应的加氢储氢设施。在航空航天领域储氢技术的基础上发展了液氢储藏型加氢站，以满足民用领域的加氢需求。目前，美国、欧洲和日本在液氢加氢站的建设方面处于领先地位，积极推动液氢研究的进展。

液氢运输通常采用罐车(容积为 1100～12 400 L)进行液体氢气的运输，以替代传统的加氢站储罐。然而，液氢的替换过程通常会导致约 10% 的损失。因此，可行的方案是将液氢运输集装箱直接放置在加氢站内使用，以减少液氢的损失。液氢搭载汽车的加注方法可以利用储氢槽和车载储氢罐之间的压差，或者通过液氢泵进行压送。对于压缩氢搭载汽车的加注，一种方法是将液氢经过气化器气化后，再通过压缩机加压储存在蓄压器中；另一种方法是通过泵将液氢加压，使其气化，并且直接获得高压氢，而无需使用压缩机。前一种方法在萨克拉门托等地得到应用，后一种方法在芝加哥等地得到应用。液氢具有大量储存氢气的优点，因此运输频率较低。然而，由于液氢处于极低的温度(-253 ℃)，外部热量的侵入会导致每天约 1% 的气化尾气产生。在实验性加氢站中，也存在将气化尾气排放到空气中的情况。为了有效利用气化尾气，需要建立相应的回收设备。液氢储罐加氢站具备同时加注压缩氢搭载汽车和液氢搭载汽车的优点。在液氢工程较为发达的国家，这种加氢站方式具有运输成本低的优势，因此被广泛建设和使用。液氢的运输和应用如图 4.5 所示。

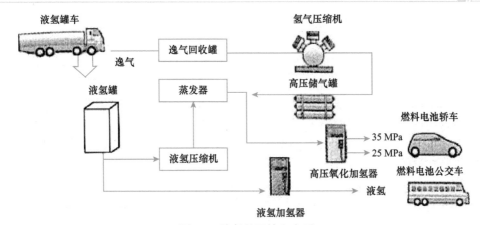

图 4.5　液氢的运输和应用

4.1.6　液氢的安全

液氢除供应大型火箭发动机试验场和火箭发射基地、未来的氢燃料汽车作燃料外，还在石油工业、食品和医疗工业、化学工业、半导体工业、玻璃工业等领域有应用。人们对液氢的安全做了大量的研究，得到许多有用的经验。

液氢是一种仅次于液氦的深度冷冻液体，当液氢中混有空气或氧气等杂质时，会在液氢储罐或管道、阀门中凝结为固态的空气或氧气，堵塞管道。而固态的空气或氧气受热时又挥发成气体，并与挥发的液氢构成易爆的可燃混合物，在管道、容器内部或排放口发生燃烧或爆炸。

由于储存液氢的容器内外的传热温差较大，外部热流从周围的环境不断传入容器内部，使液氢不断气化。若挥发产生的氢气不断积累在一个密闭的容器内部而不释放出去，则密闭管道或容器内的压力将随储存时间的延长逐渐增大，致使液氢储罐超压破裂。为了避免这类事故的发生，人们设计了复杂的液氢储罐，除用高绝热材料作罐壁外，罐内还设置了排气管、液面探头和液氢气化装置，可及时将液氢变成气态氢气供用户使用。

由于材料的延展性常随温度的降低显著下降，因此超低温的环境往往会影响容器及管道等材质的性能。与其他液化的气体燃料相比，液氢挥发快，有利于安全。在理想条件下，假设液氢、甲烷和丙烷分别溅到地面上并蒸发，且周围环境为平坦地形，风速为 $4\,m\cdot s^{-1}$。根据计算结果，丙烷、甲烷和液氢的影响范围分别为 $13\,500\,m^2$、$5000\,m^2$ 和 $1000\,m^2$，液氢的影响范围最小。

在全封闭或局部封闭的空间，液氢的溢出可能导致氢气和空气互相混合而引起爆炸。文献报道了在 $6.4\,m\times4.054\,m\times4.115\,m$ 的木质房内(总体积为 $106.77\,m^3$)，将溢出液氢后与空气形成可燃蒸气的混合物进行点火试验，点火源分别采用了能量较弱的电火柴和能量较强的 M-36 军用雷管，当溢出液氢量仅为 $10\sim30\,L$ 即产生爆燃，溢出的液氢为 $30\sim40\,L$(相当于氢浓度 32.6%～31.5%)时产生爆轰。试验结果表明产生爆燃或爆轰与点火源的能量强弱关系不大，主要取决于溢出液氢量(浓度)，但爆轰的强烈程度似乎与混合的均匀程度有关。溢出 $40\,L$ 液氢经过 $30\,s$ 后均匀扩散(氢浓度达到 31.5%)，即使用电火柴引爆，也产生最强烈的爆表。爆破压力不仅冲破了房子的木结构、打碎了专门设计排放内压的一堵纤维板壁，还毁坏了房内的所有设备。爆破声波传到距爆炸点 24.14 km 远的地方。

液氢的爆炸在许多方面不同于 TNT(三硝基甲苯)，TNT 是按化学计量要求将燃料和氧化剂均匀混合而成，爆炸时能量释放效率很高，而液氢溢出在空气中，在引爆前绝不可能按适当比例理想地混合，因此存在爆炸效率差别大小的问题。从理论上分析，空气和氢混合物的爆炸能量比普通炸药小一些，但化学计量的液体推进剂的爆炸能量比普通炸药大得多。因此，正确地估算氢的爆炸能量存在许多困难。

纯氢和纯氧燃烧的产物主要是水蒸气(H_2O)和很少量的羟基(—OH)。羟基是燃烧反应的一种中间产物，羟基辐射光带在近紫外光区内，水蒸气的辐射光带在红外光区内。氢和空气燃烧的火焰，其光辐射也应是—OH 和 H_2O 分子产生，但实际上在氢火焰中有少量的可见光，主要是其中有一些微量杂质，使氢火焰带颜色。因此，要判明氢火焰的确切位置比较困难，这是氢燃烧的另一种特性。不过，可以通过测定氢火焰光谱的分布确定辐射能量强弱。在氧-空气火焰中，羟基的辐射以带状光谱形式出现在近紫外光区内，主要谱带的高峰波长分布在 0.22～0.4 μm。水蒸气的辐射几乎全在红外光区内，其光谱带分布很宽，在 0.65～6.3 μm。根据以上光谱特性，选用相应传感器检测氢火焰的辐射能量，可以确定火源的具体位置。

另外，液氢的温度很低，防止液氢冻伤也是重要的安全问题，与其他液态气体的行为类似，这里不多做介绍。

4.2　高压储氢

4.2.1　高压氢气的特点

氢气在高温低压时可看作理想气体，通过理想气体状态方程可计算不同温度和压力下气体的量：

$$pV = nRT$$

式中，p 为气体压力；V 为气体体积；n 为气体物质的量；R 为摩尔气体常量，$8.314\,J \cdot mol^{-1} \cdot K^{-1}$；$T$ 为热力学温度。理想状态下，氢气的体积密度(质量与单位体积的比值)与压力成正比。

人们对理想气体做了两个近似：忽略气体分子本身的体积和分子间的相互作用力。然而，实际分子是有体积的，且分子间存在相互作用力，随着温度降低和压力增大，氢气逐渐偏离理想气体的性质，偏离的程度取决于气体本身的性质及温度、压力等因素。一般来说，沸点低的气体在较高温度和较低压力下偏差较小，反之偏差较大。真实气体与理想气体的偏差在热力学上可用压缩因子 Z 表示。

压缩因子的定义式为

$$Z = \frac{pV}{nRT} = \frac{pV_{m(真实)}}{RT}$$

可以看出，Z 是同样条件下真实气体摩尔体积与理想气体摩尔体积的比值，它的大小反映出真实气体偏离理想气体的程度。理想气体的 Z 值在任何条件下恒为 1。$Z<1$ 表明真实气体的摩尔体积比同样条件下理想气体的小,真实气体比理想气体更易压缩;$Z>1$ 则相反。因为它可反映真实气体的压缩难易程度,所以称为压缩因子,其量纲为 1。

虽然氢气的质量能量密度远高于常见的液化天然气和汽油等液体燃料,但常压下氢气的体积能量密度很低,需要压缩或液化,才有可能体现出其质量能量密度高及在储运和使用方面的优势。氢气的高密度运输和储存需要壁厚的容器或管道,通常用储氢密度衡量氢气在储存和运输时的效率与便利性。氢气的沸点低,深度压缩与液化能耗高,且氢气易于扩散和泄漏,爆炸范围宽,同时氢分子还会渗入金属内部发生氢脆,影响容器和管道的安全性。衡量储氢技术性能的主要参数有储氢体积密度、质量密度、充放氢的可逆性、充放氢速率、可循环使用寿命及安全性等。当前,储氢方式主要有高压气态储氢、低温液压储氢、固态储氢和有机液体储氢 4 种,分别以压缩、液化、物理或化学结合的方式储存氢气。高压气态储氢是在一定条件下将氢气加压到 35 MPa 或 70 MPa 储存至储氢瓶,相比而言,高压气态储氢具有设备结构简单、压缩氢气制备能耗低、充装和排放速度快、温度适应范围广等优点,常温下可以利用减压阀直接调控氢气的释放速度以应对汽车在行驶中不同的工况需求,是目前发展最成熟、最常用的储氢技术。图 4.6 表示氢气在不同压力和温度条件下的储存密度。随着压力的增大,氢密度随之增大。同一压力下,氢密度随着温度升高而减小。表 4.1 中列出了氢气的物性参数,并与常见的化石燃料进行了对比。

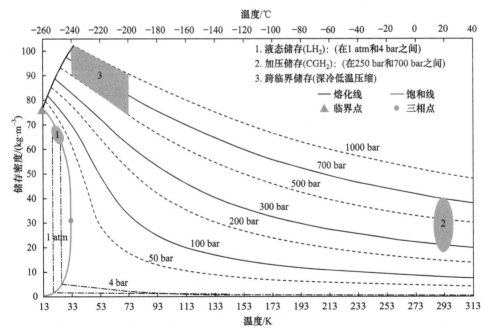

图 4.6　氢气储存密度与压力和温度的关系

表 4.1 氢气的物性参数

项目	氢气	对比
密度(气态)/(kg·m⁻³)	0.089(0 ℃，0.1 MPa)	天然气的 1/10
密度(液态)/(kg·m⁻³)	70.79(−253 ℃，0.1 MPa)	天然气的 1/6
沸点/℃	−253(0.1 MPa)	比液化天然气低 90 ℃
质量能量密度(低热值)/(MJ·L⁻¹)	120.1	汽油的 3 倍
体积能量密度(常压，低热值)/(MJ·L⁻¹)	0.01	天然气的 1/3
相对能量密度(液态，低热值)/(MJ·L⁻¹)	8.5	液化天然气的 1/3
火焰速度/(cm·s⁻¹)	346	甲烷的 8 倍
爆炸范围/%	4~77(空气中体积分数)	比甲烷宽 6 倍
自点火温度/℃	585	汽油为 220 ℃
点火能量/mJ	0.02	甲烷的 1/23

4.2.2 高压储氢气瓶

　　金属压力容器的发展由 19 世纪末的工业需求带动，特别是储存二氧化碳用于生产碳酸饮料。早在 1880 年，锻铁容器就被用于氢气的储存和军事用途，储氢压力可达 12 MPa。之后，由无缝钢管制成的压力容器进一步提升了金属压力容器的储气压力。20 世纪 60 年代，金属储氢气瓶的工作压力已从 15 MPa 增加到 30 MPa。全金属储氢气瓶，即 I 型瓶，其制作材料一般为 Cr-Mo 钢、6061 铝合金、316 L 等。由于氢气的分子渗透作用，钢制气瓶很容易被氢气腐蚀出现氢脆现象，导致气瓶在高压下失效，存在爆裂等风险。同时，钢瓶质量较大，储氢密度低，质量储氢密度为 1%~1.5%，一般用于固定式、小储量的氢气储存。近年来，金属气瓶研究主要集中在金属的无缝加工、金属气瓶失效机制等，尤其是采用不同的测试方法评估金属材料在气态氢中的断裂韧性特性。

　　高压储氢气瓶是压缩氢广泛使用的关键技术，广泛应用于加氢站及车载储氢领域。随着应用需求(尤其是车载储氢)不断提高，轻质高压是高压储氢气瓶发展的方向。如图 4.7 所示，目前高压储氢气瓶可分为以下 5 种：全金属气瓶(I 型)、金属内胆纤维环向缠绕气瓶(II 型)、金属内胆纤维全缠绕气瓶(III 型)、非金属内胆纤维全缠绕气瓶(IV 型)、全复合材料的无内胆储罐(V 型)。其中，I 型、II 型储氢气瓶重容比大，难以满足氢氧燃料电池汽车的储气密度要求，适合加氢站等固定式储氢。III 型、IV 型储氢气瓶因采用了纤维全缠绕结构，具有重容比小、单位质量储氢密度高等优点，适合氢氧燃料电池汽车。综合考虑压缩能耗、续航里程、基础设施建设、安全等因素，高压储氢气瓶的公称工作压力一般为 30~70 MPa(表 4.2)。

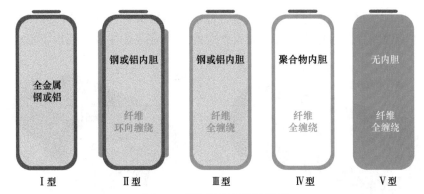

图 4.7 高压储氢气瓶的种类

表 4.2 不同类型储氢气瓶的性能对比

类型	Ⅰ型	Ⅱ型	Ⅲ型	Ⅳ型	Ⅴ型
材质	钢或铝	金属内胆(钢质) 纤维环向缠绕	金属内胆(钢/铝质) 纤维全缠绕	塑料内胆 纤维全缠绕	无内胆 纤维全缠绕
工作压力/MPa	17.5~20	26~30	30~70	30~70	研发中
介质相容性	有氢脆、 有腐蚀性	有氢脆、 有腐蚀性	有氢脆、 有腐蚀性	有氢脆、 有腐蚀性	
重容比/(kg·L⁻¹)	0.9~1.3	0.6~1.0	0.35~1.0	0.3~0.8	
使用寿命/a	15	15	20	20	
成本	低	中等	最高	高	
车载可否	否	否	是	是	
市场应用	加氢站等固定式储氢		氢氧燃料电池汽车		

随着氢氧燃料电池和电动汽车的迅速发展与产业化，Ⅳ型储氢气瓶因其质量轻、耐疲劳等特点正成为全世界的研究热点，日本、韩国、美国与挪威等国的Ⅳ型储氢气瓶均已量产，其他国家也有相关计划加大Ⅳ型储氢气瓶的研究力度。下面重点介绍Ⅳ型储氢气瓶。

Ⅳ型储氢气瓶的制造成本主要包括：复合材料、阀门、调节器、组装检查、氢气等，其中复合材料的成本占总成本的 75% 以上，而氢气本身的成本只占约 0.5%。储氢气瓶技术的发展趋势是轻量化、高压力、高储氢密度、长寿命，与传统的金属材料相比，高分子复合材料可以在保持相同耐压等级的同时减小储罐壁厚，提高容量和氢储存效率，降低长途运输过程中的能耗成本。因此，复合材料的性能和成本是Ⅳ型储氢气瓶制备的关键。

1. Ⅳ型储氢气瓶的结构及材料

Ⅳ型储氢气瓶由内至外包括内胆材料、过渡层、纤维缠绕层、外保护层、缓冲层。

氢气在高压下具有很强的渗透性，因此氢气储罐内胆材料要有良好的阻隔功能，以保证大部分气体能够储存于容器中。Ⅳ型储氢气瓶的结构(图 4.8)主要包括以下部分：

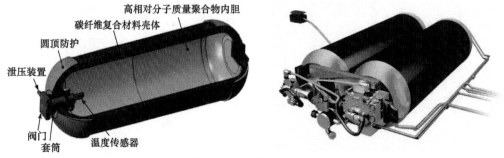

图 4.8   Ⅳ型储氢气瓶的结构

(1) 内胆：瓶壁总厚度为 20～30 mm，最内层与氢气直接接触的是阻气层，厚度为 2～3 mm，材料是聚酰胺类高分子，如尼龙 6(PA6)、尼龙 612(PA612)等，起阻隔氢气的作用。

(2) 中间层：是比较厚的耐压层，材料是碳纤维增强复合材料(CFRP)，由碳纤维和环氧树脂构成，在保证耐压等级的前提下，应尽量减小该层厚度以提高储氢效率。

(3) 表层：最外层是表面保护层，厚度为 2～3 mm，材料是玻璃纤维增强复合材料(GFRP)，由玻璃纤维和环氧树脂构成。

2. Ⅳ型储氢气瓶内胆的原材料及成型工艺

Ⅳ型储氢气瓶采用高分子材料作内胆(图 4.9)，采用碳纤维复合材料缠绕作为承力层，储氢质量比可达 6%以上，最高可达 7%，可以进一步降低成本。内胆是储氢气瓶的核心部件，起阻隔氢气的作用，其主要具有以下几个关键技术点。

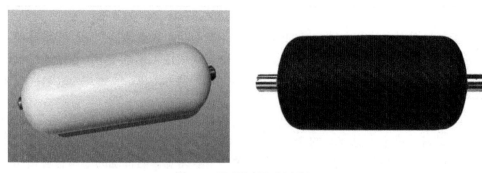

图 4.9   Ⅳ型储氢气瓶内胆

1) 耐氢气渗透性和耐热性

氢分子极易透过塑料内胆的壳体材料，选材时必须考虑原材料的氢气阻隔性能。此外，氢气在经过阀门的节流作用后，气体温度会升高，随后气体被压缩到气瓶工作压力，温度同样升高，内胆原材料需具备合适的氢气渗透性和耐热性。

PA6 树脂在防止氢气渗透方面具有优异的性能，并具有出色的机械性能，包括耐充填、排放氢气时储罐温度突然变化的耐久性及低温环境下的抗冲击性。可对 PA6 材料渗透性进行原材料级别的改性处理，并提高材料的软化温度至 180 ℃左右，以满足使用要求。

2) 良好的低温力学性能

为了避免加注温度过高对内胆原材料造成损伤，通常将气源进行冷却，一般冷却至 −40 ℃。当低温氢气充入气瓶内部，内胆在低温下将变硬变脆，易破裂，因此内胆原材料的低温力学性能显得尤为重要。

3) 良好的工艺性

在传统的铝内胆全缠绕储氢气瓶强度设计中，一般不考虑内胆承载，理论上储氢气瓶的内压完全由增强纤维承担。但事实上，储氢气瓶内胆在工作压力下始终处于拉应力状态，这是影响储氢气瓶疲劳寿命的关键。为同时满足储氢气瓶质量轻、耐疲劳性好的要求，选择合适的内胆形状与尺寸意义重大。Ⅳ型储氢气瓶内胆多采用 PA6、高密度聚乙烯(HDPE)及聚对苯二甲酸乙二醇酯(PET)等，对应的成型工艺主要为注塑、吹塑和滚塑成型。目前，日本丰田、韩国现代等生产的燃料电池汽车中采用的Ⅳ型储氢气瓶内胆成型工艺均为注塑成型。注塑成型是成本较低、应用较为广泛的内胆成型方式，同时须配合后续的焊接工序，才能成型内胆(图 4.10)。

图 4.10　Ⅳ型储氢气瓶内胆及成品

3. Ⅳ型储氢气瓶的树脂基体

碳纤维储氢气瓶树脂基体不仅需要满足储氢气瓶对力学强度和韧性的要求，同时由于在长期充气放气的使用环境中，基体容易产生疲劳损伤，因此需要高强韧、耐疲劳的树脂体系以保障储氢气瓶的使用寿命。湿法缠绕成型所用的树脂基体，除要满足相应性能需求外，还要求其在工作温度下具有较低的初始黏度及较长的适用期。Ⅳ型储氢气瓶复合材料层的树脂主要采用环氧树脂。环氧树脂是目前树脂基复合材料中常用的热固性树脂基体之一，具有黏结强度高、固化收缩率小、无小分子挥发物、工艺成型性好、耐热性好、化学稳定性好、成本低等优点，具有很大的改性空间，并且其来源广泛、价格合理，适用于湿法缠绕工艺。

1) 良好的力学性能

树脂在复合材料中的作用是固定纤维，并通过树脂与纤维之间的界面传递载荷，使纤维强度发挥至最大。要求树脂具有较高的韧性和强度，但这两者是矛盾的，因此相互间的平衡是树脂改性关键技术难点。

2) 良好的热稳定性

对于IV型储氢气瓶，需要使固化温度低于塑料内胆软化温度，以保护内胆结构。为了保证储氢气瓶在实际使用过程中完全处于安全状态，需要树脂的玻璃化转变温度高于105 ℃。一般来说，固化温度越低，固化后的玻璃化温度越低，这与保护塑料内胆结构稳定矛盾，需要对树脂进行相应的改性。

3) 良好的工艺性能

树脂适用期合适、黏度适中是树脂工艺性的重要表现。车载储氢气瓶的复合材料层厚度一般为 20~30 mm，缠绕时间较长，树脂适用期较短，会使树脂浸润性变差，影响复合材料性能。固化炉的加热方式是通过空气对流和热辐射对储氢气瓶进行加热，使其固化成型。如果黏度不合适，则树脂较难排出气泡，且热量由表面向内部传递，内外存在温度梯度，固化后会在表面形成气泡、内部形成孔隙等缺陷，甚至严重影响产品性能。

日本丰田汽车公司发明了一种减少储氢气瓶表面气泡的方法。用于储氢气瓶的树脂分为两种，一种是与碳纤维形成缠绕层的第一树脂，另一种是与玻璃纤维形成保护层的第二树脂。第二树脂的凝胶温度比第一树脂高，在第一树脂凝胶温度下，第二树脂的黏度比第一树脂低。因此，在碳纤维缠绕层固化过程中残留于树脂内部的气体从保护层向外排出，低黏度的树脂使其在固化前能够排出较多的气体，从而抑制储氢气瓶表面气泡的残留，改善表面性状(图 4.11)。

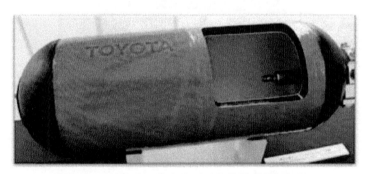

图 4.11　日本丰田汽车公司开发的IV型储氢气瓶

4. IV型储氢气瓶的纤维缠绕成型工艺

碳纤维缠绕成型工艺可分为湿法缠绕工艺和干法缠绕工艺。其中，湿法缠绕工艺由于成本较低、工艺性好，因此应用较为广泛。

干法缠绕工艺以经过预浸胶处理的预浸带为原料，在缠绕机上经加热软化至黏流态后缠绕到芯模上(图 4.12～图 4.14)。其优点主要有：①专业生产的预浸纱线/带可以保证严格控制纤维和树脂(精确至 2%以内)含量比例，产品质量好且稳定；②生产效率高，缠绕速度可达 100～200 m · min⁻¹；③缠绕设备及生产环境干净整洁、便于清理，缠绕机的使用寿命也更长。

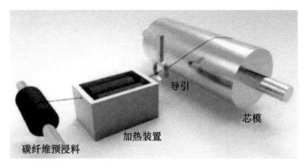

图 4.12　干法缠绕工艺流程图

图 4.13　干法缠绕工艺实物图

图 4.14　门型多轴缠绕设备

湿法缠绕工艺是将碳纤维丝束在特定浸胶装置中进行浸渍处理后，在张力控制下直接缠绕到芯模上，最后经过固化的成型方法(图 4.15、图 4.16)。其优点主要有：①生产成本较低，约比干法缠绕低 40%，涉及的工艺设备比较简单、设备投资小，且对原材料要求相对较低；②产品气密性好，在缠绕过程中，通过张力控制可以使多余的树脂胶液将气泡挤出，并填满空隙；③碳纤维表面浸渍的树脂胶液可有效减少纤维磨损；④纤维排列平行度好。

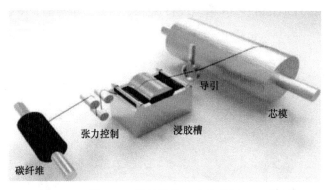

图 4.15　湿法缠绕工艺流程图

图 4.16　湿法缠绕工艺实物图

国际上较先进的六维缠绕技术能够很好地控制纤维走向，实现环向缠绕、螺旋缠绕及平面缠绕相结合。实际生产中多采用螺旋缠绕与环向缠绕相结合的方式，环向缠绕可消除储氢气瓶受内压而产生的环向应力，螺旋缠绕可提供纵向应力，提升储氢气瓶的整体性能。

纤维缠绕层的设计需要考虑纤维的各向异性，根据其结构要求，通常采用层板理论和网格理论计算容器封头、内胆、纤维缠绕层的应力分布情况，进而确定缠绕工艺中的张力选择与线型分布。通过环向缠绕与旋向缠绕交替进行实现多层次结构，选择适当纤维堆叠面积和纵向缠绕角度与旋向缠绕线型，不仅可满足强度要求，而且可使封头处合理铺覆。

1) 环向缠绕

环向缠绕是沿容器圆周方向进行的缠绕(图 4.17)。缠绕时芯模绕自己轴线做匀速运动，导丝头在平行于芯模轴线方向的筒身区间运动。芯模每转一周，导丝头移动距离为一个纱片宽，如此循环下去，直至芯模圆筒段表面均匀布满纱片为止。环向缠绕的特点是缠绕只能在筒身段进行，不能缠到封头上。邻近纱片间相接而不重叠，纤维的缠绕角通常为 85°～90°。

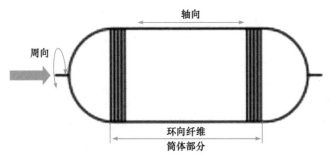

图 4.17　环向缠绕示意图

2) 螺旋缠绕

螺旋缠绕也称测地线缠绕。缠绕时芯模绕自己轴线匀速转动,导丝头按特定速度沿芯模轴线方向往复运动,这样就在芯模的筒身和封头上实现了螺旋缠绕,其缠绕角为12°~70°(图 4.18)。在螺旋缠绕中,纤维缠绕不仅在筒身段进行,而且在封头上也进行。其缠绕过程为纤维从容器一端的极孔圆周上某一点出发,先沿着封头曲面上与极孔圆相切的曲线绕过封头,并按螺旋线轨迹绕过圆筒段,进入另一端封头,再返回圆筒段,最后绕回开始缠绕的封头,如此循环下去,直至芯模表面均匀布满纤维为止。这样,就构成了双层纤维层。为保证缠绕后的储氢气瓶满足使用压力的要求,其缠绕方式一般选择环向缠绕和螺旋缠绕相结合的方式(图 4.19)。

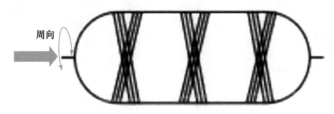

图 4.18　螺旋缠绕示意图

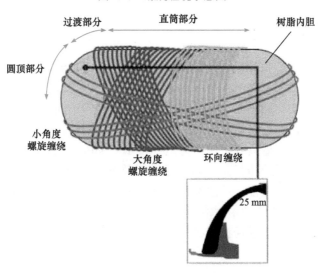

图 4.19　储氢气瓶缠绕方式

综上所述，Ⅳ型储氢气瓶的生产流程如图 4.20 和图 4.21 所示。可以看到高压储氢气瓶的生产过程主要包括：①内胆加工(将热塑性烯烃聚合物制成内胆)；②纤维缠绕成型；③检测、检验。

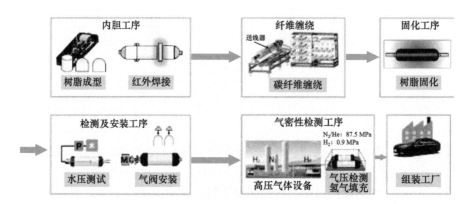

图 4.20　Ⅳ型储氢气瓶生产流程

图 4.21　Ⅳ型储氢气瓶生产线

5. Ⅴ型储氢气瓶的新挑战

全复合材料的无内胆储罐(Ⅴ型)是指不含任何内胆、完全采用复合材料加工而成的压力容器。长期以来，Ⅴ型储氢气瓶一直被认为是压力容器行业产品和技术的制高点。

与Ⅳ型储氢气瓶的树脂内胆、碳纤维增强复合材料的中间层及玻璃纤维增强复合材料的表层三层结构相比，Ⅴ型储氢气瓶是无内胆的两层结构，即碳纤维复合材料壳体及圆顶防护层。Ⅴ型储氢气瓶具有工作压力达 70～100 MPa、无氢脆、无腐蚀性、使用寿命达 30 年以上、成本中等等优点，也可用于航天及车载领域。Ⅴ型储氢气瓶的技术目前还在起步阶段，各行业都在密切关注Ⅴ型储氢气瓶的发展和机会。

Ⅴ型储氢气瓶芯模(图 4.22)由水溶性芯材分两部分铸造、黏合制成，壁厚 30 mm。内部有环形加强筋，有助于承受在纤维自动铺层过程中产生的扭转载荷和纤维固化过程中产生的压力。

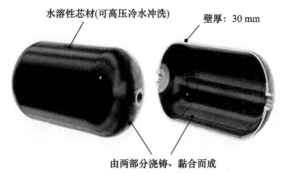

水溶性芯材(可高压冷水冲洗)   壁厚: 30 mm

由两部分浇铸、黏合而成

图 4.22   V 型储氢气瓶可溶性芯模

将预浸料精密切割成宽为 6.35 mm 的窄带，缠绕总长度为 22 000 m。缠绕过程使用专用软件控制螺旋缠绕和环向缠绕 24 层，厚度达 5.5 mm(图 4.23)。

图 4.23   V 型储氢气瓶缠绕设备

V 型储氢气瓶的研发除了需要与复合材料联系在一起，更需要与塑料加工制造工艺和塑料密封结构紧密地联系在一起。我国 V 型储氢气瓶相关技术仍处在不断发展的阶段，需努力完善相应技术理论，为今后 V 型储氢气瓶的研发打下坚实的基础。

4.2.3   高压氢气的运输

氢气运输常用三种方式：管道拖车、长输管道和冷槽车。低温液态氢气的运输一般采用绝热的冷槽车，为了维持低温环境，整个运输过程中能耗非常高，因而此方法主要应用于军事及航空航天领域。高压气态氢气的运输一般通过管道拖车和长输管道，管道拖车用于小规模短距离输送，长输管道适用于大规模长距离输送。其中，长输管道的设计压力为 2.5~4 MPa，管道拖车的运输压力高达 20~70 MPa。

目前国内多采用高压气态运输，高压氢气运输分为集装格和长管拖车两类。其中，集装格由多个体积为 40 L、压力为 15 MPa 的高压储氢气瓶组成，类似于氧气瓶，运输较为灵活，适用于需求量小的加氢站。图 4.24(a)是集装格运输车，图 4.24(b)是装有储氢气瓶的集装格,将多个集装格吊入集装格运输车进行运输。

(a)　　　　　　　　　　　　　(b)

图 4.24　集装格运输车(a)和集装格(b)

氢气长管拖车(图 4.25)结构为车头部分和拖车部分,前者提供动力,后者主要提供储存空间,由多个压力为 20 MPa、长约 10 m 的高压储氢气瓶组成,可充装约 3500 Nm³ 氢气,且拖车在到达加氢站后车头和拖车可分离,运输技术成熟、规范较完善,国内的加氢站目前多采用此类运输方式。

图 4.25　氢气长管拖车

高压气态氢、低温液态氢输送到用户需要通过加氢设施对用户进行加注。目前民用氢气主要在交通运输领域,如氢能源小汽车、氢能源大客车(公交车)、氢能源大货车等,氢气通过加氢设施对车辆进行加注。

1. 高压气态氢加注

加氢站氢气来源主要是高压气罐运输车及氢气输送管道。输入的氢气先进入站内一级高压氢气储罐缓存,压力约为 20 MPa。经过氢气压缩机压力达 70 MPa,利用换热器降温使氢气接近常温，注入二级高压氢气储罐储存，高压氢气通过氢气加注机向车辆加注(图 4.26)。

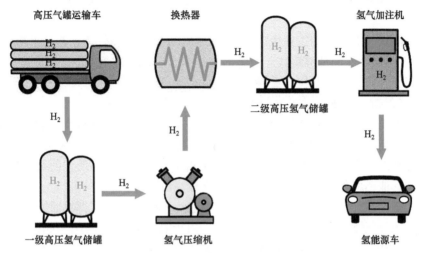

图 4.26　高压气态加氢站流程示意图

高压气罐运输车的氢气也可直接经过氢气压缩机，利用换热器降温后注入站内高压氢气储罐储存。如果是管道氢气，可直接输入氢气压缩机加压。

2. 低温液态氢加注

加氢站液氢来源主要是液氢槽车，液氢先输进站内液氢储罐缓存。液氢经过液氢压缩机加压，约为 70 MPa，利用蒸发器气化，注入高压氢气储罐储存，高压氢气通过氢气加注机向车辆加注(图 4.27)。液氢压缩机与蒸发器的组合称为液氢气化器。

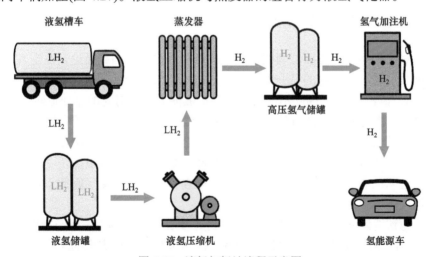

图 4.27　液氢加氢站流程示意图

液氢槽车可直接连接液氢压缩机，通过蒸发器气化，然后注入站内高压氢气储罐储存。

4.2.4　高压氢气的应用与安全

根据应用场景不同，高压储氢可分为固定式高压储氢、车载轻质高压储氢和运输用高压储氢。

固定式储氢气瓶：目前工业中广泛采用 20 MPa 钢制储氢气瓶，并且可与 45 MPa 钢制储氢气瓶、98 MPa 钢带缠绕式压力容器进行组合应用于加氢站。

车载储氢气瓶：目前我国车载储氢方式大多为 35 MPa 碳纤维缠绕Ⅲ型储氢气瓶，而 70 MPa 碳纤维缠绕Ⅲ型储氢气瓶也已逐渐用于国产汽车中。

运输用高压储氢气瓶：高压氢气的运输设备主要用于将氢气从产地运输到使用地或加氢站。管式拖车用旋压成型的大型高压储氢气瓶盛装氢气。

任何燃料的安全性都与其本身的性质密切相关。氢的特殊性质，使得氢的安全有不少特点。与其他燃料相比，氢气是一种安全性较高的气体。

氢气无毒，在开放的大气中很容易快速逃逸，不像汽油蒸气挥发后滞留在空气中不易疏散。高压氢气燃烧产生的火焰直喷上方。由于氢焰的辐射率小，只有汽油、空气火焰辐射率的 1/10，因此氢气火焰周围的温度并不高。氢气燃烧不产生烟雾，只生成水，不会污染环境。

氢的黏度最小，因此具有最大的泄漏速率。但氢还具有另一个特性，即极易扩散。氢的扩散系数是空气的 3.8 倍，微量的氢气泄漏可以在空气中很快稀释成安全的混合气。这是氢燃料的一大优点，因为燃料泄漏后不能马上消散是最危险的。氢的扩散系数是汽油的 12 倍，证明氢比汽油具有更高的安全性。

氢气的相对密度小、易向上逃逸，因此发生事故时氢气的影响范围小得多。与其他液化的气体燃料相比，液氢挥发快，有利于安全。将等量的液氢、甲烷和丙烷分别溅到地面上并蒸发，在相同的条件下，液氢的影响范围最小，大约是丙烷的 1/13、甲烷的 1/5。这也说明液氢的安全性比丙烷和甲烷好。当然，液氢的温度比液氮低得多，需要防止冻伤。

氢也有对安全不利的方面。例如，氢着火点能量很小，因此无论是在空气中还是在氧气中氢都很容易点燃。氢的另一个危险性是它与空气混合后的燃烧浓度极限的范围很宽(4%~75%，体积分数)，因此不能因为氢的扩散能力强而对氢的爆炸危险放松警惕。

氢气爆炸范围宽，起爆能量低，但并不意味着氢气比其他气体更危险。由于空气中可燃性气体的积累必定从低浓度开始，因此从安全性来讲，爆炸下限浓度比爆炸上限浓度更重要。丙烷的爆炸下限浓度比氢气低，因此丙烷比氢气更危险。

氢火焰是无色的，白天肉眼几乎看不到，但在夜里可以看见。因此，白天时要小心氢火焰灼伤人体。

氢能作为新能源领域的"明日之星"，已经逐步在全球范围内发展与推广。然而，安全性依然是氢能全生命周期的关键瓶颈问题，高压又是其中最突出的风险要素，容易引发氢气泄漏、扩散，甚至燃烧、爆炸等重大安全事故。

氢气比其他燃料或气体泄漏速率更快：在层流状态下，氢气的泄漏速率约为甲烷的 1.26 倍，而在高压下，氢气往往处于湍流状态，此时它的泄漏速率更快，约为甲烷的 2.83

倍。另外,氢气极易扩散,其在薄膜中的扩散速率约为甲烷的 3.8 倍。在非受限空间内,一旦发生意外泄漏,由于氢气密度比空气低,会迅速上浮并向四周扩散。而在受限空间,泄漏的氢气易在局部聚积,由于其高扩散性,能够快速形成危险的可燃性混合物。氢气的燃烧速度很快,在常温常压下,当燃空比为 1 时,氢气的燃烧速度可达 $2\,m\cdot s^{-1}$ 左右,而天然气的燃烧速度仅为 $0.4\,m\cdot s^{-1}$,因此氢气常作为燃料的添加剂以提升体系的层流燃烧速度。在空气中,氢气的燃烧范围很宽,一般为 4.1%~74.1%。另外,氢气的点火能极低,约为 0.02 mJ,约为汽油的 1/10。

此外,氢气还会引发特有的氢脆破坏。特别是在高压氢气系统中,随着压力增大,高强度钢材长期暴露在氢环境中很容易发生氢脆。一种解释是,氢气会在钢材表面解离为氢原子并渗入,在外应力作用下,氢聚集在钢内部造成应力集中,从而引发局部开裂。若管道或储罐出现了裂缝,高压氢气会迅速泄漏和扩散,一旦遇到点火源便会引发燃爆灾害。为了避免氢脆事故,应对氢能产业中相关的高压管道和储存、反应容器等进行合理的选材,或者加入特定的元素(如铬、钒等)降低其氢脆敏感性。

上述物化属性决定了氢气具有较高的安全风险。在氢能利用全生命周期的不同环节,氢气可能引发的事故类型与其自身状态和所处环境紧密相关。

为了保证氢气使用安全,用氢场所的氢气浓度检测非常重要。随着现代科学技术的发展,已经可以做到氢气浓度快速检测。探测器的尺寸很小,安装和使用都很方便。在很短的时间内,氢气探测器可以将氢气浓度的信息传送到中央处理器,当达到危险浓度时,就自动报警并采取相应的措施,确保安全。

氢气着火存在一定的前提条件,首先要有火源,如热点火源和电点火源,静电和气体摩擦、冲波等也不能排除在外;其次是氢气与空气或氧气的混合物浓度有一定要求,过高或过低都不行。这两个条件缺少其一,都不会造成事故。在实际应用中,通过严格的管理和认真执行安全操作规程,绝大部分事故都是可以避免的。

4.3 物理吸附储氢

4.3.1 物理吸附储氢原理

气体分子在固体表面上发生的滞留现象称为气体在固体表面的吸附。被吸附的物质通常称为吸附质,能有效地吸附吸附质的固体物质称为吸附剂。固体实际表面是粗糙的,其几何形状不规则,微观原子的排列会出现弯曲、阶梯和平台,存在凹凸不平的谷峰和裂缝。固体表面复杂的结构会引起表面力场的变化,其表面性质也会发生变化。此外,由于固体表面的组成与体相内部的组成不同,降低了对称性,因此原子在表面的排列总是趋向于能量最低的稳定状态。为了达到这种稳定状态,表面会吸附外来的原子或分子。固体表面的吸附是固体表面的力场与被吸附粒子的力场间发生相互作用的结果,根据产生吸附的力场不同,可将其分为化学吸附与物理吸附。吸附分子与固体表面间发生化学作用,即它们之间有电子交换、转移或共有,从而引起原子的重排、化学键的形成或破坏,此时发生的即为化学吸附。当吸附力是物理性的,吸附分子和固体表面组成均不会改变，主要是范德华(van der Waals)力，此时发生的即为物理吸附。在吸附过程中，气体分子移向固体表面，其分子运动速度会大大降低，因此释放出热量，称为吸附热。

气体吸附现象的特征是固体表面气体密度的增加。在体相内，吸附相的密度 ρ_x 为 0，在吸附剂的表面及以外，ρ_x 是 r 的函数，r 为离开表面的距离，在远离表面的地方，ρ_x 等于气体的密度 ρ_g。当气体分子掠过固体表面且受到固体表面的范德华力作用时会发生物理吸附现象，临时脱离气相，气体分子在表面形成这种凝结相会保持一段时间，然后恢复到气相。这种凝结相的持续时间依赖于吸附表面和吸附气体的本质特性、撞击表面的气体分子数及其动能等因素。

吸附质在吸附剂上的吸附量由温度和压力决定，即吸附量 q 是温度 T 和压力 p 的函数。在吸附过程中，当温度恒定不变时，吸附量 q 仅受压力 p 的影响，即

$$q = f(p)$$

上式称为吸附等温式，根据上式做出的吸附量随压力变化的曲线称为吸附等温线。吸附等温线可以提供分析气体的吸附热、吸附剂的孔结构及其表面特征信息。根据国际纯粹与应用化学联合会(IUPAC)分类，按照吸附剂孔径的不同可分为三种：尺寸小于 2 nm 的为微孔；尺寸大于 50 nm 的为大孔；尺寸为 2～50 nm 的为中孔或介孔。常见的吸附等温线有如下六种类型(根据 IUPAC 1985 年标准)，如图 4.28 所示。

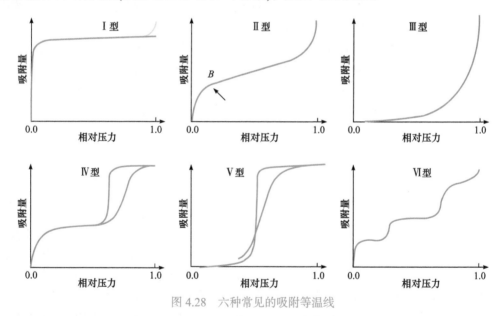

图 4.28   六种常见的吸附等温线

Ⅰ型吸附等温线在低压范围内向相对压力(p/p_0)轴弯曲，吸附量随压力增大迅速增加。随着吸附量和压力逐渐增大，吸附量的增加速率逐渐减小。在高压区，吸附达到平衡，等温吸附线呈水平或接近水平状，此时对应的吸附过程为表面单分子层吸附。当达到饱和压力时，可能出现吸附质的凝聚，导致曲线上扬。气体在理想的均匀表面上的吸附过程可以用该等温线描述。化学吸附或气体的单分子层吸附可以得到Ⅰ型等温线，气

体在微孔吸附剂(活性炭、分子筛)上的吸附等温线也呈现Ⅰ型。

Ⅱ型吸附等温线和Ⅲ型吸附等温线均对应非孔或大孔固体的吸附。由Ⅱ型吸附等温线可以看出，气体首先是单分子层吸附，当单层吸附结束时，在等温线中出现拐点 B，然后开始多分子层吸附。当 $p/p_0 = 1$ 时，还没有形成平台，吸附还没有达到饱和。Ⅲ型吸附等温线不存在 B 点，因此没有可识别的单分子层形成，对应气固相互作用较弱的多层吸附，吸附分子在表面上引力最强的部位周边聚集。

Ⅳ型吸附等温线和Ⅴ型吸附等温线的明显特征是它们均具有迟滞回线，这是由吸附过程和脱附过程的作用机理不同引起的。Ⅳ型吸附等温线对应介孔固体的吸附，介孔的吸附特性是由吸附剂-吸附质的相互作用及在凝聚状态下分子之间的相互作用决定的。在介孔中，介孔壁上最初发生的单层-多层吸附与Ⅱ型吸附等温线的相应部分是相同的，但是随后在孔道中发生了凝聚。典型的Ⅳ型吸附等温线特征是形成最终吸附饱和的平台，根据吸附剂的不同，其平台长度是任意的，可长可短，甚至有时短到仅有拐点。Ⅱ型吸附等温线对应的多层吸附受到空间的限制时就会出现该类等温线。Ⅴ型吸附等温线与Ⅲ型吸附等温线一样，也对应吸附作用较弱的多层吸附，当多层吸附达到一定的限度时就会出现气体凝聚现象。由于吸附剂-吸附气体之间的相互作用相对较弱，在更高的相对压力下存在一个拐点，这表明成簇的分子填充了孔道，发生了凝聚现象。

Ⅵ型吸附等温线比较罕见，其特征是出现多层台阶。这些台阶的产生是由于吸附质在高度均匀的无孔表面的依次多层吸附，即吸附剂表面的一层吸附结束后再吸附下一层。台阶高度表示各吸附层的容量，而台阶的锐度取决于吸附质与吸附剂间相互作用和系统温度。

朗缪尔(Langmuir)吸附等温式是最常见的理想吸附公式，表示均匀固体表面的单分子层吸附，并且被吸附的气体分子之间没有相互作用。气体在固体表面上的吸附是气体分子在吸附剂表面聚集和逸出两种相反过程达到动态平衡的结果。

朗缪尔方程采用的模型假设吸附剂表面上吸附位点分布均匀且吸附能力相同。当达到平衡时，每个吸附位点和一个气体分子结合形成吸附相，则吸附速率与气体压力和空白吸附点的密度成正比，脱附速率与吸附点的密度成正比：

$$r_{ads} = k_{ads}p(1-\theta)$$

$$r_{des} = k_{des}\theta$$

式中，θ 为表面覆盖率；p 为气体压力；r_{ads} 为吸附速率；r_{des} 为脱附速率，当达到平衡时吸附速率和脱附速率相同，可得

$$k_{ads}p(1-\theta) = k_{des}\theta$$

即

$$\theta = \frac{\dfrac{k_{ads}}{k_{des}}p}{1 + \dfrac{k_{ads}}{k_{des}}p}$$

令 $k = \dfrac{k_{ads}}{k_{des}}$，得

$$\theta = \frac{kp}{1+kp}$$

上式即为朗缪尔吸附等温式。其中，k 为朗缪尔平衡常数，与吸附剂和吸附质的性质及温度有关，其值越大，表示吸附剂的吸附性能越强。

实际气体在固体表面的吸附并不是严格的单层吸附，而是多层吸附。布鲁诺尔(Brunauer)、埃梅特(Emmett)和泰勒(Teller)三人共同提出了多分子层吸附理论，即 BET 吸附等温式。该理论是在朗缪尔吸附理论基础上建立的，其认为当气体分子在固体吸附剂表面形成第一层吸附后，在该分子层上还会相继形成第二层、第三层乃至更多层的吸附。当吸附达到平衡后，气体的总吸附量(V)等于各层吸附量之和，其表达式为

$$V = V_m \frac{Cp}{(p_s - p)\left[1 + (C-1)\dfrac{p}{p_s}\right]}$$

式中，V 为在平衡压力 p 下的吸附量；V_m 为在固体表面理想的总吸附量；p_s 为实验温度下气体的饱和蒸气压；C 为与吸附热有关的常数；$\dfrac{p}{p_s}$ 为吸附比压。BET 吸附理论适用于无孔或含有中孔的固体。

氢分子间的相互作用很弱，它在均匀表面的吸附能较好地满足朗缪尔吸附理论条件，可近似采用朗缪尔吸附等温式分析最佳氢气物理吸附条件。在初始压力 p_1 时吸附达到平衡，在等温条件下当压力增大到 p 时增加的吸附量(表面覆盖率的增加量)为

$$\Delta\theta = \frac{kp}{1+kp} - \frac{kp_1}{1+kp_1}$$

对于氢气在吸附剂上的吸附，这就是压力从 p 降到 p_1 时释放的氢气量。在等温条件下 k 是常数，要得到最大的储存/释放量，必须选择合适的储存材料以提供合适的平衡常数：

$$k_{opt} = \frac{1}{\sqrt{p_1 p}}$$

图 4.29 显示了不同压力下的最佳平衡常数对应的等温吸附线。可以看出，若 k 值较大，虽然在低压范围内增加压力时吸附量迅速增大，但脱附后压力为 p_1 时吸附剂表面仍然会残留大量的氢分子，并不能得到很大的吸附/释放量。若 k 值太小，则吸附量随压力的增加非常缓慢，只有当压力很大时才能得到较大的吸附/释放量。储存压力对储氢性能有很重要的影响，当储存压力较小时，难以得到较大的释放量；当储存压力较大时，增大压力对 $\Delta\theta$ 的增加较为有限。

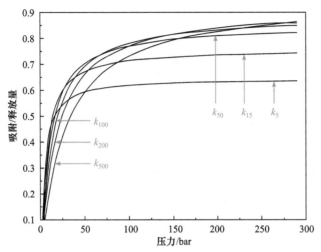

图 4.29　不同压力下的最佳平衡常数对应的吸附等温线

压力 p_1 为 1.5 bar，p 为 5 bar、15 bar、50 bar、100 bar、200 bar、500 bar

物理吸附储氢是依靠范德华力将氢气吸附在材料表面，吸附过程没有氢分子的解离，是一种纯物理过程，因此物理吸附储氢安全性好且储存效率高。具有大比表面积、孔洞丰富且轻质的材料是合适的物理吸附储氢材料，常用的包括碳基材料及其衍生物、沸石(分子筛)、金属有机骨架(MOF)化合物、共价有机骨架(COF)等。

4.3.2　分子筛储氢

沸石是一类水合结晶的硅铝酸盐，其骨架结构主要由硅和铝的四面体(SiO_4 和 AlO_4)在三维空间共用氧原子结合而成。这种结构可形成孔径为 0.3～1.0 nm 的微孔洞，选择性地吸附大小及形状不同的分子，因此沸石又称为分子筛。分子筛作为一种无机三维结构的晶体物质，其结构通式为

$$M_{x/n}^{n+}[(AlO_2^-)_x(SiO_2)_y] \cdot wH_2O$$

式中，M 为阳离子(金属离子或 H^+)；n 为阳离子价态；x、y 分别为每个晶胞中对应铝、硅四面体的个数，通常用 y/x 代表相应的硅铝比；w 为晶胞中水分子的个数。

根据孔径的大小，分子筛可分为大孔分子筛(孔径大于 50 nm)、介孔分子筛(孔径为 2.0～50 nm)和微孔分子筛(孔径小于 2.0 nm)。按照硅铝比的差异，分子筛还可以分为低硅型(y/x 为 2～4，如 A 型)、中硅型(y/x 为 4～10，如 X、Y 型)、高硅型($y/x>10$，如 ZSM-5)及全硅型(silicalite-1 型)分子筛。分子筛的结构是由铝、硅四面体基本结构单元(basic building unit，BBU)通过两个 BBU 共用氧原子连接而成。分子筛的骨架极其复杂，很难通过逐个 BBU 搭建起来，实际是由 BBU 组成的次级结构单元(secondary building unit，SBU)逐渐搭建成完整的孔道结构。图 4.30 展示了四种常见的分子筛的基本结构及各自的次级结构单元，可以看出分子筛的孔道构型主要有三种类型：①笼状结构，如八面沸石(faujasite)分子筛，含有彼此相连的大体积空腔；②平行孔道结构，如 ZSM-12 分子筛，主要含有相同尺寸的平行孔道；③交叉孔道结构，如 ZSM-5 分子筛，含有两套互相交叉的孔道。此外，Theta-1 型也是最常见的分子筛结构之一，其特征为十元环构成的一维平行孔道。

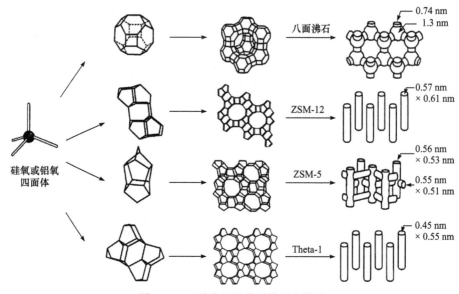

图 4.30 四种常见的分子筛基本结构

分子筛的储氢能力主要取决于其微孔结构,而分子筛的微孔结构通常与其化学组成、骨架结构及其所含的阳离子有密切的关系。沸石材料制备工艺成熟、价格低廉、热稳定性和化学稳定性高、孔道结构规整、比表面积高,且孔结构和孔表面化学成分可控性好。若想提高沸石的质量储氢量,沸石中的重金属离子是不利因素。

4.3.3 碳材料储氢

碳材料具有比表面积大、孔洞丰富且轻质的特点,是合适的备选储氢材料。碳材料的比表面积和孔体积是影响氢气吸附性能最主要的因素。比表面积是单位体积的吸附剂的氢气储存量的决定因素,孔体积决定储存装置中吸附剂的填充密度。从宏观结构来看,两者是矛盾的,在储存装置中装填吸附剂时,要将两者综合考虑,既要保证氢气吸附量足够高,又要设法使吸附剂填充密度足够大。从微观结构来看,决定吸附性能优劣最根本的因素在于其孔径分布情况,尤其是微孔的孔径和孔容,这是储氢碳材料的核心性能。一些碳材料,如活性炭(AC)、石墨纳米纤维(GNF)、碳纳米纤维(CNF)、碳纳米管(CNT)、富勒烯及石墨烯等(图 4.31),对氢气的吸附量较高,可作为氢气储存材料。

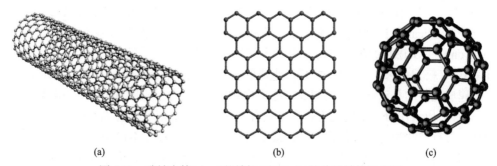

(a)　　　　　　　　　　(b)　　　　　　　　　　(c)

图 4.31 碳纳米管(a)、石墨烯(b)和 C_{60}(c)的分子结构示意图

AC 具有高比表面积，主要利用其高比表面积和高微孔容积对氢气的物理吸附作用实现氢气储存。而可逆的物理吸附作用使得 AC 能够保持长的使用寿命。此外，对基于物理吸附原理的储氢手段来说，氢气的储量还与温度和压力有关，一般温度越低，压力越高，材料储氢量越大。高比表面积的 AC222 易于大规模生产，但储氢性能受使用温度影响较大。如何拓宽 AC 的储氢温度适用范围，从而实现 AC 储氢的大规模应用，是当前亟待解决的问题。

GNF 是一维石墨材料，通过金属颗粒催化含碳化合物分解产生，长度为 $10\sim100\ \mu m$，表面形貌丰富，主要有薄片状、管状、带状、棱柱状和鱼骨状。长度、直径、质量及结构等决定了 GNF 的储氢能力，目前其储氢量为 $1\%\sim1.5\%$。

CNF 是由多层石墨片卷曲成的一维碳纳米材料，长度一般为 $0.5\sim100\ \mu m$，直径为 $10\sim500\ nm$。CNF 的储氢优势在于其内部存在大量氢气吸附位点：CNF 有大的比表面积，氢气可被吸附在其表面；CNF 层间距较大，大量的氢气分子可进入层与层之间的孔隙。因此，CNF 具有很高的储氢量。CNF 的储氢量与纤维的直径及质量都有很大关系，直径越小，质量越大，CNF 的储氢量越高。但目前 CNF 的生产还处于实验室阶段，生产成本高，尚不能满足工业化生产的需要。CNF 储氢机理还不明确，目前人们比较认可的机理是：裸露在边缘的石墨片层对氢气分子具有物理吸附作用，当通过物理吸附作用而聚集起来的氢气达到一定浓度后，部分氢气分子通过扩散进入碳纳米纤维的石墨层间，与石墨片层的离域电子间发生强相互作用。在氢气吸附过程中，碳纳米纤维的石墨片层晶格膨胀，使石墨片具有流动特性，从而在移动的缝壁上产生多层吸附。

CNT 是由石墨烯片卷曲成的一维碳纳米材料，其径向尺寸为纳米级，轴向尺寸为微米级，主要由呈六边形排列的碳原子构成。根据石墨烯片层数量，CNT 可分为单壁 CNT 和多壁 CNT，均具有非常大的比表面积。一般单壁 CNT 化学惰性较高，表面携带的官能团较少，而多壁 CNT 携带大量表面基团，化学活性较高。CNT 储氢机理比较复杂，大体可分为物理储氢和化学储氢，物理储氢是利用氢气分子与碳纳米管表面的分子发生相互作用，进行物理吸附。而化学储氢一般认为 CNT 在吸附过程中发生电子态的变化及量子效应。

富勒烯是金刚石和石墨的同素异形体，以 C_{60} 最为稳定，其是由 12 个五边形和 20 个六边形组成的笼状结构，具有芳香性和极高的对称性，可以通过吸收大量氢气实现氢气的储存。当加氢之后，富勒烯中的碳碳双键变为碳碳单键，导致富勒烯的结构发生变化。理论上，C_{60} 中可以储存 30 个 H_2，储氢量达到 7.7%。

富勒烯储氢方式分为笼外储氢和笼内储氢。笼外储氢的方式有氢转移、金属氢化物还原、自由基加氢、电化学氢化、金属催化氢化及高压氢化等。其中，金属催化氢化法可以大量合成 $C_{60}H_x$，且反应条件温和、产物容易分离提纯，因而受到广泛关注。笼内储氢主要包括开笼富勒烯氢包含物储氢和闭笼富勒烯氢包含物储氢两种方式。富勒烯储氢作为一种新型储氢方式，具有广阔的应用前景。目前，研究的方向主要是开发新的储氢反应，探索其机理及对富勒烯进行功能化处理以提高富勒烯的储氢性能等。

石墨烯是厚度为一个碳原子的单层石墨，具有质量轻、比表面积大和稳定性高等特点，近年来在储氢领域研究较多。石墨烯储氢原理主要有以下两种：

(1) 利用石墨烯大的比表面积，对氢气分子进行物理吸附。未经掺杂的纯石墨烯与氢气分子结合能较低，导致石墨烯仅能在极低温度下储存氢气。目前，石墨烯储氢的研究主要是通过调控石墨烯的层间距实现对氢气的最佳吸附，旨在提高材料的储氢密度。此外，将石墨烯掺杂其他元素可以对石墨烯进行改性，掺杂元素主要是碱金属、碱土金属及过渡金属元素等。石墨烯经过掺杂改性后，对氢气的储存能力得到提升。

(2) 以石墨烯为媒介，将氢能转化为其他形式的能量实现氢气的储存，是一种化学储氢方式。例如，根据石墨烯材料自身结构的特点和优异的电化学性能，可以通过电化学的方法将氢能转化储存，实现电化学储氢。

4.3.4 MOF 储氢

金属有机骨架(MOF)又称多孔配位聚合物(porous coordination polymer，PCP)，是以金属离子或团簇作为中心节点，有机分子作为配体，利用配位作用自组装成的一类具有周期性多孔网络结构的晶体材料。由于金属中心节点具有很大的可选择性及有机配体的多样性和可修饰性，MOF 材料的种类得到广泛研究和发展，其通常具有多孔、大比表面积和多金属位点等特性。

MOF 储氢是指氢气分子通过范德华力吸附在 MOF 表面，描述 MOF 储氢量的参数有超额吸附量和绝对吸附量。超额吸附量是指实验中直接测得的 MOF 的储氢量，是 MOF 表面与氢气分子间相互作用使氢气密度增加而引起的吸附量。MOF 中所有可达孔体积内存在的氢气的量称为绝对吸附量。超额吸附量仅为 MOF 储氢量的一部分，不能完整表达其储氢能力，而绝对吸附量是 MOF 的实际储氢量。因此，在实际应用中提到的 MOF 储氢量，除有特殊说明外，一般为 MOF 的绝对吸附量。

MOF 储氢技术是利用 MOF 中的金属原子与氢气分子之间强的吸附力储存氢气，由于 MOF 材料具有有序性，氢气可以有效进入 MOF 孔道内部。通过改变连接的有机配体能够调节孔径大小，从而调节 MOF 的比表面积和对氢气分子的吸附量等。吸附氢气的理想孔径应是微孔级别，最佳孔径为 0.6～0.7 nm。在此最佳孔径下，氢气分子与 MOF 孔的吸附作用较强。但是，MOF 储氢还存在一定的缺点，如 MOF 结构易坍塌、热稳定性不足及 MOF 材料浸入溶剂易溶解等，而且 MOF 材料的储氢量受人为操作影响较大。MOF-5 是一种典型的 MOF 材料，是由四个 Zn^{2+} 和一个 O^{2-} 形成的 $[Zn_4O]^{6+}$ 金属节点与对苯二甲酸根通过八面体的形式连接而成的具有微孔结构的三维立体框架，如图 4.32(a)所示。它具有孔道结构均一、孔比表面积大的特点，在 78 K 和 298 K 的条件下均有储氢性能。MOF 材料的比表面积和孔径、金属位点、配体官能团等影响其对氢气的吸附量。高比表面积设计、增加不饱和金属位点、有机配体功能化等策略可以改善 MOF 材料的结构，进一步提高 MOF 材料的氢气储存量。理想的 MOF 材料应具有大的比表面积和孔体积及适当的孔径，与之对应具有体积和质量储氢量大、动力学快、热力学良好、解吸温度低、可逆性好的储氢特性。

一些具有开放金属位点(open mental site，OMS)的 MOF 由于表面具有暴露的电荷，能够与氢气产生较强的相互作用，在储氢应用上有独特的优势，具有很好的开发前景。如图 4.32(b)所示的 Ni_2(m-dodbc) MOF，其单位 OMS 晶胞体积(V_{OMS})为 0.22 nm³，在 298 K

温度下、5～100 bar 的压力变化范围内可实现 11.9 g·L^{-1} 的氢气储存量。

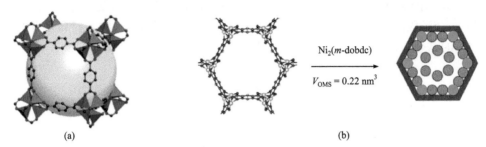

(a)　　　　　　　　　　　　　　　(b)

图 4.32　MOF-5 的晶体结构示意图(a)和具有开放金属位点的 Ni$_2$(*m*-dobdc)MOF 储氢示意图(b)

(a)中的球体代表在不接触孔壁的情况下孔穴内容纳的最大范德华球

4.3.5　COF 储氢

共价有机骨架(COF)材料是一类由轻质元素(C、O、N、B 等)通过共价键连接的有机多孔晶态材料,在其延展结构中通过强共价键结合形成二维或三维的多孔结构(图 4.33),是继金属有机骨架(MOF)材料之后又一重要的三维有序材料。COF 材料具有骨架密度低、比表面积大、热稳定性高、化学稳定性高、孔径和结构可调等独特的优点,特别是构成它的元素为轻质元素,使其具有优越的质量吸附能力。

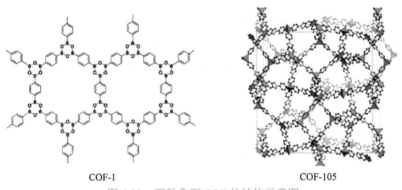

COF-1　　　　　　　　　　　　　　COF-105

图 4.33　两种典型 COF 的结构示意图

COF 材料的储氢性能主要与其比表面积、孔体积及与氢气的相互作用有关。在相同的测试条件下,具有高比表面积和大孔道的 COF 材料通常具有高的氢气吸附能力;同时,具有较高孔容的 COF 材料,其储氢能力一般也较高。

COF 的比表面积基本都超过 1000 m^2·g^{-1},一些 COF 的比表面积可达 4000 m^2·g^{-1} 以上。由于结构中不含金属元素,与 MOF 材料相比,COF 的密度较低。与 MOF 相似,COF 结构同样具备可调控性,可以通过变换母体调节其晶体结构。其气体吸附机理多为物理吸附,可以安全、快速地吸附和脱附氢气。由于配体间的强共价键连接,COF 有很高的热稳定性,多数 COF 的热分解温度超过 500 ℃。COF 空间结构主要有二维和三维。二维 COF,如 COF-1、COF-6、COF-10 等,具有二维骨架结构和一维孔道;三维 COF 是指具有三维骨架结构和三维孔道的共价有机化合物,常见的有 COF-102、COF-103、

COF-105 等。

COF 材料的储氢机理以物理吸附为主,仅在低温下才能较好地发挥其储氢性能,在常温条件下储氢能力有待提高。改善其常温下储氢性能的根本方法在于提高孔吸附材料与氢之间的结合能,如在孔表面引入带电荷的物种。

4.4　化合物储氢

4.4.1　化学储氢原理

化学储氢是现阶段最具前景的储氢方式。与传统的物理吸附储氢相比,化学储氢的原理是氢气分子解离成氢原子,扩散到储氢材料内部后通过化学键与储氢材料发生化学反应,在特定的条件下生成氢化物,当周围的环境(氢压、温度等)发生变化时,氢化物又分解释放出氢气,因此可以可逆地吸收和释放氢气。化学储氢材料主要包括金属氢化物、金属配位氢化物、氨硼烷化合物。化学储氢技术具有储氢密度高、安全可靠、种类多样等优势,因此成为氢能储存领域的研究关注点。在常温下,由于氢原子与储氢材料之间以化学键相连,它的释放温度较高。因此,化学储氢技术的难点是要兼顾储氢能力、储氢材料的热力学性能和动力学性能。

4.4.2　金属氢化物储氢

金属氢化物是一元或多元金属与氢结合形成化学键的化合物。金属氢化物具有储氢量高、安全性好、能够可逆吸放氢气的优点,成为当下研究的热点。

1. 金属氢化物吸、放氢过程

图 4.34 为金属氢化物吸、放氢机理示意图。金属氢化物吸氢的过程可以分为以下步骤:

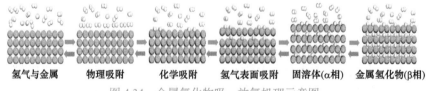

氢气与金属　　物理吸附　　化学吸附　　氢气表面吸附　　固溶体(α相)　　金属氢化物(β相)

图 4.34　金属氢化物吸、放氢机理示意图

(1) 当氢气与金属表面接触时,氢气和金属间的相互作用力较弱,导致氢气在金属表面发生物理吸附。

(2) 当氢压力增加时,氢气分子间的距离减小,分子数量增加,氢气被化学吸附到金属层中。在金属原子的作用下,氢气分子的共价键解离,氢原子从金属表面扩散到金属内部。

(3) 氢原子在金属晶体的空隙处形成 α 相固溶体 MH_x,当氢压力增加时,氢原子不断进入金属的空隙中。

(4) 当氢原子进入固溶体后，氢原子逐渐饱和，剩余的氢原子与固溶体发生反应，形成 β 相金属氢化物 MH_y，并在此过程中产生溶解热。

随着温度升高或氢气压力下降，氢原子之间相互结合，从金属结构中以氢气分子脱出。放氢过程则是吸氢过程的逆过程。在金属氢化物的吸氢过程中，第(3)步氢气进入金属晶体内部是决速步骤。氢原子的扩散速率主要依赖于金属表面的氧化物的厚度和致密性、体系的颗粒尺寸及氢原子在金属氢化物中的扩散系数。氢气在金属表面的吸附和解离速率与金属表面的催化活性有关。

常用 PCI (pressure composition isotherm，压力-组成等温线)曲线分析氢气在放氢时的氢含量与氢压之间的关系。图 4.35 为金属氢化物吸、放氢 PCI 曲线。横坐标代表金属氢化物的氢含量，纵坐标代表该体系的氢压。PCI 曲线可以反映储氢能力、平衡氢压、平台斜率、滞后等重要指标。

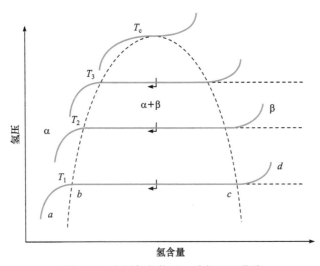

图 4.35　金属氢化物吸、放氢 PCI 曲线

由图 4.35 可知，在不改变温度的情况下，随着氢压不断上升，在氢化过程中，先生成亚稳态 α 相固溶体 MH_x。随着氢气浓度的增加，更多的氢原子吸附到金属中，α 相固溶体对氢原子的吸收也越来越多，逐渐趋于饱和。这一步骤为 PCI 曲线的平台区起始升高部分。在固溶体达到一定程度后，剩余氢原子与 α 相发生反应，形成 β 相，PCI 曲线进入平台区。在此平台区中，氢原子、α 相固溶体、β 相金属氢化物同时存在。在这个共存状态下的氢压为吸氢反应的平衡压力。当氢浓度明显升高，这一区段的氢含量是该温度下金属氢化物的有效储氢能力，平台区宽度由材料的可逆储氢能力决定。在实际生产中，可以调节体系在这一阶段的温度和压力，从而实现对氢的吸收和释放。在 PCI 曲线的平台区末端，所有的 α 相向 β 相转变，此时若进一步提高氢压，β 相中的氢含量只有小幅度增加。

2. 金属氢化物分类及研究现状

金属氢化物按照基体的金属类型分为四大类：稀土基、锆基、钛基和镁基储氢材料。

(1) 稀土基储氢材料通式为 AB_5。A 代表一种或多种稀土元素，B 主要由过渡金属(Ni、Mn、Co、Al 等)组成。在这些稀土基储氢材料中，最有发展潜力的是 $LaNi_5$，其具有 $CaCu_5$ 六方晶体结构(图 4.36)。它的储氢量约为 1.37%，25 ℃时，其分解压力为 0.2 MPa，脱氢焓为 30.1 kJ·$(mol H_2)^{-1}$。室温下，$LaNi_5$ 容易被氢化，生成六方晶格结构的 $LaNi_5H_6$。氢化反应表示如下：

$$LaNi_5 + 3H_2 \longrightarrow LaNi_5H_6$$

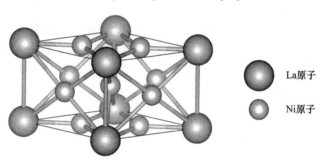

La原子

Ni原子

图 4.36　$LaNi_5$ 的晶体结构

以 $LaNi_5$ 作为负极材料、$Ni(OH)_2$ 作为正极材料的镍氢电池，其理论电化学容量为 372 mA·h·g^{-1}。镍氢电池在电池、热泵、空调器等方面都有很好的应用前景。$LaNi_5$ 的特点是易活化、不易中毒、滞后小、平衡压力适中、室温下能实现吸放氢等优良的吸放动力学。但 $LaNi_5$ 在吸氢后，由于晶胞体积膨胀过快，在充放电过程中会产生明显的变形，使材料的比表面积急剧增加，容量急剧下降。

(2) 锆基储氢材料通式为 AB_2，最有代表性的是 ZrV_2，属于拉弗斯(Laves)相结构，其储氢量为 3.0%，优点是氢化反应快、没有滞后效应、活化性能好。然而，这类材料的生成焓大，吸放氢平台压太低且价格昂贵，因此离实际应用还有一定的距离。

(3) 钛基储氢材料通式为 AB_2 和 AB。AB_2 型主要包括 $TiCu_2$、$TiNi_2$、$TiMn_2$ 等，AB 型主要是指 $TiFe$，具有 $CsCl$ 型结构。$TiFe$ 的储氢量为 1.85%，吸放氢速度较快，原料成本较低，具有可逆性吸放氢性能，是一种适合现代应用的新型储氢材料。但它也有明显的缺点，即在吸收和释放氢气时容易形成 TiO_2 氧化层，从而抑制氢气的进一步反应，使 $TiFe$ 材料难以活化。

(4) 镁基储氢材料通式为 A_2B，主要代表是 Mg_2Ni、Mg-Cu、Mg-Co、Mg-Fe、Mg-Al，具有密排六方晶系结构。其中，过渡金属 Ni 被认为是镁基储氢材料最有效的合金化元素。Mg-Ni 是目前研究最多、应用最广泛的一种储氢合金，其储氢量相较于稀土基、锆基、钛基储氢材料有大幅提升，为 3.6%。它的氢化反应为

$$Mg_2Ni + 0.15H_2 \rightleftharpoons Mg_2NiH_{0.3}$$

$$Mg_2NiH_{0.3} + 1.85H_2 \rightleftharpoons Mg_2NiH_4$$

Mg_2NiH_4 在 1 atm、200 ℃时即可发生氢化反应，当温度低于 240 ℃时，其脱氢焓只有 65 kJ·mol^{-1}。Mg_2FeH_6 的理论储氢量为 5.5%，但具有较高的脱氢焓(95 kJ·mol^{-1})。近年来，镁基储氢材料因其价格低廉、释放氢气纯度高、资源丰富、密度小等优点而成为

目前国内外研究的热点。

在储氢合金中，轻质金属氢化物的储氢量相对较高，主要是指 LiH、MgH$_2$、AlH$_3$ 等(图 4.37)。它们的质量储氢密度均大于 7%。表 4.3 列出了典型金属氢化物的热力学性质和储氢量。从表中可以看出，LiH 的理论储氢量最大，但是其脱氢焓和脱氢温度极高(820 ℃)；AlH$_3$ 的脱氢焓虽然很低，但是它的可逆性不佳，不利于实际应用；BeH$_2$ 有剧毒。MgH$_2$ 的储氢量为 7.6%，储氢密度达 110 kg·m^{-3}，是可逆金属氢化物中储氢密度最高的，且储量丰富、价格便宜，能够保证大规模低成本的应用。然而，金属氢化物大多是典型的离子型化合物，氢以 H$^-$ 的形式存在于体系中，导致金属与氢原子之间存在强的相互作用，因此其热分解温度较高。

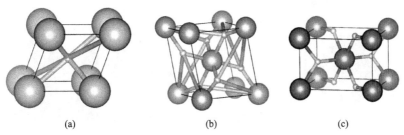

图 4.37　LiH(a)、AlH$_3$(b)、MgH$_2$(c)的晶体结构

表 4.3　典型金属氢化物的热力学性质和储氢量

金属氢化物	脱氢焓/(kJ·mol^{-1})	脱氢温度/℃	储氢量(质量分数)/%
LiH	90.5	820	12.7
NaH	56.3	480	4.2
BeH$_2$	—	470	18.3
MgH$_2$	75.3	360	7.6
AlH$_3$	46.0	420~470	10.1

3. 金属氢化物的改性方法

降低脱氢温度和脱氢焓是储氢材料实际应用面临的两个关键挑战。为了改善金属氢化物的动力学和热力学性能，研究者通常采用合金化、纳米化、催化掺杂等方法。

合金化是通过降低金属氢化物热力学脱氢焓改变热力学性质最有效的方法之一。合金的形成改变了原有的吸附路径，不与金属直接发生反应，而是通过形成热力学更稳定的合金降低金属氢化物的脱氢温度和脱氢焓。合金化常用的元素主要有稀土元素(Ce、La、In)、过渡金属元素(Ni、Cu、Fe)、部分主族元素(Si、Al)等。英国波佐(Pozzo)团队通过一系列理论计算得出：过渡金属的电负性越小，氢气的解离能垒越低，这有利于氢的化学吸附；而电负性越大则氢气的扩散能垒越小，从而促进氢气的扩散。但金属元素的引入也会导致系统储氢量下降，且大部分储氢合金的可逆性仍较差，这也是不可忽视的因素。

纳米化是通过一定的物理或化学方法，将材料进行纳米结构的制备。图 4.38 是纳米结构金属氢化物的不同形状和尺寸，包括纳米粒子、核壳结构、纳米线、纳米管、薄膜和多层膜，它们的共同特点是至少在某一维度上是纳米级(1～100 nm)的尺度范围。减小金属氢化物的尺寸可以显著提高反应速率，一是因为纳米储氢材料具有较大的表面(界面)密度，能够缩短氢原子的扩散距离；二是纳米材料比表面积大，具有较高的活性，有利于氢气分子在表面解离。然而，因为纳米材料的小尺寸和高的表面能，其经过多次反应后易团聚，会使材料活性降低、循环性能变差、寿命缩短。为了更有效地解决这些问题，研究者提出了纳米限域改性方法。纳米限域是指在纳米限定区域内，将储氢材料填充到纳米微孔中，利用材料和纳米微孔的相互作用促进反应，限制颗粒的生长和聚集。总之，纳米化已经被理论证实可以有效降低金属氢化物的脱氢温度，甚至达到室温。在实际的制备过程中，由于纳米粒子的团聚，不能生成理想的纳米金属氢化物，纳米金属氢化物的制备过程还有很长的路要走。

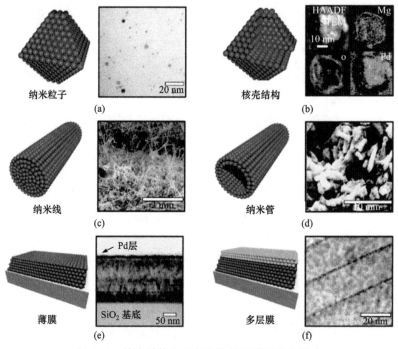

图 4.38　纳米结构金属氢化物的不同形状和尺寸

　　催化掺杂是一种主要侧重于调整动力学性质的方法。它可以为金属氢化物的吸氢和脱氢反应提供更多的活性区域，加快反应速率，是提高动力学性能最有效、最简单的方法。催化掺杂的机理可以用氢泵效应和通道效应解释。氢泵效应是指掺杂过渡金属使金属氢化物晶体稳定性降低，脱氢时过渡金属原子与氢原子形成 TMH$_2$，氢通过催化剂被优先放出。通道效应是指在金属氢化物脱氢的过程中催化剂被当作传输氢原子的通道，加速氢原子的扩散。当前，催化掺杂包括非金属(石墨烯、单壁碳纳米管、Si)、过渡金属(Ti、V)、金属氧/卤化物(TiO$_2$、Cr$_2$O$_3$、TiCl$_3$)或复合材料(V$_2$O$_3$@C、Ni/C)，可以降低金属氢化物的吸氢/脱氢温度。如图 4.39 所示，Zhang 等通过碳负载纳米晶 TiO$_2$(TiO$_2$@C)在 MgH$_2$ 的储氢反应中表现出良好的催化活性。MgH$_2$-10% TiO$_2$@C 样品在 205 ℃时开始释放 H$_2$，比 MgH$_2$ 低 95 ℃。同时，MgH$_2$ 脱氢和吸氢的表观活化能分别降低了 30% 和 50%。催化掺杂能够有效降低反应能，但是其催化过程更具体、更准确的机理目前尚不清楚，有待进一步探索。

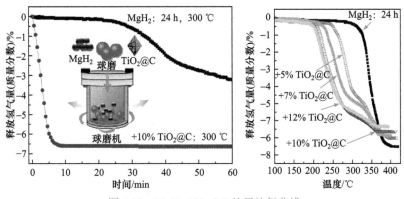

图 4.39 MgH$_2$-TiO$_2$@C 的释放氢曲线

4.4.3 金属配位氢化物储氢

金属配位氢化物的通式为 A(MH$_4$)$_n$，式中，A 为碱金属(Li、Na、K 等)或碱土金属(Mg、Ca 等)；M 为ⅢA 族元素 B、Al、N[M 为 N 时，对应通式为 A(NH$_2$)$_n$]等；n 为金属的化合价。按照配位体的类别，可以将金属配位氢化物分为金属硼氢化物、金属铝氢化物、金属氮氢化物。其与金属氢化物最主要的区别在于吸氢过程中向离子型或共价型化合物的转变。在[MH$_4$]基团中 M 原子与 H 原子形成共价键，[MH$_4$]与金属原子之间以离子键形式存在。由于金属元素的原子质量较小，金属配位氢化物具有较高的储氢量，如 LiBH$_4$ 作为金属配位氢化物的储氢量达到 18.4%。此外，土壤中 Na、Mg、Al 等轻金属元素储量丰富，相应的金属成本较低。因此，金属配位氢化物在储氢领域得到了广泛的研究。表 4.4 列出常见金属配位氢化物的热力学性质和储氢量。

表 4.4 常见金属配位氢化物的热力学性质和储氢量

储氢材料	密度 /(g·cm^{-3})	质量储氢密度 (质量分数)/%	体积储氢密度 /(g·L^{-1})	分解温度 /℃	生成焓 /(kJ·mol^{-1})
LiAlH$_4$	0.92	10.62	—	195	−119
NaAlH$_4$	1.28	7.47	—	180	−113
KAlH$_4$	—	5.75	53.2	—	—
Mg[AlH$_4$]$_2$		9.34	72.3	—	—
Ca[AlH$_4$]$_2$	—	7.9	70.4	240	—
LiBH$_4$	0.67	18.51	122.5	265	−200
NaBH$_4$	1.07	10.66	113.5	500	−230
KBH$_4$	1.21	7.5	87.2	590	−220

储氢材料	密度 /(g·cm⁻³)	质量储氢密度 (质量分数)/%	体积储氢密度 /(g·L⁻¹)	分解温度 /℃	生成焓 /(kJ·mol⁻¹)
Mg[BH₄]₂	0.99	14.9	146.5	325	—
Ca[BH₄]₂	—	11.56	—	275	—
LiNH₂	1.21	8.78	103.6	390	−179.6
NaNH₂	1.35	5.17	71.9	200	−123.8
KNH₂	1.59	3.66	59.3	340	−130
Mg[NH₂]₂	1.38	7.15	99.4	360	—
Ca[NH₂]₂	1.73	5.59	97.3	—	−384

本节主要介绍当前研究较多的三种金属配位氢化物。

(1) 以[AlH₄]⁻基团为配体的金属铝氢化物：典型的代表为 NaAlH₄、LiAlH₄、Mg[AlH₄]₂ 等。其中，NaAlH₄ 由于高的储氢量(7.47%)、良好的可逆性备受储氢界的关注。它的前两步放氢反应式如下：

$$NaAlH_4 \longrightarrow \frac{1}{3} Na_3AlH_6 + \frac{2}{3} Al + H_2 \qquad (3.7\% \ H_2，210 \sim 220 \ ℃)$$

$$Na_3AlH_6 \longrightarrow 3NaH + Al + \frac{3}{2} H_2 \qquad (1.8\% \ H_2，250 \ ℃)$$

$$NaH \longrightarrow Na + \frac{1}{2} H_2 \qquad (1.8\% \ H_2，425 \ ℃)$$

在放氢反应过程中 NaAlH₄ 和 Na₃AlH₆ 能在常温条件下稳定存在，但 NaH 的分解温度必须高于 425 ℃，对于实际应用来说意义不大，因此能够利用的储氢量为 5.56%。德国研究人员波格丹诺维奇(Bogdanović)和施维卡尔迪(Schwickardi)在 NaAlH₄ 中掺入 Ti，发现 NaAlH₄ 能在较低的温度下进行可逆的吸放氢反应，并在 150 bar 氢压、100～200 ℃ 下获得 4% H₂。催化改性和纳米改性及两者的协同作用让研究人员重新对 NaAlH₄ 产生浓厚兴趣。

(2) 以[BH₄]⁻基团为配体的金属硼氢化物：典型代表为 LiBH₄、NaBH₄、Mg[BH₄]₂ 等。金属硼氢化物比金属氢化物的理论储氢量更高。例如，LiBH₄ 储氢量为 18.51%，Mg[BH₄]₂ 储氢量为 14.9%。但金属硼氢化物中金属离子 M 与[BH₄]⁻通过离子键结合，B—H 之间以共价键相连，导致金属硼氢化物热力学性能过于稳定，吸放氢动力学比较缓慢，并且可逆性没有金属氢化物好。此外，金属硼氢化物的热力学稳定性与其中心金属元素的电负性关系密切，一般随着中心金属元素电负性的增大而降低。由于 Mg 的电负性明显高于 Li 和 Na，因此 Mg[BH₄]₂ 的热解储氢性能优于 LiBH₄ 和 NaBH₄，是当前储氢材料的研究热点之一。然而，它的脱氢机理比较复杂，脱氢温度较高，经过多步分解过程后生成 MgB₁₂H₁₂、Mg[BH₂]₂ 等难分解的硼化物。为此，人们在调节其动力学和热力学性能、提高可逆性方面做了大量的工作。金属硼氢化物的改性包括催化改性,如催化剂为 3d、4d、5d 过渡金属及其化合物(Nb_2O_5、TiF_3、$AlCl_3$);多相复合改性,如 $Mg[BH_4]_2$-$LiBH_4$、$Mg[BH_4]_2$-$LiNH_2$;纳米化(石墨烯、氧化石墨烯、CNT)及正-负耦合改性储氢。图 4.40 为 $Mg[BH_4]_2$ 的结构信息及 CNT 改善 $Mg[BH_4]_2$ 储氢性能的改性方法。对金属硼氢化物的改性研究将为高效储氢技术的应用开辟新的途径。

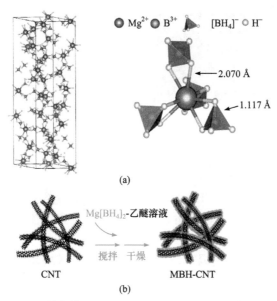

图 4.40 $Mg[BH_4]_2$ 的结构信息(a)及 CNT 改善 $Mg[BH_4]_2$ 储氢性能的改性方法(b)

(3) 以$[NH_2]^-$基团为配体的金属氮氢化物:在$[NH_2]^-$基团中,H 呈现正价,与$[BH_4]^-$和$[AlH_4]^-$不同。以 $LiNH_2$、$Mg[NH_2]_2$、$Ca[NH_2]_2$ 等材料为主。陈萍课题组于 2002 年首次报道了 Li-N-H 体系的可逆储氢特性,引起了人们对金属氮氢化物的重视。金属氮氢化物的储氢量较高,但是它的脱氢温度偏高且脱氢过程中有杂质气体 NH_3 生成,很大程度上影响了放氢的纯度。近年来,研究人员根据正-负耦合储氢体系,将金属氮氢化物和带负电 H 的金属氢化物及金属配位氢化物组成复合体系,如 $LiNH_2$-MgH_2、$LiNH_2$-$Mg[BH_4]_2$ 和 $NaNH_2$-$NaBH_4$ 体系等。正-负氢耦合是通过羟基或氨基中的正氢与金属氢化物或金属配位氢化物中的 H^- 发生反应,这里以 $Mg[BH_4]_2$ 为例,反应过程为

$$B—H^{\delta^-} + X—H^{\delta^+} \longrightarrow H_2 + B—X$$

式中,H^{δ^-}为负氢;H^{δ^+}为正氢;X 为与 H^{δ^+}相连的原子,一般为 N 或 O。反应过程中 H^{δ^-}和 H^{δ^+}结合生成氢气,而 B 原子和 X 原子结合生成共价键。该反应放热且不可逆,但能使 $Mg[BH_4]_2$ 在低温快速放氢,是一种有效的改性手段。Li 等同样证明了正-负氢耦合的改性方法能有效改善储氢材料的性能。他们利用超声辅助湿化学方法制备了直径为 20~40 nm 且形貌均匀的 $Mg[BH_4]_2 \cdot 6NH_3$ 纳米粒子,如图 4.41 所示。在低于 30 ℃时,制备的 $Mg[BH_4]_2 \cdot 6NH_3$ 纳米粒子开始释放氢气,135 ℃时达到最高,可释放 5% H_2。此外,在受热过程中,H_2 是主要的分解产物,而非 NH_3。与体材料相比,$Mg[BH_4]_2 \cdot 6NH_3$ 纳米

粒子在热力学和动力学方面具有更好的性能。

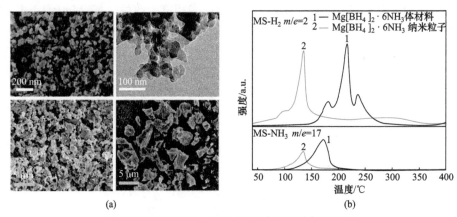

图 4.41   Mg[BH$_4$]$_2$ · 6NH$_3$ 的形貌(a)及放氢温度(b)

4.4.4   氨硼烷化合物储氢

氨硼烷化合物(NH$_3$BH$_3$、LiNH$_2$BH$_3$、NaNH$_2$BH$_3$)是一类新型化学氢化物储氢材料。NH$_3$BH$_3$ 在常温常压下为固体,它的储氢量达到 19.6%,能发生热分解或水解放氢反应,是一种高容量但不可逆的储氢材料。

氨硼烷的热分解原理是在高温下,H—B 键或 H—N 键断裂,H 原子重新结合生成氢气,并生成产物 BN。其反应式为

$$NH_3BH_3 \longrightarrow NH_2BH_2 + H_2 \quad nNH_2BH_2 \longrightarrow (NH_2BH_2)_n \quad (110 \sim 120 \ ^{\circ}C)$$

$$(NH_2BH_2)_n \longrightarrow (NHBH)_n + nH_2 \quad (150 \ ^{\circ}C)$$

$$(NHBH)_n \longrightarrow nBN + nH_2 \quad (500 \ ^{\circ}C)$$

氨硼烷的水解是近年来新发展的另一种制氢方式,与固态热分解反应相比,水解制氢可以在常温常压下进行。水解制氢放氢速率快,没有杂质污染气体,成本低廉,能满足市场需求。其反应式为

$$NH_3BH_3 + 2H_2O \longrightarrow NH_4BO_2 + 3H_2$$

在放氢反应中,催化剂是提高水解制氢速率的关键,可以通过控制催化剂的量使反应容易发生。常见的催化剂包括碳材料、金属有机骨架、金属氧化物和聚合物等。除加入催化剂外,还可以向氨硼烷分子中引入具有强给电子能力的金属替代 NH$_3$ 中的 H,形成金属氨基硼烷化合物(MNH$_2$BH$_3$)。这种新型的化合物具有更好的热力学性能和更快的放氢动力学,并且保持了较高的储氢量。例如,NaNH$_2$BH$_3$ 和 LiNH$_2$BH$_3$ 可在 90 ℃附近分别快速释放 10.9%和 7.5% H$_2$,而且不会产生 B$_3$N$_3$H$_6$ 和 B$_2$H$_6$ 等杂质气体。起始脱氢温度显著降低,放氢速率是相同温度下氨硼烷的 5~6 倍。

氢气具有资源丰富、能量密度高、无污染、可再生等优点,是一种很有发展前途的理想能源载体。氢气的储存连接了氢气的生产和应用,是实现氢气大规模应用的关键技术和前提条件。储氢量、热力学和动力学性能是影响储氢材料实际应用的三个关键因素。

尽管当前在改性方面已经取得了重要的进展，然而距离实际应用还有一定的困难。金属氢化物过于稳定，导致放氢反应需要较高的温度；金属配位氢化物放氢机理复杂、可逆性差，限制了它的应用；氨硼烷化合物循环性能差，会产生杂质气体，放氢纯度有待提高(图 4.42)。今后的储氢领域要将研究的重心集中在高容量、高可逆性、高安全的储氢材料上，推动"氢经济"时代早日到来。

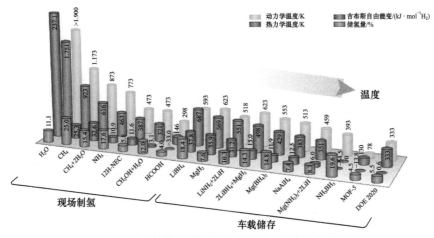

图 4.42　各类储氢材料的热力学、动力学参数

思 考 题

1. 液氢设备的绝热方式有哪几种？各种方式之间的关系是什么？
2. 与液氢相比，胶氢的优势有哪些？
3. 液氢的生产方式有几种？它们各自的特点是什么？
4. 为什么要对液氢储罐进行定期排压？大型储罐内为什么需要缓慢搅拌？高压储氢原理是什么？
5. 高压储氢罐分为哪几种类型？各有什么特征？
6. 高压储氢技术存在哪些挑战？
7. 高压氢气的运输方式有哪些？
8. 氢气安全性如何？如何保证氢气使用的安全性？
9. 物理吸附储氢原理是什么？
10. 推导朗缪尔吸附等温式，并思考总结其适用条件与不足。
11. 沸石为什么又称为分子筛？沸石的孔道结构有哪几种类型？
12. 分析 MOF 与 COF 的相同点和不同点。
13. 化学储氢与物理储氢的方式各有什么特征？
14. 化学储氢与传统的储氢方式相比有什么优势？现阶段还存在哪些挑战？
15. 调研了解固态金属储氢的应用前景。

第 5 章 氢能的应用

5.1 燃料电池

5.1.1 燃料电池简介

燃料电池(fuel cell)是将燃料中存在的化学能直接转化为电能的发电装置。当前,基于燃烧的能源生产技术对环境有害,并且导致许多全球问题,如气候变化、臭氧层消耗、酸雨,从而使植被覆盖率持续减少。这些技术依赖于有限且不断减少的化石燃料供应。燃料电池为能量转换提供了一种高效、清洁的机制。此外,燃料电池与可再生能源和现代能源载体(氢)兼容,以实现可持续发展和能源安全。燃料电池的静态特性可保持其无噪声或无振动运行,而电池的模块化使其具有简单的结构,可以满足便携式、固定式和运输发电中的各种应用。简言之,燃料电池使化学到电能的转换更加灵活和高效。

功能性燃料电池的研究和开发可以追溯到 19 世纪早期,化学家格罗夫(Grove)在电解的基础上构思了一个可以用来发电的反向过程。基于这一假设,格罗夫成功地搭建了一种将氢和氧结合起来产生电的装置(而不是用电来分离它们)。该设备最初称为气体电池,后来称为燃料电池。进一步的研究持续到 20 世纪。1959 年,英国工程师培根(Bacon)展示了第一个实际运行的燃料电池,并获得了美国国家航空航天局(NASA)的许可和采用,在 20 世纪 60 年代作为双子星飞船和阿波罗载人航天计划的一部分被 NASA 实际使用。由于燃料电池可以直接将燃料中储存的化学能转化成电能,不存在向热能的转变过程,因此理论上燃料电池装置可达到100%的转化效率,在发电站、航天飞机、交通运输工具、便携式电子设备等领域具有巨大的应用潜力。

燃料电池是一门交叉学科,正确理解燃料电池运行的原理并认识燃料电池行业的现状和前景对于克服当前的技术障碍和燃料电池技术的进步至关重要。

燃料电池主要包括电极(electrode)、电解质隔膜(electrolyte membrane)和集流体(current collector)三个组成部分。

1. 电极

燃料电池的电极是燃料与氧化剂发生氧化还原反应的部分。研究发现,电极性能受诸多因素影响,如电解质的性能、电极的材料等。电极分为阳极(anode)和阴极(cathode),厚度一般为 200~500 mm。燃料电池的电极由覆盖一层催化剂的多孔材料组成,这与一般电池的扁平电极不同。设计多孔结构是为了提高实际电流密度,降低燃料电池的极化。燃料和氧化剂在电解质中的溶解性不好,多孔结构的电极可以增加参与反应的电极表面积,这也是燃料电池步入实用阶段的关键因素之一。

2. 电解质隔膜

电解质隔膜的主要功能是分隔阴极与阳极，并且传输离子。因此，理论上电解质隔膜既要控制厚度，又要保证强度，现阶段的电解质隔膜厚度从几十到几百毫米不等。电解质隔膜的材质大致分为两类：一类是先以绝缘材料制成多孔隔膜[如碳化硅(SiC)膜、石棉(asbestos)膜、铝酸锂(LiAlO$_2$)膜等]，然后浸入熔融的锂-碳酸钾、氢氧化钾、磷酸中，使其附着在隔膜的孔隙上；另一类是全氟磺酸树脂(如 PEMFC)和钇稳定氧化锆(YSZ，如 SOFC)。

3. 集流体

集流体也称为双极板(bipolar plate)，具有收集电流、分隔氧化还原剂、疏导反应气体等作用，其性能受到材料本体特性、流场设计及加工技术等多方面因素的影响。

燃料电池与传统化学电池的原理完全不同。前者可将燃料和氧化剂中的化学能直接转化成电能。后者依靠电池内部的活性物质储存能量，其容量的大小与活性物质载量相关，活性物质消耗完毕后，需将电池充电后才能继续使用。此外，燃料电池是一个复杂的发电系统，化学电池则是将储能物质中的化学能转变成电能的能量储存与转换装置。燃料电池的工作原理主要包括燃料和氧气在阴、阳两极上的氧化还原反应及离子传输过程(图 5.1)。早期的燃料电池结构相对简单，只需要传输离子的电解质和两个固态电极。

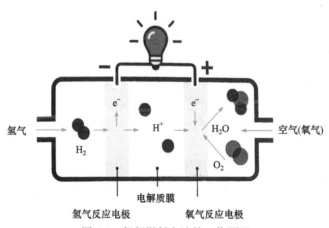

图 5.1 氢氧燃料电池的工作原理

当以氢气为燃料、氧气为氧化剂时，氢气在阳极被氧化，产生氢离子和电子。

阳极：

$$H_2 \longrightarrow 2H^+ + 2e^-$$

氢离子通过酸性电解质迁移至阴极，而电子通过外电路到达阴极，并在阴极与外部提供的氧气发生反应生成水。

阴极：

$$\frac{1}{2}O_2 + 2H^+ + 2e^- \longrightarrow H_2O$$

总反应:

$$H_2 + \frac{1}{2} O_2 \longrightarrow H_2O$$

电池运行过程中必须不断除去热量和产物水,以保持理想发电的连续等温运行。因此,水和热管理是燃料电池设计和高效运行的关键领域。

燃料电池理论上热效率可接近100%,具有很高的经济性,并且相比传统发电机组几乎没有噪声和有害物质产生。相较于传统的火力发电、水力发电和核能发电等技术,燃料电池展现出众多优势。理论上,只要给予燃料电池持续且足够的燃料,它便能够不间断发电。总的来说,燃料电池具有以下特点:

(1) 能量转换效率高。

燃料中储存的化学能直接转化为电能,中间不经过燃烧过程,因此不受卡诺热机效率的限制。目前燃料电池系统的电能转换效率可达45%~60%,而火力发电和核能发电的效率为30%~40%,太阳能电池更低,仅为20%,可以看出燃料电池系统相比其他系统而言电能转换效率更高。而在实际应用时,如果考虑到能量的综合利用,燃料电池的总转换效率可达80%以上。

(2) 环境友好。

由于燃料电池能量转换效率高,当以天然气等富氢气体作为燃料时,CO_2的排放量相比热机中的燃烧过程可降低40%以上,这对缓解地球的温室效应十分重要。由于燃料电池的气体燃料在反应前必须脱硫,而且按电化学原理发电,没有高温燃烧过程,因此有害气体SO_x、NO_x排放量很低,减轻了对大气的污染。另外,燃料电池结构简单,不包含热机活塞引擎等运动部件,因此并不会产生机械振动,不会出现噪声污染等问题。

(3) 燃料适用范围广。

对于燃料电池,只要含有氢原子的物质都可以作为燃料,如天然气、石油、煤炭等资源,因此燃料电池在能源多样化需求方面有着不可或缺的影响。

(4) 组装方便。

燃料电池在组装过程中不受太多地域限制,并且安装灵活,燃料电池电站占地少、周期短,还可根据需求进行功率调节,适用于各类集中或独立分布电站。

(5) 负荷响应快。

当用电侧负载有变动时,燃料电池会很快进行功率调控,能承受超过额定功率以上过载运行或低于额定功率运行的情况。并且电站与负载的距离可以更近,从而减小电压波动和频率偏移,同时也减少了由长距离送电造成的资源与能量损耗。由于其运行稳定性高,燃料电池也可作为应急电源应对各种情况。

燃料电池因具有能量转换效率高、污染小等优势,在能源领域受到了世界各国的重视,被美国《时代》周刊评为21世纪十大科技新技术之首。2012年6月,美国经济学家里夫金(Rifkin)在其发表的著作《第三次工业革命》中提出,插电式及燃料电池电动汽车是第三次工业革命的重要支柱之一。2012年8月,美国能源部长朱棣文和先进能源研究项目署署长阿伦·马宗达在《自然》杂志上联名发表题为《可持续性能源未来所面临的挑战和机遇》的文章,指出燃料电池具有效率高、零排放等优点,是电动汽车领域中一个颇具潜力的发展方向。2019 年 5 月 6 日，在第四届中国国际氢能与燃料电池技术应用展览暨产业发展大会上，国际氢能协会副主席、清华大学毛宗强教授指出，虽然国家已经支持了锂离子电池汽车发展，但这与发展氢燃料电池汽车并不矛盾，二者之间是兄弟关系。

5.1.2　燃料电池分类

目前燃料电池的种类很多，其分类方法也有很多种。按不同方法大致分类如下：

(1) 按照离子的传导类型分类：有质子传导型、氧离子传导型及离子-质子混合传导型燃料电池。

(2) 按照电解质的种类分类：有碱性燃料电池(alkaline fuel cell，AFC)、磷酸燃料电池(phosphoric acid fuel cell，PAFC)、熔融碳酸盐燃料电池(molten carbonate fuel cell，MCFC)、固体氧化物燃料电池(solid oxide fuel cell，SOFC)和质子交换膜燃料电池(proton exchange membrane fuel cell，PEMFC)。

(3) 按照燃料的类型分类：有直接式燃料电池、间接式燃料电池及再生型燃料电池。

(4) 按照燃料电池的工作温度分类：有低温型(低于 200 ℃)、中温型(200～750 ℃)、高温型(高于 750 ℃)燃料电池。

下面主要按电解质的不同介绍燃料电池，见表 5.1。

表 5.1　不同电解质的燃料电池类型

电池种类	典型燃料	氧化剂	电荷载体	工作温度/ ℃	电气效率/%
AFC	H_2	纯 O_2	H^+	80～230	60～70
PAFC	H_2	O_2/空气	H^+	150～220	36～45
MCFC	甲烷	O_2/空气	CO_3^{2-}	600～700	55～65
SOFC	甲烷	O_2/空气	O^{2-}	700～1000	55～65
PEMFC	H_2	O_2/空气	H^+	60～180	40～60
DMFC	液态甲醇-水溶液	O_2/空气	H^+	室温～110	35～60

注：DMFC(direct methanol fuel cell)为直接甲醇燃料电池。

1. 碱性燃料电池

碱性燃料电池是率先研制成功并最终投产的燃料电池，也是当前发展最成熟的燃料电池。碱性燃料电池早在 1902 年就被成功设计出来，但受限于当时的研究水平，该类燃料电池并未实现商业化。20 世纪 40～50 年代，英国剑桥大学的培根提出多孔结构电极的概念，从而增加了电极界面的有效反应面积。1960 年，NASA 开始将 AFC 应用于航天飞机及人造卫星等领域，AFC 不仅可以为航天飞机提供动力，它的反应产物还可以为宇航员提供水源，并且该类电池具有高功率和高比能量等诸多优势。与其他类型的燃料电池相比，碱性燃料电池本身具有较高的氧电极活性和广泛的燃料适用性，这使其成为近代燃料电池中的佼佼者。

AFC 单体主要由氢气气室、阳极、电解质、阴极和氧气气室等构成，其工作原理如图 5.2 所示。特定数目和大小的 AFC 单体电池之间通过端板连接或全体黏合组合成 AFC 电堆。AFC 通常采用碱性物质作为电解质，如 KOH 或 NaOH 水溶液，采用氢气作为燃料，纯氧或脱 CO_2 的空气作为氧化剂，选用对氢气具有催化活性的 Pt-Pd/C、Pt/C 或 Ni 等作为阳极催化剂，选用对氧气电化学还原具有催化活性的 Pt/C、Ag 等作为阴极催化剂。运行时，阳极的 H_2 与电解液中的 OH^- 在电催化剂的作用下发生氧化反应生成 H_2O。产生的电子通过外电路到达阴极，阴极处的 O_2 在电催化剂的作用下得到电子生成 OH^-，并通过电解液迁移到氢电极一侧。电极反应如下所示。

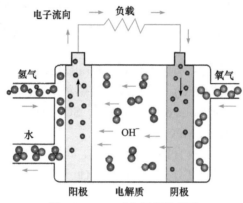

图 5.2　AFC 工作原理示意图

阳极：

$$H_2 + 2OH^- \longrightarrow 2H_2O + 2e^-$$

阴极：

$$H_2O + \frac{1}{2}O_2 + 2e^- \longrightarrow 2OH^-$$

总反应：

$$H_2 + \frac{1}{2}O_2 \longrightarrow H_2O$$

由上述反应可知，AFC 在阳极表面会生成水，易造成电解质的稀释，因此阳极侧生成的水要及时排出。另外，在阴极处的氧还原又需要水。因此，需要统筹考虑水的管理问题。AFC 具有适用范围广、转换效率较高、制作成本低等优点，缺点是二氧化碳耐受性低，常因二氧化碳毒化而在很大程度上降低反应效率和使用寿命，因此它并不适合作为动力汽车的动力来源。在最近的研究中，循环流动电解质及液态氢的使用、钠钙吸收和先进电极制备核心技术的开发等可以降低二氧化碳的毒化作用。因此，在未来的电池发展进程中，AFC 仍然具有巨大的应用潜力。

2. 磷酸燃料电池

磷酸燃料电池(PAFC)是当前商业化进程最快的一种实用型燃料电池。其电解质采用磷酸，燃料采用氢气或间接氢，电极材料多为具有多孔结构的铂等贵金属及石墨等碳材料。PAFC 的工作温度一般为 150～220 ℃，高于质子交换膜燃料电池(PEMFC)，低于固体氧化物燃料电池(SOFC)。PAFC 和 PEMFC 的电极反应相同，但因为 PAFC 在更高温度的环境下工作，所以具有比 PEMFC 更快的阴极反应速率。此外，由于阳极和电解液对 CO_2 的耐受能力较强，因此 PAFC 所需的氢燃料可以直接通过天然气等化石燃料重整制取，无需去除其中少量的 CO_2。PAFC 的氧化剂也可直接使用空气，无需进一步提纯。

　　PAFC 由氢气气室、阳极、磷酸电解液、隔膜、阴极和氧气气室等组成，其工作原理如图 5.3 所示。在其阴极与阳极气室分别通入氧气(或空气)和氢气(或富氢气)，然后各自在集流体、反应气体与电解液三相界面发生电化学反应，放电时氢气在阳极失去电子，生成 H^+，同时氧气在阴极得到电子，并与 H^+ 反应生成 H_2O。反应过程中，电子沿着外电路定向流动产生电流。PAFC 中采用的电解质是 100% 磷酸，当温度为 42 ℃时，原本为固态的磷酸发生相变转为液态。此时，由于催化剂的催化作用，阳极的氢气燃料发生氧化反应而转化为质子，随后质子与水结合形成水合质子，并产生两个可向阴极移动的自由电子，水合质子以磷酸电解质为媒介也移动至阴极，具体的电极反应如下所示。

　　阳极：

$$H_2 \longrightarrow 2H^+ + 2e^-$$

　　阴极：

$$O_2 + 2H_2O + 4e^- \longrightarrow 4OH^-$$

　　总反应：

$$O_2 + 2H_2 \longrightarrow 2H_2O$$

　　PAFC 具有电池寿命长、氧化剂和燃料中杂质的可允许值大、成本低及可制造性强等优点，因此成为应用领域广泛且发展迅速的燃料电池。但是，由于其发电效率仅能达 36%~45%，在大容量集中发电站中的应用被限制。不过，PAFC 可能是在中温下运行的最具商业化可能的燃料电池，用于高能效的热电联产应用。

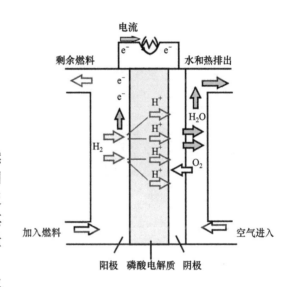

图 5.3　PAFC 工作原理示意图

3. 熔融碳酸盐燃料电池

　　熔融碳酸盐燃料电池(MCFC)是继碱性燃料电池和磷酸燃料电池后开发的第二代燃料电池。它以氢气或天然气等气体作为燃料，以熔融碳酸盐作为电解质，以氧气或空气与二氧化碳的混合气作为氧化剂，属于高温燃料电池，具有高达 650 ℃的工作温度。这种高的工作温度不仅能充分利用发电排出的余热，而且可与涡汽轮机联用形成热电联供，以此提高燃料的利用率。

　　MCFC 由阴极、阳极和碳酸盐电解质层共同组成，电化学反应主要发生在气体/电解质/电极材料的界面上，其结构如图 5.4 所示。单体电池通常采用镍铬或镍铝合金作为阳极，NiO 作为阴极，碳酸锂和碳酸钾或碳酸钠的混合物作为电解质，铝酸锂作为电解质载体隔膜。其工作原理如图 5.5 所示，在 MCFC 工作过程中，O_2 和 CO_2 在阴极发生反应，生成 CO_3^{2-}；在电池阳极侧，CO_3^{2-} 与 H_2 反应，生成 H_2O 和 CO_2。从总的电池反应式可以看出，CO_2 是阴极和阳极共同的反应产物。因此，若能将阳极产生的 CO_2 收集起来导入阴极再利用，在一定程度上可以减少 CO_2 气体的排放。具体电极反应如下。

阳极：

$$H_2 + CO_3^{2-} \longrightarrow H_2O + CO_2 + 2e^-$$

阴极：

$$\frac{1}{2}O_2 + CO_2 + 2e^- \longrightarrow CO_3^{2-}$$

总反应：

$$H_2 + \frac{1}{2}O_2 + CO_2(阴极) \longrightarrow H_2O + CO_2(阳极)$$

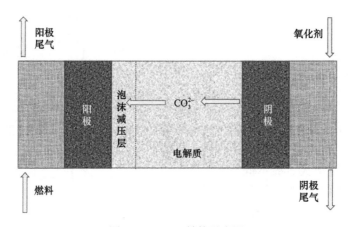

图 5.4　MCFC 结构示意图

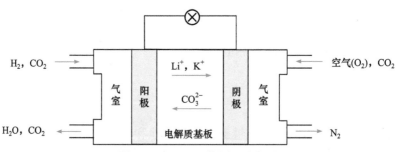

图 5.5　MCFC 工作原理示意图

MCFC 具有以下优点：①电池堆内部燃料可在工作温度下进行重整，降低生产成本的同时，又提高了工作效率；②结构相对简单，对内部器件(如电极、隔膜和双极板)的制备工艺要求较低，组装过程较为方便；③电池反应对催化剂的要求较低，可使用价格低廉的非贵金属基催化剂。然而，MCFC 也存在一些缺点：①熔融碳酸盐电解质对电极材料有很强的腐蚀性，多孔 NiO 常作为阴极材料，易溶解在熔融碳酸盐中被还原成 Ni，导致电池失效；②在 MCFC 系统中，二氧化碳循环会增加系统的复杂性，虽然随着气体工作压力的提高电池的工作性能会提升,但气体压力过高会加剧 NiO 阴极的溶解,缩短电池使用寿命,因此压力值通常要维持在合适的范围内;③依据化学反应动力学理论,化学反应速率会随着温度的升高而增大,此时阴极极化减小,电池电压和性能也得到明显提升,然而过高的工作温度使电极材料副反应增多,加速电极腐蚀,因此为保证电池的循环寿命,电池的工作温度必须控制在 650 ℃左右;④MCFC 的启动时间较长,作为备用电源具有一定的局限性。

MCFC 能用煤制天然气、沼气等作为燃料,实现化学能向电能的转化,从而满足全球范围内对电力能源的需求。因此,MCFC 具有较好的实际应用前景。但是,MCFC 制造成本较高、燃料利用率较低等问题需要进一步解决。

4. 固体氧化物燃料电池

固体氧化物燃料电池(SOFC)是在碱性燃料电池、磷酸燃料电池和熔融碳酸盐燃料电池发展的基础上研发出的第三代燃料电池,该电池适用于工作温度为 700~1000 ℃的环境,能实现全固态电化学能量转换,展现出高效和广泛的燃料适应性等优点。

SOFC 具有多层的固体结构,其单体电池由连接体层、阳极层、电解质层和阴极层组成。为保证层与层之间紧密连接,电池材料通常需要用煅烧、压片等方式处理。因为具有典型的全固态结构,所以 SOFC 通常可以进行多样式设计。

SOFC 相比于传统的热力发电更为简便,工作原理如图 5.6 所示。其所需的工作温度最高,属于高温燃料电池。SOFC 发电时可排放具有很高温度的气体,可与发电系统形成组合,从而在分布式发电领域得到广泛的应用。因此,相比其他类型的燃料电池,SOFC 的利用价值更高。SOFC 的工作原理如下:

$$H_2 + \frac{1}{2} O_2 \longrightarrow H_2O$$

理论上,只要分别在阳极和阴极不断输入氢气和氧气,SOFC 就能一直输出电能。作为新兴的发电模式之一,SOFC 电流和功率密度较高,几乎没有电极极化损失,其结构为全固态,不会出现液态电解质带来的腐蚀和密封问题。在无铂等贵金属催化剂情况下,依然可直接以甲醇、氢或烃类作为燃料,并且电解质在运行过程中比较稳定,可利用高温废热能源实现热电联产,提高燃料的综合利用率。SOFC 的独特优势使其在工业化领域有非常广泛的应用前景和巨大的商业价值。

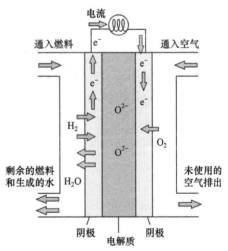

图 5.6　SOFC 工作原理示意图

5. 质子交换膜燃料电池

质子交换膜燃料电池(PEMFC)是一种以氢气作为燃料,以氧气作为氧化剂,以固态聚合物膜作为隔膜的高效发电装置。该燃料电池具有体积小、能量密度大及噪声低等优势，因此受到了人们的广泛关注。早在 1850 年，离子交换过程便为人所知。1955 年，美国通用电气公司的格拉布提出将离子交换膜用作电解质的想法，并于 1959 年申请了专利。美国杜邦公司于 1972 年推出一种新型聚合物 Nafion 膜，该膜的发现极大地促进了质子交换膜的发展，并且沿用至今。

PEMFC 的结构示意图如图 5.7 所示，PEMFC 的核心部分是固态聚合物膜，通常位于电池的中间部位，为质子的传输提供通道。催化剂层和气体扩散层分别分布于膜两侧。专门用于传输反应气体的双极板位于端板和膜电极中间，它的通道结构经常被设计成不同形状，以满足各种条件下进气、湿度和温度等需求，旨在最大化实现聚合物膜的工作效率。

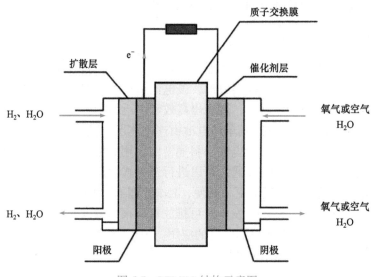

图 5.7　PEMFC 结构示意图

PEMFC 在工作过程中，反应活性气体完成氧化还原反应后，通过膜中的磺酸基团转移质子，此过程中电子在外电路移动形成电流回路。反应结束后，生成的水和气体通过双极板排出。整个过程中电极反应可表示为

阳极：

$$H_2 \longrightarrow 2H^+ + 2e^-$$

阴极：

$$\frac{1}{2}O_2 + 2H^+ + 2e^- \longrightarrow H_2O$$

总反应：

$$H_2 + \frac{1}{2}O_2 \longrightarrow H_2O$$

与其他燃料电池体系相比，PEMFC 具有能量转换效率高和工作噪声低等优势，而且质子交换膜对电池内部其他部件没有腐蚀作用。此外，较低的工作温度和较高的功率密度也使得 PEMFC 的应用前景更为广阔。

6. 直接甲醇燃料电池

直接甲醇燃料电池(DMFC)是以甲醇作为燃料的燃料电池。PEMFC 或 PAFC 是先将甲醇通过重整制氢的工艺转化成富氢气体,再以富氢气体为燃料进行产电,虽然氢能具有较高的能量密度,但其本身难以储存,且常规方法储氢效率较低。而 DMFC 是将甲醇灌注到燃料电池中,通过甲醇的催化氧化进行产电,与氢能相比,甲醇具有来源广泛、储存方便、价格低廉及生产工艺成熟等优点,这使它成为一种理想的可再生燃料(renewable fuel)。

DMFC 的结构示意图如图 5.8 所示,其主要由阴极、阳极、质子交换膜、双极板和流场板等组成。在 DMFC 运行过程中,甲醇与水在阳极发生氧化反应,生成 CO_2 和 H^+,并释放出电子,H^+穿过质子交换膜迁移至阴极区,同时电子经外电路传导至阴极区,并与空气中的氧气反应生成水。理论计算结果表明,在标准状态下,DMFC 的电压为 1.21 V,能量转换效率可达 97%。但在实际应用中,由于存在电极极化和内阻,DMFC 的电压和能量转换效率远低于理论值,DMFC 的反应过程如下:

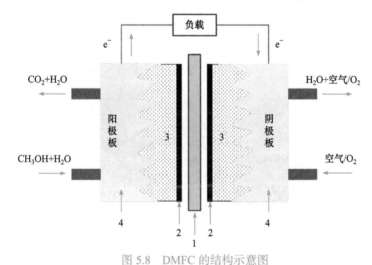

图 5.8 DMFC 的结构示意图

1. 质子交换膜;2. 催化层;3. 扩散层;4. 流场板

阳极:

$$CH_3OH + H_2O \longrightarrow CO_2 + 6H^+ + 6e^-$$

阴极:

$$\frac{3}{2}O_2 + 6H^+ + 6e^- \longrightarrow 3H_2O$$

总反应:

$$CH_3OH + \frac{3}{2}O_2 \longrightarrow CO_2 + 2H_2O$$

DMFC 具有结构简单、体积小、比能量高和燃料储存方便等优势,因此在便携式设备、小型家电及移动电源等领域显示出广泛的应用前景,成为未来燃料电池发展的重要方向之一。然而，DMFC 体系仍然面临诸多问题，其中最大的问题是甲醇氧化反应复杂且动力学缓慢。与氢气相比，甲醇在阳极的氧化反应速率较慢，使得 DMFC 的功率通常较低。另一个问题是甲醇在 DMFC 中的穿透现象，即甲醇穿透质子交换膜到达阴极区，这会导致电池性能大幅度下降。近年来，随着金属触媒材料的应用和电池结构的优化，DMFC 性能有了大幅度提高。与锂离子电池相比，DMFC 可通过简单的燃料添加实现更快的能量补给，避免进行烦琐的充电过程。因此，基于 DMFC 的手持式电子产品电源有望成为最早量产的燃料电池商品。

5.1.3 燃料电池的应用

由于燃料电池模块化程度高、功率范围宽，以及不同类型之间性能的变化，燃料电池在许多市场中具有竞争潜力，在便携式电子设备、固定式发电、交通运输等领域的商用化进程正在顺利进行。全球燃料电池的出货功率从 2015 年的 343 MW 增长为 2021 年的 2330 MW。其中，2020 年全球燃料电池下游应用领域占比为固定式发电 64%、交通运输 31%、便携式电子设备 5%。燃料电池的商业化应用举例如图 5.9 所示。

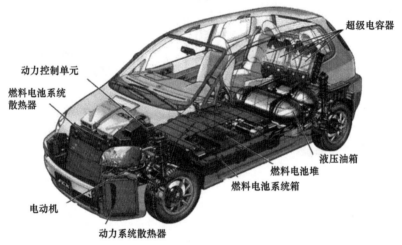

图 5.9 燃料电池的商业化应用举例

当前便携式燃料电池的应用主要面向两个市场。第一个市场是为轻微的户外个人用途(如露营和登山)设计的便携式发电机，以及轻微的商业应用(如便携式标识)、监控以及紧急救援工作所需的电力。第二个市场是消费类电子设备，如笔记本电脑、手机、收音机、摄像机，以及绝大多数传统上依靠电池运行的电子设备。便携式燃料电池的功率范围通常为 5~500 W，微燃料电池的输出功率小于 5 W，而要求更高的便携式电子产品达到千瓦级。与固定式燃料电池不同，便携式燃料电池可以由个人携带并用于多种用途。燃料电池的模块化和高能量密度使其成为未来便携式个人电子产品的有力候选产品。燃料电池不仅质量轻、能量密度高，而且不需要充电，因此在未来的便携式市场上，燃料电池比电池更受欢迎。然而，它们的成本和耐久性仍未达到人们的预期目标。便携式领域其他快速增长的市场包括便携式电池充电器，以及演示和教育使用的微型遥控车辆、玩具、套件和小工具。目前，燃料电池需要解决散热、排放消散、噪声、综合燃料储存和交付、冲击和振动耐力、对急剧和反复的需求波动的反应时间、在各种操作条件下的操作、对空气杂质的容忍度、燃料容器的可再使用性和可回收性及暴露在含氧空气中的面积等问题。

交通运输业是清洁能源技术发展的主要动力之一。交通运输业每年排放的温室气体占全球温室气体排放量的 17%，因此发展环境友好的交通替代品成为必要而不是一种选择。以轻型乘用车为重点，在各种交通工具中使用燃料电池成为过去十年燃料电池研发的主要驱动力之一。燃料电池在不影响车辆推进系统效率的前提下，为交通运输业提供了近乎零的有害排放。事实上，燃料电池的效率(从 53%提高到 59%)几乎是传统内燃机的两倍。如果耐久性、成本、氢基础设施和技术目标如期实现，燃料电池将成为未来内燃机的理想替代品。

5.2 镍氢电池

5.2.1 镍氢电池简介

镍氢电池(Ni/MH)是在航天用高压氢镍电池基础上发展起来的一种新型高能碱性二次电池。高压镍氢电池采用高压氢，且需要贵金属作催化剂，这使得它很难被民用所接受。国外自 20 世纪 70 年代中期开始探索民用的低压镍氢电池。镍氢电池借用镍镉电池的正极活性物质 $Ni(OH)_2$ 作为正极，其制备及在电池中应用的工艺已经比较成熟。但是，发展之初的镍氢电池一直受到储氢合金负极的限制，负极性能的提升直接促进了镍氢电池里程碑式的发展。1969 年，荷兰飞利浦实验室和美国布鲁克海文国家实验室先后发现 $LaNi_5$ 和 Mg_2Ni 等储氢合金具有可逆的吸氢能力，为开发镍氢电池用储氢合金奠定了基础。吸收和释放氢气的过程包括热效应、机械效应、电化学效应、磁性变化和催化作用等。根据镍氢电池的电化学反应，从 1973 年开始，人们尝试使用 $LaNi_5$ 作为镍氢电池的负极材料，但在充放电过程中，$LaNi_5$ 的容量损失问题未能得到解决，这种尝试以失败告终。直到 1984 年，荷兰飞利浦公司研究用不同的元素分别替代 $LaNi_5$ 中的 La 和 Ni，开发的多元素合金提高了储氢的综合性能，解决了 $LaNi_5$ 合金氢电极在充放电过程中的容量衰减问题，从而实现了利用储氢合金作为负极材料制造镍氢电池的可能，使镍氢电池向实用化迈出了更大的一步。20 世纪 80 年代后期，日本松下、三洋等公司选用混合稀土(CeLaNdPr)替代 $LaNi_5$ 中的 La，混合稀土合金具有储氢量大、容量高、寿命长达 500 次以上等特点，并且材料成本大大降低。1990 年，日本电池公司对镍氢电池进行产业化，1998～1999 年，三洋、松下和东芝分别占据市场的 40%、30%和 20%，形成了三强体制，生产能力达到每月 1500 万只。新型金属氢化物镍电池是我国具有较强资源优势的高科技产品，在国际市场上具有较强的竞争优势。在国家"863"计划的支持下，利用国内多单位的共同课题，开发国产原材料和自主工艺技术的我国第一代 AA 型镍氢电池。1992 年在广东省中山市建立了国家高技术新型储能材料工程开发中心和镍氢电池中试生产基地，有力推进了我国氢储存材料和镍氢电池的研制及其产业化过程。迄今为止，我国在储氢材料和镍氢电池的研究和产业化方面已取得了非常可喜的成就。目前已开发出一系列 AB$_5$ 型储氢合金，产品性能有很大提高。在镍氢电池的产业化方面，不仅电池性能大大提高，电池产销量也明显增加，我国已成为世界上镍氢电池产销量的第一大国。目前，国内已建立年产数百吨储氢合金材料和千万台镍氢电池的大型企业，成为在国际上具有竞争力的镍氢电池生产基地。

电池厂生产的金属氢化物镍蓄电池的性能仍在不断提高，AA 型电池容量达 1600～2000 mA·h，其中多家公司(如美国劲量公司、日本三洋公司等)AA 型电池的标称容量已达 2500 mA·h；适合手机用的 AAA 型电池，容量已从 500 mA·h 提高至 700～800 mA·h，三洋公司生产的 AAA 型电池容量可达到 900 mA·h。4/3A 型电池的容量为 4000～5000 mA·h，体积比能量达 360 W·h·L^{-1} 以上，曾一度超过当时锂离子电池的水平。目前商品镍氢电池的形状有圆柱形、方形和扣式电池等多种类型。各种类型的镍氢电池实物图如图 5.10 所示。

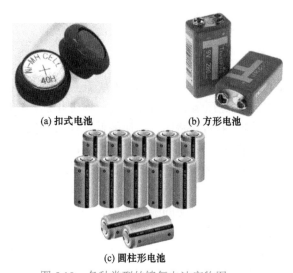

(a) 扣式电池　　(b) 方形电池

(c) 圆柱形电池

图 5.10　各种类型的镍氢电池实物图

镍氢电池凭借其高的性能价格比、可靠的安全性赢得了用户的青睐，特别是从 20 世纪 90 年代初开始，随着电子工业的突飞猛进，手机、笔记本电脑、电动工具等小型产品剧增，迫切需要高容量、长寿命、小体积、快充电的可充电电池与之配套，极大地刺激了镍氢电池的发展。电动车用方形动力电池是最富竞争力的镍氢电池型号。美国奥文尼克(Ovonic)公司开发出 30 kW·h 的电动车用镍氢电池，质量比能量达到 71 W·h·kg^{-1}，体积比能量达到 172 W·h·L^{-1}。日本松下公司开发的混合电动车 HEV-6.5 电池，电压 7.2 V，外形尺寸为 34 mm×380 mm，质量 1.1 kg，容量 6.5 A·h(D 型)，比功率达到 650 W·kg^{-1}。此外，近年来城市汽车大量增加，极大地改变了人们的生活方式，但人们在享受汽车文明的同时，也必须面对汽车带来的负面影响：环境污染和过度使用能源。汽车尾气排放造成大气污染、酸雨、日照减少、农作物减产、气候变暖、温室效应等不良后果，而作为汽车燃料的石油资源越来越少，迫使世界各国加紧研制无污染的纯电动汽车或混合动力车，以替代对环境污染严重的燃油汽车，从而极大地带动了电动车用动力电池的发展。随着镍氢电池的产业化、规模化，镍氢电池的生产成本已经大大降低。镍氢电池的发展一方面要进一步提高电池的放电容量、均匀性、稳定性、循环寿命、倍率性能及安全性；另一方面要逐步拓宽应用范围、扩大生产规模、降低生产成本、增强企业技术竞争力。在我国，镍氢电池在技术上的主要走向是：一方面充分利用我国稀土资源丰富的优势，通过合理、适度、有效的掺杂以提高储氢合金负极材料的电化学性能；另一方面通过对正极材料的超细化、高密度、掺杂等工艺技术提高其性能。同时，为解决储氢合金充放电循环中易氧化和粉化等影响镍氢电池性能和寿命的问题，科学家研究对合金进行后处理，如包覆、各种试剂的处理、热处理等，使合金性能指标和寿命大幅度提高，电池性能更加稳定。

5.2.2　镍氢电池的组成与性能

1. 镍氢电池的工作原理

镍氢电池以 β-NiOOH 作为正极活性物质，以储氢合金作为负极，电解液一般选用 KOH 溶液。电位变化时，镍电极具有脱、嵌质子的能力，而储氢合金具有吸、放氢的功能，镍氢电池正是综合利用上述两种方式实现充、放电过程。镍氢电池中，负极为金属氢化物，由 $Ni(OH)_2$ 正极材料和储氢合金(表示为 M)负极材料组成。电池反应式如下：

$$MH + NiOOH \longrightarrow M + Ni(OH)_2$$

从式中可以看出，放电过程中负极材料中的氢原子转移到正极材料成为质子，充电过程中正极的质子转移到负极成为氢原子，不产生氢气，碱性电解液并不参加电池反应。镍氢电池的工作原理如图 5.11 所示。

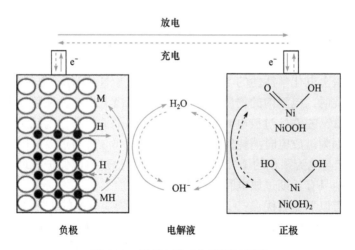

图 5.11　镍氢电池工作原理示意图

实际上，注入电池中的 KOH 电解液不仅起传输离子作用，而且其中的 OH^- 和 H_2O 在充放电过程中都参与了如下反应。

正极：

$$NiOOH + H_2O + e^- \longrightarrow Ni(OH)_2 + OH^-$$

负极：

$$MH + OH^- \longrightarrow M + H_2O + e^-$$

镍氢电池正常充放电反应表明，放电时负极的氢原子转移到正极成为质子，充电时正极的质子转移到负极成为氢原子，不产生氢气。

镍氢电池非正常使用有两种情况：①过充电：给电池充电时，可能由于没有适宜的充电控制方法来严格地控制充电，或者控制失灵，给电池充足电后未及时停止充电，进而导致过充电；②过放电：电池在深放电使用中，串联电池组中容量小的电池可能在其他电池推动下出现过放电情况。

过充电时，正极上的 $Ni(OH)_2$ 全部转化为 $NiOOH$，充电反应转变为在正极上发生电解水的析氧反应，负极上除发生电解水的析氢反应外，还存在 O_2 的复合反应。其反应式如下：

正极(产生 O_2)：

$$4OH^- \longrightarrow 2H_2O + O_2 + 4e^-$$

负极(消耗 O_2)：

$$2H_2O + O_2 + 4e^- \longrightarrow 4OH^-$$

随着过充电的继续进行，KOH 浓度和水的总量不发生变化。

过放电时：

正极(产生 H_2)：

$$2H_2O + 2e^- \longrightarrow H_2 + 2OH^-$$

负极(消耗 H_2)：

$$H_2 + 2OH^- \longrightarrow 2H_2O + 2e^-$$

放电时，正极上电化学活性的 $NiOOH$ 全部转化为 $Ni(OH)_2$，电极反应变为生成 H_2 的电解水反应。此时，电池内的物质运动为氢气从正极上生成，在负极上复合，正、负极之间电压为-0.2 V 左右。过放电时电池会自动达到平衡状态，电池温度比相同电流过充电时低得多，因为过放电时消耗的功率为反极电压-0.2 V 与过放电电流的乘积，是过充电时电压 1.5 V 与电流乘积的 1/7.5，这就是镍氢电池过放电保护机理。从电池反应可以看出，镍氢电池具有长期过放电和过充电保护能力。

镍氢电池具有以下显著优点：①能量密度高，是镍镉电池的 1.5～2 倍；②环境相容性好，又称为绿色环保电池；③可大电流快速充放电，充放电速率高；④电池工作电压也为 1.2 V，镍氢电池是镍镉电池的换代产品，电池的物理参数(如尺寸、质量和外观)完全可与镉镍电池互换，电性能也基本一致，充放电特征相似，放电到末端时，电压才会出现明显的下降，故使用时可完全替代镍镉电池，而不需要对设备进行任何改造；⑤无明显的记忆效应；⑥优异的低温性能和耐过充放能力。

镍氢电池的缺点是自放电与寿命不如镍镉电池，但也能达到 500 次循环寿命和国际电工委员会的推荐标准。吸氢电极自放电包括可逆自放电和不可逆自放电。当环境压力低于电极中金属氢化物的平衡氢压时，氢气会从电极中脱附出来，造成可逆自放电。当吸氢电极与氧化镍正极组成镍氢电池时，这些逸出的氢气与正极活性物质 NiOOH 反应生成 $Ni(OH)_2$，造成电池容量的损失，可以通过再充电复原。而不可逆自放电主要由负极的化学或电化学因素所引起。一般是合金表面电势较负的稀土元素与电解液反应形成氢氧化物等，如含 La 稀土在表面偏析并生成 $La(OH)_3$，使合金相组成发生变化，吸氢能力下降，故无法用充电方法复原。

由于负极活性物质一般采用金属氢化物(如稀土合金或 TiNi 合金)储氢材料，取代了致癌物质镉，这不仅使镍氢电池成为一种集能源、材料、化学、环保于一身的绿色环保电池，而且使电池的比能量提高了近 40%，达到 $60\sim80$ $W \cdot h \cdot kg^{-1}$ 和 $210\sim240$ $W \cdot h \cdot L^{-1}$。镍氢电池在 20 世纪 90 年代初逐步实现产业化，并且首先用于手机电池。目前虽然它在手机电池方面的主导地位已被锂离子电池取代，但其具有更好的安全性能，有望在其他领域重新获得重要应用。

2. 镍氢电池的组成

图 5.12 为镍氢电池构造示意图。镍氢电池的设计源于镍镉电池，但在改善镍镉电池的记忆效应方面有极大进展。其主要改变是负极以储氢合金取代原来使用的镉，因此镍氢电池是材料革新的典型代表。各种类型的镍氢电池都是由氢氧化镍正极、储氢合金负极、隔膜纸、电解液、正负极集流体、安全阀、密封圈、顶盖、外壳等组成。小型镍氢电池主要由正极、负极、隔膜三大部分组成，同时还预留一定的残余空间。AA 型镍氢电池构成材料的基本体积占比如图 5.13 所示。

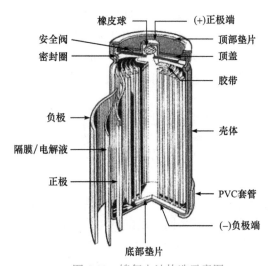

图 5.12　镍氢电池构造示意图

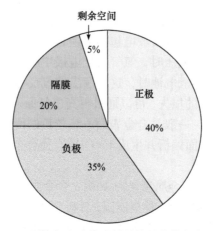

图 5.13　AA 型镍氢电池构成材料的基本体积占比示意图

1) 正极

镍氢电池正极以 NiOOH 为电极活性材料，在充电过程中脱出质子使其向负极移动，放电时质子重新嵌入正极中。一般采用高密度氢氧化镍粉末，并将其涂覆于高孔率泡沫镍或纤维镍做导电骨架，正极制造工艺可分为烧结式和泡沫镍式(含纤维镍式)两大类型。目前适用于镍氢电池正极的泡沫镍电极的厚度有 1.7 mm、2.0 mm、2.4 mm 三种规格，一般采用 2.0 mm。纤维式镍电极以活性物质、导电剂、添加剂为原材料，再经电化学浸渍处理或涂膏处理制成。活性物质氢氧化镍的制造方法很多，其中以具有球形形貌的高容量氢氧化镍品质最佳。镍电极的制作已从镍镉电池的烧结式电极转变为泡沫镍式电极。

2) 负极

镍氢电池负极以各种稀土储氢合金作为电极活性材料，在充电过程中，正极脱出质子在负极表面得电子后变成氢原子，然后吸附进入负极，在放电过程中吸附氢脱附失电子重新变成质子向正极移动。镍氢电池负极由骨架和储氢合金两部分组成，先将储氢合金粉与胶黏剂混合成膏状物质，再涂覆至泡沫镍基体与骨架组合为一体，经烘干、滚压制成。储氢合金主要由两大类金属共同熔炼制得，一般有 4 类：稀土镍系(AB₅)型、钛镍系(AB₂)型、稀土-镁系(A₂B)型及稀土-钛铁系(AB)型。其中，AB₅ 系列和 AB₂ 系列合金目前的市场占有率最高。

制取正、负极片需要采用一定量的胶黏剂，将正极活性物质或负极活性物质与导电剂调成浆状，涂覆于泡沫镍或镀镍钢带上。胶黏剂通常采用聚四氟乙烯(PTFE)加少量羧甲基纤维素(CMC)。

3) 电解液和隔膜

电解液为强碱性混合溶液，通过质子与氢氧根结合成水及水重新解离为质子和氢氧根，从而起到让质子在正、负极之间来回移动的载体作用。电解液吸附于各极片和隔膜中间，镍氢电池一般以 KOH 水溶液作为电解液，有的加入少量 LiOH 或 NaOH。隔膜是正极与负极之间的物理隔阂，并对抑制充放电过程中的副反应有重要作用。镍氢电池隔膜一般采用尼龙无纺布或聚丙烯(PP)无纺布，但尼龙无纺布在碱性电解液中会发生解离，故在制作镍氢电池时较少使用。目前 90%以上都采用 PP 无纺布，也有的采用 SO₃H 或

COOH 表面改性的聚乙烯(PE)无纺布或薄而致密的微纤维织物。镍氢电池使用的 PP 无纺布，因机械强度问题，其厚度必须在 0.1 mm 以上，一般为 0.12～0.13 mm，这比锂离子二次电池所用的薄膜厚很多。为提高镍氢电池的放电容量，隔膜的薄化成为目前最重要的课题。目前隔膜制造厂商应用超细纤维技术开发出超细纤维无纺布，供镍氢电池制造使用。

4) 安全阀和外壳

在镍氢电池的顶部有可以重复使用的安全排气装置，即安全阀，它是镍氢电池的重要组成部分。在通常情况下过充电产生的气体可以重新化合，以保持电池内部压力平衡。但在错误充电或不正当操作的条件下，若氧和氢的生成率大于重组速度，则电池的排气孔打开，压力降低，从而防止电池破裂。当压力降低时，排气孔可以恢复到原来的状态，并重新使用。

3. 镍氢电池的性能

镍氢电池的性能除放电容量、工作电压、内阻、自放电、储存性能、高低温性能外，还包括循环寿命、充放电性能、内压等。

1) 放电容量

放电容量是指在一定放电条件下可以从电池获得的电量，即电流对时间的积分，一般用 A·h 或 mA·h 表示。它直接影响电池的最大工作电流和工作时间，是实际应用中决定电池性能优劣的关键因素。放电容量是镍氢电池最重要的性能参数。自 20 世纪 90 年代初实用化以来，镍氢电池的容量不断提高。对于日常应用普遍的 AA 型电池，容量由最初的 1000 mA·h 左右提高到 1993 年的 1200 mA·h，1995 年前后已提高至 1500 mA·h。目前主流 AA 型电池的容量为 1800～2300 mA·h，2004 年三洋等公司发布了容量 2500 mA·h 的 AA 型镍氢电池。2007 年，我国企业也宣布推出一款具有大容量的 AA 型镍氢电池产品，容量达到 2700 mA·h。目前，河南创立新能源科技股份有限公司等可以制造从扣式电池到 AA 型号的各类镍氢电池，并掌握了新型阀控免维护镍氢电池的创新技术。

电池的实际容量与放电过程的放电机制密切相关，因此总是与额定容量存在一定的偏差。具体来说，在大电流即高倍率放电时，电极的极化增强，内阻增大，产生较大的放电电压降，导致电池的实际容量一般都低于额定容量。相反，在低倍率放电条件下，电池极化小，放电电压下降缓慢，此时电池的实际容量往往高于其额定容量。充电电流、容量、静置时间、放电终止电压和放电电流等均对放电容量产生影响，如充电电流倍率增大，进一步造成电极极化增强，加剧镍氢电池中氧气析出，因此充电效率和放电容量较低。

2) 工作电压

工作电压又称放电电压，是指放电电压平台。镍氢电池的工作电压一般为 1.2 V，它是镍氢电池的重要性能指标。研究结果表明，欧姆内阻与放电电压平台有重要关系。不同欧姆内阻的镍氢电池，其放电电压平台衰减规律也不一样。对于欧姆内阻较小的电池，非欧姆极化决定 1.2 V 放电电压平台；相反，欧姆内阻较大的电池，1.2 V 放电电压平台主要由欧姆极化控制；欧姆内阻介于二者之间时，1.2 V 放电电压平台由欧姆极化和非欧姆极化联合控制。研究中还发现，放电进入末期时，镍氢电池的非欧姆极化急剧上升，导致电池电压迅速下降到放电截止电压，使电池终止放电。

3) 电池的内压和内阻

电池的内压和内阻是影响电池性能的重要指标，两者相互依赖。电池的内阻大，充电时电池内压偏高，造成电池的密封性能变坏，过充电时还有可能引起爆炸；而放电时内阻消耗变大，使放电容量出现明显的下降。因此，设计电池时应力求内压适中，内阻越小越好。镍氢电池产生内压的原因是电池在充放电过程中，正极析出氧气和负极析出氢气，从而产生电池的内压。镍氢电池的内压一直存在，通常都维持在正常水平，不会引起安全问题。一般充电电流越大，内压越高，因而在过充电或过放电情况下，电池内压升高到一定程度，就会出现安全问题。

电池的内阻是指电流通过电池内部时受到的阻力，是电池一个极为重要的参数。内阻的存在使电池的输出电压降低，即电池的工作电压总是小于电动势或开路电压。在放电过程中，电池内阻随时间不断变化，因为活性物质的组成、电解液浓度和温度都在不断改变。电池的内阻一般包括欧姆内阻(R_Ω)和极化内阻(R_f)两部分，二者之和称为电池的全内阻($R_内$)。

$$R_内 = R_\Omega + R_f$$

欧姆内阻主要由电极材料、电解液、隔膜的电阻及各部分之间的接触电阻组成，与电池的尺寸、结构、电极的成型方式及组装松紧度有关，欧姆内阻遵守欧姆定律。极化内阻是指化学电源的正极与负极在电化学反应进行时由极化所引起的内阻，包括电化学极化引起的内阻和浓差极化引起的电阻。极化内阻与活性物质的本性、电极的结构、电池的制造工艺有关，尤其是与电池的工作条件密切相关，放电电流和温度对其影响很大。镍氢电池内阻小、放电电压平台高，在充放电过程中，可延长放电时间，提高电池的大电流放电性能。其内阻变化主要受正、负极活性物质氧化态/还原态转化的影响。

4) 电池的自放电和储存性能

电池的自放电主要是由电极材料、制造工艺、储存条件等多方面因素决定的。镍氢电池的自放电受控于储氢合金电极，储氢合金电极的自放电可以分为可逆放电与不可逆放电两部分。可逆放电是由于电极合金的平面压力大于电池内压而产生的，不可逆放电是由于电极合金不断氧化失效而产生的。

电池的储存性能是指电池在一定条件下储存一定时间后主要参数的变化，主要包括容量下降、外观变形或渗透情况。电池在储存过程中容量下降的主要原因是电极的自放电，自放电率高对电池的储存非常不利，因此镍氢电池一般不适宜存放太长时间。

5) 循环寿命

二次电池经历一次充放电称为一次循环或一个周期。在一定条件下，将充电电池进行周期性充放电，当容量等电池性能低于规定的要求时所产生的周期称为循环寿命。循环寿命也是镍氢电池重要的性能指标。各类二次电池的循环寿命都有差异，即使同一系列、同一规格的产品，循环寿命也可能有很大差异。随着充放电循环次数的增加，二次电池容量衰减是必然的过程，这是因为在充放电循环过程中，电池内部会发生一些不可逆的过程，引起电池放电容量的衰减。为了延长电池的循环寿命，研究者通过各种方法缓解电池容量的衰减，常见的方法主要有正负极材料的掺杂改性、电解液与隔膜改性工艺、电池结构的改变等。

6) 温度

电池中电极材料的电化学活性和电解液的离子电导率等都与温度密切相关，因此环境温度对镍氢电池性能的影响非常关键。温度高有利于合金中氢原子的扩散，提高了合金的动力学性能，且电解液中 KOH 的电导率也随温度升高而增加，因此镍氢电池的中高温放电容量明显高于低温放电容量，说明中高温放电性能强于低温放电性能。然而，当温度高于 45 ℃时，虽然电解质电导率大、电流迁移能力强、迁移内阻减小，但电解液溶剂水分蒸发快，增加了电解液的欧姆内阻，两者相互抵消。

5.2.3　镍氢电池的应用

随着科技的进步，人们的环保和天然有限资源意识不断提高，清洁能源的开发和高效储存成为当今世界一个至关重要的问题。作为绿色能源的代表，镍氢电池具有能量密度高、功率大、无污染等综合特性，可以满足电子设备日益增长的便携性需求，应用于便携式通信仪器、移动照明、打印机、仪器仪表、医疗设备、液晶电视机、电动玩具、数码产品和空间卫星的电源等诸多方面(图 5.14)。

图 5.14　镍氢电池的应用场景

1. 小型二次电池

在小型二次电池领域，镍氢电池在市场竞争中面临镍镉电池和锂离子电池两面夹击。在价格方面镍镉电池占据优势，在能量密度方面镍氢电池不如锂离子电池。在与镍镉电池的竞争中，镍氢电池通过实现规模化生产降低了生产成本，迅速取代了部分镍镉电池市场。为了与锂离子电池竞争，镍氢电池正在向高容量化方向发展。AA 型电池容量已达 $1600\sim2500\,mA\cdot h$，4/3A 型电池容量达到 $4000\sim5000\,mA\cdot h$，体积比能量达 $360\,W\cdot h\cdot L^{-1}$ 以上。从全球镍氢电池市场发展现状来看，小型镍氢电池市场需求基本平稳。日本富士经济数据显示，2019 年全球小型镍氢电池生产规模为 10.2 亿只。

2. 电动车用动力电池

除作为电子信息领域迫切需求的小型移动电源外，镍氢电池已成为电动车的电源之一。近年来，随着人们对城市空气质量及地球石油资源危机等问题的日趋重视，保护环境和节约能源的呼声越来越高，促使人们高度重视新能源汽车技术的发展。党的十八大以来，我国深入推进实施新能源汽车国家战略，新能源汽车产业持续健康发展，逐步成为推动全球汽车产业转型升级的重要力量，成功实现了从跟跑到领跑。迄今为止，制约整个电动车行业发展的主要因素是电动车用动力电池。镍氢电池相较于锂离子电池具有优异的大倍率放电能力，使其在混动汽车的应用中大放异彩。20 世纪 90 年代初，日本、美国、法国、德国等国家纷纷制定了相应的电动车用动力电池发展计划，1997 年底，美国通用汽车(GM)-奥文尼克公司已开始批量生产镍氢动力电池，并装备了 30 辆 Chevy S-10 电动汽车进行试车运行，1998 年该公司又进一步扩大了镍氢动力电池的年产量。截至 2016 年 4 月，全球采用镍氢电池的油电混合动力汽车(HEV)累计销量已超过 1100 万辆，其中丰田 HEV 全球累计销量已超过 900 万辆。近年来，随着 HEV 呼声的提高，高功率镍氢动力电池以其综合性能优势成为 HEV 动力电源的首选。2014 年，全球电动车出货量为 236 万辆，其中 HEV 为 215 万辆，占总量的 91%，其中镍氢电池 HEV 销售量为 135 万辆，占 HEV 总出货量的 63%。2020 年，HEV 车的年销量为 500 万辆，镍氢电池用量达到 $3.14 \times 10^6\,kW \cdot h$，占比 65%。

3. 电动工具用动力电池

电动工具市场一直被具有高倍率放电特性的镍镉电池垄断。世界各国已禁止使用电池负极材料镉，因其有剧毒，严重污染环境。由于电动工具市场巨大，每年大约需 5 亿只电池，各国都在致力于开发电动工具用镍镉电池的替代品。绿色环保镍氢电池与镍镉电池具有互换性，能量密度是其 1.5 倍以上。随着镍氢电池制备技术的日益成熟，其高功率特性也得到了极大的提高。

早在 21 世纪初，日本松下公司推出的 3500 mA·h 镍氢电池就是镍镉电池电动工具市场的替代品。美国发展了 SC 型电池，容量可达 2.2~2.4 A·h，且能在 10~20 C 倍率放电，因此已进入电动工具市场，逐步取代高功率镍镉电池。美国永备公司的 2.2 A·h 镍氢电池已实用化，与镍镉电池相比，它在电动工具中的工作能力有显著提高。德国瓦尔塔(Varta)公司也开发了用于电动工具的超高功率型(UHP)镍氢电池。我国的天津津川公司、江苏海四达集团有限公司、深圳市佳力能电子有限公司等开发出电动工具用高倍率放电的镍氢电池，并已大规模应用。

从全球镍氢电池市场发展现状来看，小型镍氢电池市场需求在逐步下降，大型电池的需求稳定上升。镍氢电池的发展同时面临着各类一次电池、镍镉电池、铅酸电池和锂离子电池的激烈竞争，结合其自身性能特点和价值细分市场，才能体现其核心竞争力。现阶段，先进镍氢电池主要向高能量、高功率、宽温区、低成本、低自放电等方向整体发展，并且已经取得较大的进展。

5.3　氢能源汽车

5.3.1　氢能源汽车简介

氢能源汽车是以氢作为能源的汽车,将氢反应产生的化学能转换为机械能或电能推动车辆。氢能源汽车分为两种,一种是氢内燃机汽车(hydrogen internal combustion engine vehicle, HICEV),以内燃机燃烧氢气产生动力推动汽车,但由于存在诸多缺点,逐渐淡出人们的视线;另一种氢燃料电池汽车(fuel cell vehicle, FCEV)是使氢或含氢物质与空气中的氧在燃料电池中反应产生电力推动电动机,由电动机推动车辆。氢燃料电池的原理是将氢输入燃料电池中,氢原子的电子被质子交换膜阻隔,通过外电路从负极传导到正极,成为电能驱动电动机,而质子可以通过质子交换膜与氧化合为纯净的水雾排出。近年来,国际上以氢为燃料的燃料电池发动机技术取得重大突破,而氢燃料电池汽车已成为推动“氢经济”的发动机。高速车辆、公交车、潜水艇和火箭已经以不同形式使用氢,有效减少了燃油汽车造成的空气污染问题。

用氢气作燃料有许多优点,首先是干净卫生,氢气燃烧后的产物是水,不会污染环境,其次是氢气燃烧产生的热量比汽油高。1965 年,国外就已设计出了能在马路上行驶的氢能源汽车。我国也在 1980 年成功制造出了第一辆氢能源汽车,可乘坐 12 人,储存氢材料 90 kg。氢能汽车行车路远,使用寿命长,最大的优点是不污染环境。氢燃料的燃烧产物是水和少量氮氧化合物,对空气污染很小。氢气可以从电解水、煤的气化中大量制取,而且不需要对汽车发动机进行大的改装,因此氢能源汽车具有广阔的应用前景。

5.3.2　氢能源汽车的关键技术

氢能源汽车的关键技术主要包括氢气的制备、氢气的储运、质子交换膜燃料电池、加氢站系统,以及氢燃料电池发动机系统集成技术等,其中前四种已经在本书前面章节进行了详细介绍。本节专门介绍用于氢能源汽车的氢燃料电池发动机系统集成技术。

1. 氢燃料电池发动机系统组成

氢燃料电池发动机系统由电堆、空气供给系统、氢气供给系统、水热管理系统、电控系统组成,如图 5.15 所示。

氢燃料电池发动机系统的集成设计目标是将氢燃料电池零部件按照工作原理及设计要求布置在氢燃料电池电堆周边合理的位置,通过支架、硅胶管和壳体机械结构将各个子系统零部件合理地连接起来,组成一个刚性整体,最终完成氢燃料电池发动机系统的集成。

2. 氢燃料电池发动机系统零部件选型匹配

1) 电堆的选型研究

分析国内商用车用氢燃料电池系统现状,基本可概括为 3 大技术路线,即分别以巴

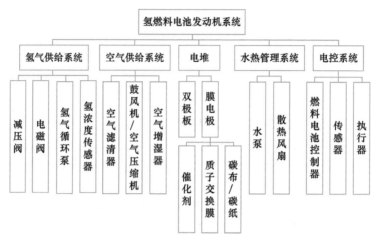

图 5.15　氢燃料电池发动机系统组成

拉德电堆、氢能电堆、国产电堆为核心进行扩展研发。

2) 氢气供给系统选型研究

氢气循环泵是氢燃料电池发动机氢气供给系统核心部件之一。美国 Park 公司开发的氢气循环泵可用于不同的氢燃料电池汽车,美国阿贡(Argonne)国家实验室开发了氢气引射装置及与氢气循环泵混合循环系统,各大汽车公司也开发相应的氢气循环装置,并用于氢燃料电池发动机。国内的车载供氢系统更偏向于系统集成的技术,储氢罐阀门、压缩器、传感器部件和设备以外国采购为主,而这些零部件技术的落后一定程度上制约了我国氢燃料电池汽车氢气供给系统的发展。国产化是市场最紧迫的需求,国内企业未来需要在研发零部件方面进行不懈努力,以大幅降低成本。

3) 空气供给系统选型研究

空气供给系统提供反应所需的氧,可以是纯氧,也可以用空气。空气供给系统可以用马达驱动的鼓风机或空气压缩机(简称空压机),也可以用回收排出余气的透平机或压缩机的加压装置。典型的氢燃料电池空气供给系统主要由空气滤清器、空压机、空气增湿器和连接管道组成。其中,空压机是空气侧供气系统的重要部件。增加氢燃料电池发动机的效率和功率密度需要通过对氢燃料电池电堆入口空气进行增压,进而增加系统的体积功率密度。然而,空压机功耗非常大,约占氢燃料电池辅助系统能耗的 80%,其效能直接影响系统电堆内部的水含量,并且影响系统的紧凑性和效率。因此,空压机的选型尤为重要。空压机的种类很多,按工作原理可分为 3 大类:

(1) 容积型:活塞式空压机、螺杆式空压机、涡旋式空压机。

(2) 速度型:离心式压缩机、鼓风机。

(3) 电磁型:电磁式空压机、热力型压缩机(如喷射器)。

当前用于氢燃料电池的空压机有容积型和速度型两种,电磁型仍未完全进入市场。大量研究表明,氢燃料电池对空气供给系统的要求越来越高,未来发展可能会偏向于离心式和涡旋式空压机。

氢燃料电池空气供给系统的另一个关键部件是空气增湿器。氢燃料电池的质子交换膜需要含有足够的水才能促进质子的传输,因此需要空气增湿器将进入电堆的空气进行增湿，保障质子交换膜的湿润性。可以通过提高质子交换膜的电导率、降低膜电阻提高相对湿度，从而提高 PEMFC 的性能输出。但相对湿度也不是越高越好，当相对湿度高于 100%时，意味着气体中已有液态水存在，如果这些液态水无法有效排走，则容易导致水淹。目前应用于 PEMFC 系统的空气增湿通常是内部增湿和外部增湿。内部增湿是通过改变电堆两侧端板的结构可以实现电堆的内增湿；外部增湿是指在反应气体进入电池反应前，通过电池外部附加装置实现对燃料气体的增湿。

对于车载 PEMFC 系统，外部增湿因其增湿量大且稳定、易于操作的特点成为目前最常用的增湿方式。空气增湿器导致氢燃料电池发动机系统复杂且效率低下，还会导致系统的体积密度和功率密度都下降，并造成利润率降低，阻碍了氢燃料电池的商业化发展。在此背景下，小型化或取消空气增湿器转而进行自增湿的研究和开发将成为发展趋势。日本丰田汽车公司等企业采用先进系统设计，已经取消了空气增湿器，有效提高了低温冷启动性能。

3. 水热管理系统选型研究

PEMFC 实际工作时，热能积累使电池内部逐渐升温，有利于提高电化学反应速率和质子在电解质膜内的传递速率，反应产物水也能随着过量反应气体及时排出。但温度过高会使质子交换膜脱水，导致电性能变差，温度过高还会使质子交换膜因高温而被灼烧出大的孔洞，造成氢气向空气侧泄漏。因此，维持电堆内部温度在 70~80 ℃是非常合理的。水热管理系统通过循环水将电堆内部的温度降低，保障质子交换膜不会因高温而灼烧出微孔。水热管理系统中还包括水泵、节温器、散热风扇、流量计、阀门部件。常用的传热介质是去离子水或特殊的防冻液。氢燃料电池水、热平衡紧密相连，并且对其电池性能、耐久性和安全性有着至关重要的作用。因此，保持水、热最佳平衡需要对空气和氢气及水的流速和流量进行精确控制。

4. 电控系统研究

氢燃料电池电控系统主要由氢燃料电池控制器(FCU)对各种输入信号进行判断计算，并由执行机构(如空压机、水泵等部件)进行动作执行，控制氢燃料电池附件工作，以保障氢燃料电池电堆在最佳的工作点进行工作。

氢燃料电池电控系统包括氢燃料电池控制器、空压机控制器、单体电压巡检系统(CVM)、水泵控制器、DCDC 升压控制等。控制系统如果按模块划分，可分为氢气供给系统的控制、空气供给系统的控制、水热管理系统的控制等；如果按运行程序划分，又可分为工作模式(CRM 和 CDR)策略、状态及迁移策略、氢燃料电池单体电压巡检处理策略、阳极氢气吹扫(purge)过程控制策略、水热管理控制策略、阳极氢气循环回路控制策略、阴极空气供给控制策略、冷启动过程控制策略、防冻处理策略、泄漏检查(leak check)策略、报警(alarm)和故障(fault)判定及处理规则。电控系统的终极目标是发挥辅助系统的综合作用，保障氢燃料电池电堆的高效运行，实现能量的最优利用。

保障氢燃料电池耐久性的控制技术在未来一段时间内将发挥越来越重要的作用。氢燃料电池系统的耐久性很大程度上取决于对氢燃料电池的控制，通过大数据分析，动态工况的变载策略、长时间怠速工作模式、频繁的启动和停机都会缩短氢燃料电池的寿命。因此，电控技术将成为氢燃料电池系统开发最核心的技术之一。

5.3.3 氢能源汽车的市场分析

1. 氢能源汽车行业政策

新能源汽车行业作为国家战略性新兴产业，中央和地方政府陆续出台了一系列扶持培育政策，为新能源产业未来的持续发展创造了条件，驱动我国新能源汽车持续向好的方向发展。我国新能源汽车行业部分政策汇总见表5.2。

表5.2 我国新能源汽车行业部分政策汇总

日期	政策名称	内容
2020	《新能源汽车产业发展规划(2021-2035年)》	到2025年，新能源汽车新车销售量达到汽车新车销售总量的20%左右；力争经过15年持续努力，我国新能源汽车核心技术达到国际先进水平，质量品牌具备较强国际竞争力
2020	《乘用车企业平均燃料消耗量与新能源汽车积分并行管理办法》(修改)	建立了积分管理平台，组织实施了2次积分交易，行业企业普遍加大研发投入、加快车型投放，产品性能质量稳步提升，市场主体活力充分激发，通过线上和线下沟通与交易，促进了企业间的交流与合作，提高了资源配置效率。2019年，我国新能源乘用车销售106万辆，连续5年位居世界首位；行业平均油耗实际值达到5.5 L·(100 km)$^{-1}$，较2016年下降10%以上
2020	《四部委关于完善新能源汽车推广应用财政补贴政策的通知》	将新能源汽车推广应用财政补贴政策实施期限延长至2022年底。平缓补贴退坡力度和节奏，原则上2020~2022年补贴标准分别在上一年基础上退坡10%、20%、30%
2020	关于新能源汽车免征车辆购置税有关政策的公告	自2021年1月1日至2022年12月31日，对购置的新能源汽车免征车辆购置税
2020	《关于加快建立绿色生产和消费法规政策体系的意见》	建立完善节能家电、高效照明产品、节水器具、绿色建材等绿色产品和新能源汽车推广机制，有条件的地方对消费者购置节能型家电产品、节能新能源汽车、节水器具等给予适当支持
2019	《关于加快发展流通促进商业消费的意见》	释放汽车消费潜力。实施汽车限购的地区要结合实际情况，探索推行逐步放宽或取消限购的具体措施。有条件的地方对购置新能源汽车给予积极支持
2020	《关于进一步完善新能源汽车推广应用财政补贴政策的通知》	进一步完善新能源汽车推广应用财政补贴政策，优化技术指标，坚持"扶优扶强"；完善补贴标准，分阶段释放压力；完善清算制度，提高资金效益；营造公平环境，促进消费使用；强化质量监管，确保车辆安全

2. 燃料电池汽车产销量

燃料电池汽车相比传统燃油汽车具有无污染、零排放、无噪声、无传动部件的优势，相比电动汽车具有续航里程长、启动快的优势。我国目前已研发出燃料电池乘用车、物流车等不同类型。数据显示，2021年1~10月，燃料电池汽车产量和销量分别为940辆和953辆(图5.16)，同比分别增长45.3%和44.8%。

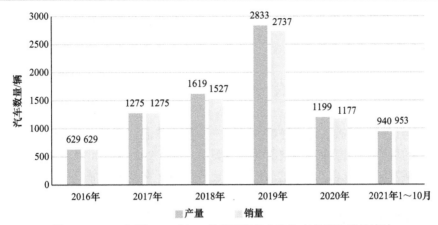

图 5.16　2016 年至 2021 年 10 月我国燃料电池汽车产量和销量统计

3. 氢能源汽车行业发展趋势

在倡导健康环保的时代背景之下，发展新能源汽车是目前的主流趋势之一。其中，氢能源汽车具有良好的环境相容性、能量转换效率高、噪声小、续航里程长、加注燃料时间短、无需充电等特点，被视为很有前景的清洁能源汽车。近年来，氢能产业的热度逐年攀升。中国汽车工程学会预测到 2030 年，我国氢能汽车产业产值有望突破万亿元大关。为构建可持续发展社会，未来氢能源汽车市场规模将进一步扩大，加速推进绿色环保社会。但值得注意的是，目前氢燃料电池的关键核心部件水平参差不齐，过度依赖龙头企业产品和技术，供应链中的"卡脖子"产品，如电机控制器、车载芯片、电子车身稳定系统等过度依赖进口。随着"双循环"及"十四五"规划的提出，相信我国将逐步突破"卡脖子"关键核心技术，实现氢能源汽车高质高量快速发展。

思　考　题

1. 简述燃料电池的重要部件的结构及功用。
2. 燃料电池与一般电池有什么不同？
3. 以氢气为燃料、氧气为氧化剂时，写出各电极反应式和总反应式。燃料电池的应用领域有哪些？
4. 什么是镍氢电池？镍氢电池主要由哪几部分组成？
5. 镍氢电池的应用领域主要有哪些？
6. 镍氢电池的充放电机理是什么？
7. 镍氢电池发生自放电的原因主要有哪些？
8. 镍氢电池的实际工作容量与额定容量有差别，其主要原因有哪些？
9. 氢燃料内燃机汽车存在哪些劣势？
10. 各类空压机的优缺点是什么？

第 6 章 氢能展望

当今社会正迎来低碳、绿色转型的"第三次能源革命"浪潮。在这个大背景下，以氢能为代表的可再生能源迎来了空前的发展契机。截至 2022 年，世界主要国家接连公布了各自的氢能发展战略(表 6.1)，这表明全球已经形成了在氢能领域发展、推动燃料电池应用，实现"碳中和"及能源绿色化的共识和决心。我国作为能源大国，正在不断提高氢能在能源结构中的比重。2022 年数据显示，全球年产氢量约 9.813×10^7 t，而我国年产氢量 3.781×10^7 t，占世界产氢量的 38.5%左右。《中国氢能源及燃料电池产业白皮书》预估，2050 年我国的能源结构中氢能的占比将达到 10%。因此，氢能的发展不仅是满足我国能源需求的必要条件，也是促进我国实现"双碳"目标的有效途径。

表 6.1 多个国家氢能发展战略

国家	年份	政策/规划	目标/意义	氢能产量
中国	2015	《中国制造 2025》	明确了新能源汽车是未来的重点发展领域	2022 年氢气产量达 3.781×10^7 t
	2016	《能源技术革命创新行动计划(2016—2030 年)》	实现氢能和燃料电池的普遍应用	
	2018	创立"中国氢能联盟"	指导中国氢能源及燃料电池产业创新	
	2020	《中华人民共和国能源法(征求意见稿)》	首次将氢能列为能源范畴	
	2020	《关于开展燃料电池示范应用的通知》《新能源汽车产业发展规划(2021—2035 年)》	推广氢能和燃料电池汽车的发展，加速氢能商业化	
	2021	"十四五"规划和 2035 年远景目标纲要	明确氢能作为未来产业之一应推动其孵化与加速计划	
	2022	《氢能产业发展中长期规划(2021—2035 年)》	将氢正式纳入能源体系	
日本	2014	第四次能源基本计划	建设"氢能社会"	于 2030 年达到 3×10^6 t·a⁻¹
	2017	氢能源基本战略	确立了 2050 年氢能社会建设目标	
	2018	东京宣言	与国际氢能大国携手共研，加强民众对氢能的接受程度	
	2019	第五次能源基本计划	推动工业界-学术界-政界联合行动，实现"氢能社会"	
	2021	绿色创新基金	设置基金支持技术创新	
	2021	第六次能源基本计划	力争 2030 年将氢的成本降低至与化石燃料同等水平，加速社会应用	

续表

国家	年份	政策/规划	目标/意义	氢能产量
韩国	2019	《氢能经济活性化路线图》	2030 年，力争在氢动力汽车和燃料电池领域占据全球市场份额第一的位置	2030 年达 1.94×10^6 t·a^{-1}，2040 年达 5.26×10^6 t·a^{-1}
	2021	氢能产业一揽子发展规划	预计在 2050 年以 100%清洁氢满足韩国每年 2790 万吨氢能需求，届时氢能将成为韩国主要能源，供应 33%能源消耗和 23.8%发电量	
美国	2002	《国家氢能路线》	构建氢能中长期发展愿景	2020 年为 1.0×10^7 t·a^{-1}
	2003	《总统氢燃料倡议》	促进氢燃料电池汽车技术和相关基础设施的商业化应用	
	2014	《全面能源战略》	加大氢能燃料电池研发资金投入和产业补助，加速氢能在交通行业的推广应用	
	2020	《氢能计划发展规划》	明确未来 10 年氢能发展的技术、经济指标	
	2021	《碳中和氢能技术基础科学》	明确高效新型电解水制氢、氢机理等 4 个优先研发方向	
德国	2016	气候保护规划 2050	实现"碳中和"	2020 年为 1.798×10^6 t·a^{-1}
	2020	国家氢能战略	引领全球绿氢发展，2050 年实现零碳能源转型	
意大利	2021	国家氢能战略	2030 年实现氢能占比 2%，减排 8×10^6 t (CO_2)，2050 年氢能占比达到 20%	—
澳大利亚	2019	国家氢能战略	打造全球氢气供应基地	2019 年为 5.0×10^5 t·a^{-1}

目前发展氢能与燃料电池已写入政府工作报告，纳入"十四五"规划。"双碳"目标的提出加速了传统化石能源向绿色可再生能源的转型，出台了一系列政策扶持以氢能为代表的新能源行业。目前，已经形成了京津冀、长三角和珠三角三大氢能发展重点区域。在北京冬奥会期间，大量使用氢燃料电池车，6 家加氢站在冬奥会期间提供氢燃料电池车加氢服务，同时考虑冬奥会火炬需要在低温的环境中运行，采用了氢燃料以确保在极寒天气中使用。然而，氢能产业链的复杂性，加之其中众多技术目前仍处于初级发展阶段，导致生产成本居高不下，这为其未来发展增加了更多的不确定性。"氢能热"的背后，一系列问题已经初步显现：资源分散，导致利用效率低下问题日益突出，同时盲目的重复建设现象也开始显现。个别地区对于氢燃料在交通领域的普及率过于乐观，导致氢燃料汽车和加氢站的规划和建设数据严重超过实际需求，产生了不小的资源浪费。考虑到氢能技术的多样性特点，有必要深刻理解氢能技术发展的规律，以确保在不同的发展阶段和条件下，选择最合适的技术路径，从而能够更有效地规划和推动氢能产业的高水平、长期可持续发展。

6.1 未来氢能技术

氢能作为二次能源，必须从一次能源转换得到，再运输至用能终端，转化为电力、热能或机械动力。因此，氢能的制取和使用是未来氢能技术的主力部分。

6.1.1 氢气制取

在制氢过程中，氢气根据制取过程中的碳排放强度分为三种类型，即灰氢、蓝氢和绿氢。其中，灰氢是指化石燃料经过重整制得的氢气，因其技术成熟且成本优势显著，目前约占全球市场氢源供应的 95%。蓝氢是指采用加装碳捕集与封存(CCS)技术的化石能源制氢和工业副产氢，其制氢过程中碳排放量大幅降低。绿氢则是指可再生能源制氢及核能制氢，其制氢过程中几乎不产生碳排放，是未来氢气制取的主流方向。但是，由于绿氢制取技术目前成熟度较低、技术成本高，推广应用仍需要时间。表 6.2 列举了一些典型制氢技术的现状。

表 6.2 典型制氢技术的成熟度、生产规模和碳排放强度对比

氢气	工艺路线	技术成熟度	生产规模/(m³·h⁻¹)	碳排放强度/(kg CO₂·kg H₂⁻¹)
灰氢	煤制氢	成熟	$1\times10^3 \sim 2\times10^5$	19
	天然气制氢	成熟	$2\times10^2 \sim 2\times10^5$	10
蓝氢	煤制氢+CCS	示范论证	$1\times10^3 \sim 2\times10^5$	2
	天然气重整制氢+CCS	示范论证	$2\times10^2 \sim 2\times10^5$	1
	甲醇裂解制氢	成熟	$50\sim500$	8.25
	芳烃重整副产氢	成熟	—	有
	焦炉煤气副产氢	成熟	—	有
	氯碱副产氢	成熟	—	有
绿氢	电解水制氢	初步成熟	$1\times10^{-2} \sim 4\times10^4$	—
	核能制氢	基础研究	—	—
	生物质制氢	基础研究	—	—
	光催化制氢	基础研究	—	—

当前，我国的氢气供应结构中，约 77.3%来自化石能源制氢，21.2%来自工业副产品制氢，仅有 1.5%来自电解水制氢。根据中国氢能联盟的预测，未来短期内，化石能源制氢仍将占据中国氢气供应的主要来源，工业副产品制氢则为其提供了一定的补充，而可再生能源制氢的占比将逐年上升。预计到 2050 年，可再生能源制氢将占据约 70%的市场份额，化石能源制氢占据 20%，其他技术(如生物制氢)将占据 10%。各种典型制氢技术的成本对比如图 6.1 所示。化石燃料制氢技术具有较高的成熟度，已实现大规模

生产，并且是当前成本最低的制氢方式。在资源禀赋方面，我国的煤炭资源独树一帜，因此我国煤制氢的成本低至 $6.8\sim12$ 元·kg^{-1}。可以预见的是，随着未来碳排放管控加强，化石燃料重整制氢必然要结合 CCS 技术使用，所以煤制氢成本短期内可能会随之上升。由于我国天然气依靠进口，所以天然气制氢成本相对较高。除此之外，工业副产品制氢也是重要的氢气来源，但是其产品需要经过纯化处理，故成本略高于煤制氢。核能制氢尚处于研究阶段，成本区间较大，前景还不明朗。生物质制氢的原材料成本较低，但是氢气提纯难度较大，还处于不成熟的阶段。电解水制氢由于电费和设备成本较高，目前制氢成本高达 $22.5\sim33.6$ 元·kg^{-1}，远高于化石能源制氢和工业副产品制氢成本。不过，电解水制氢在消纳风、光等可再生能源方面具有巨大的潜力，被视为未来制氢的主流方式。

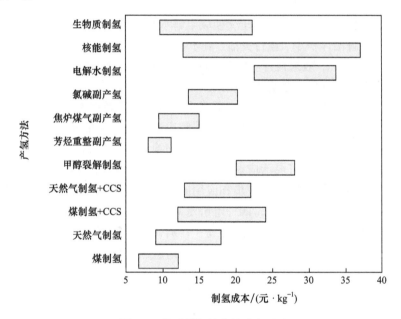

图 6.1　典型制氢技术的成本对比

在氢能产业中，电解水制氢技术是最主要的方法之一。电解水制氢技术主要分为四种类型：碱性电解水(AWE)、质子交换膜(PEM)电解水、固体聚合物阴离子交换膜(AEM)电解水和固态氧化物电解水(SOE)。这些技术的主要区别在于使用的电解液、电解槽结构和膜的材料等方面，相关特性对比如表 6.3 所示。

表 6.3　四种电解水制氢技术对比

电解技术	碱性电解水制氢	质子交换膜电解水制氢	固态氧化物电解水制氢	固体聚合物阴离子交换膜电解水制氢
电解质	碱性水溶液	质子交换膜	固态氧化物	氢氧根离子交换膜
工作温度/℃	70～90	50～80	700～850	40～60
电解效率/%	60～75	70～90	85～100	60～75

电解技术	碱性电解水制氢	质子交换膜电解水制氢	固态氧化物电解水制氢	固体聚合物阴离子交换膜电解水制氢
优点	技术成熟，成本低	安全无污染，灵活性高，能适应波动电源	安全无污染，效率高	使用非铂金属催化剂，能适应波动电源，安全无污染
缺点	存在腐蚀污染问题，维护成本高，响应时间长	质子交换膜等核心技术有待突破，成本高	工作温度过高，实验阶段，技术不够成熟	交换膜技术有待突破，生产规模有待提高
成熟度	商业化成熟	初步商业化	研发	研发

　　碱性电解水制氢技术是最早被商业化应用的电解水制氢技术之一，已经有数十年的应用经验，相对来说技术最为成熟。质子交换膜电解水制氢技术近年来产业化发展迅速，具有电流密度高、电解槽体积小、运行灵活、利于快速变载等特点，可与风电、光伏发电(波动性和随机性较大)搭配，效果良好。目前，质子交换膜电解槽的应用范围逐渐扩大，成本也在降低，其技术应用的发展趋势更加明朗。而固态氧化物电解水制氢与固体聚合物阴离子交换膜电解水制氢技术仍在起步阶段，并且受到材料学科等相关学科进展的影响。

　　从时间尺度上看，碱性电解水制氢技术在解决近期可再生能源的消纳方面有易于快速部署和应用的优势。但从技术角度来看，质子交换膜电解水制氢技术具有更高的电流密度和更小的电解槽体积，可灵活应对能源波动性较大的情况，因此具有更大的发展空间和潜力。未来，随着技术的不断进步和应用的扩大，电解水制氢的成本将不断降低，从而更好地满足可再生能源的需求。四种电解水制氢技术从构想实验到商业化情况如下：固态氧化物电解水制氢效率高，工作温度高，目前仍处于实验室阶段。固体聚合物阴离子交换膜电解水制氢技术成本较低，且能很好地适应波动电源。但是该技术目前还在研发阶段，生产规模受到限制。目前质子交换膜电解水制氢虽然成本较高，但是其快速响应的特点适合波动电源，因此已经实现了初步商业化。碱性电解水制氢技术不仅成本低廉，而且已十分成熟，但其仍存在腐蚀的问题，并且需要较长时间进行启停响应，不适合波动电源。目前已有市场应用的电解水制氢技术主要为碱性电解水制氢和质子交换膜电解水制氢。图 6.2(a)展示了电解水装置成本的变化趋势。其中，碱性电解水技术已经相对成熟，国内技术成本相对较低。成本下降的主要原因是规模化生产和可再生电力成本的下降。相比之下，质子交换膜电解水装置需要使用稀有金属和质子交换膜，成本远高于碱性电解水装置，但这有望随着技术升级而不断改善。

　　在氢气制取环节，氢气来源多样，需从资源禀赋、制氢成本、环境效应多方面综合考虑选择合适的制氢方式。长远来看，化石燃料制氢必须加装碳捕集装置使用，才能满足碳排放要求，但这将导致其成本升高，在供氢结构中比例逐步下降。可再生能源电解水制氢可实现零排放，且随着技术进步和规模化生产，其成本有望进一步降低。此外，具备资源优势的地区可以适当利用工业副产氢和核能制氢作为氢气来源。多家机构对可再生能源制氢成本变化趋势进行了预测，如图 6.2(b)所示。目前，可再生能源制氢成本远高于化石能源制氢。对未来氢能技术发展的预测一般认为，到 2030 年，在可再生能源丰

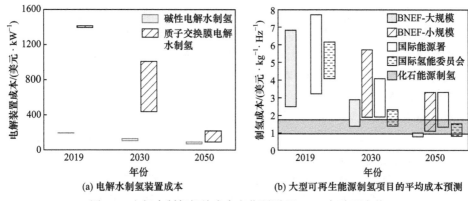

(a) 电解水制氢装置成本　　　　(b) 大型可再生能源制氢项目的平均成本预测

图 6.2　电解水制氢相关成本变化预测(以 2019 年为不变价)

富的区域,灰氢将不比绿氢更有优势。到 2050 年,绿氢则将在成本中占据优势位。考虑到 CCS 技术的持续突破发展及碳价的因素,到 2030 年绿氢对比灰氢的成本优势将更加凸显。

6.1.2　氢气储运

受限于氢气较低的相对分子质量,其密度在标准状况下也较低,提高了氢气储运的成本,导致氢气的储运困难。按照美国能源部提出的商业化储氢密度要求,质量储氢密度需达到 6.5%(储存氢气质量占整个储氢系统的质量分数),体积储氢密度达到 62 kg·m⁻³。此外,由于氢气分子尺寸小、极易泄漏,氢气一旦与金属接触产生化学反应,可能导致氢脆或氢腐蚀等问题,因此氢气的储运对储存容器质量有极高的要求。更重要的是,氢气易燃易爆,其燃点为 574 ℃,爆炸极限为 4%~75%,所以安全问题极为重要。

以实现氢能的大规模应用为目标,一个前提就是氢气储运技术的成熟化。如今物理和化学储氢方法已成为主要的储氢技术。其中,物理储氢包括常温高压气态储氢、低温液态储氢、低温高压储氢和多孔材料吸附储氢;化学储氢包括金属氢化物储氢和有机液体储氢。表 6.4 列出了典型储氢技术的性能比较。

表 6.4　典型储氢技术性能对比

储氢技术	常温高压气态储氢	低温液态储氢	金属氢化物储氢	有机液体储氢
质量储氢密度/%	1.0~5.7	5.1~10.0	1.0~10.5	5.0~10.0
优点	技术成熟,成本低,充放氢快,工作条件较宽	储氢密度高,氢纯度高	不需要压力容器,氢纯度高	储氢密度高,成本较低,安全性较高,运输便利
缺点	储氢密度低,存在泄漏安全隐患	液化过程能耗高,易挥发,成本高	放氢率低,吸放氢有温度要求,储氢材料循环性差	副反应产生杂质气体,脱氢反应需高温,催化剂易结焦失活
应用情况	成熟商业化	国外商业化,国内仅航空领域	研发阶段	研发阶段

从商业化的角度来看，目前常温高压气态储氢技术方便成熟。然而，该技术不仅储氢密度低，更存在泄漏安全隐患，从未来技术的角度来看，该技术并不优秀。低温液态储氢在储氢密度方面较为优秀，但无法控制能耗和成本，因此我国目前偏向在航天领域投入使用。相比之下，低温高压储氢技术既提高了储氢密度，又降低了能耗，但仍处于研发阶段，期待未来进一步探索和突破。多孔材料(如碳纳米材料和金属有机骨架材料)有比表面积大的优势，可以利用范德华力吸附氢气，然而并不适合常温常压下的环境。

另外，一些特定金属和金属化合物在一定的温度和压力下可以与氢气反应生成金属氢化物，经加热再次释放氢气。这些金属包括镁基合金、钛基合金、稀土基金属等。金属氢化物储氢安全性高，可以保持氢气高纯度，但吸放氢性能和循环使用性能还需进一步提高。

目前，不饱和烃类有机液体脱颖而出，被认为是有潜力的氢载体，其可以通过加氢反应储存氢气，待需要时通过脱氢反应释放氢气。这种方法有望实现高储氢密度，并且可以借助现有的液体燃料运输基础设施实现氢运输。然而，该技术仍处于研发阶段，不仅需要进一步优化反应催化剂，还需要对脱氢后的氢气进行纯化。

在氢能产业链的输运环节中，需要根据输送距离和体量等实际情况选择合适的输氢方式，以确保输送效率和成本控制。此外，需要加强金属氢化物储氢和有机液体储氢技术的研发，以获得更加方便和成本更低的输氢方式。氢气在多个行业中具有广泛的应用前景，但其渗透率主要依赖于使用成本。在交通领域，应优先在重型卡车和客车领域推广使用氢动力技术，当用氢成本降至 35 元·kg^{-1} 以下时，再通过逐步在乘用车领域扩张的方式，不断推广使用氢动力技术。

综上所述，氢能是一个综合性的、系统的产业链体系，要推动氢能产业在未来走向好的发展方向，就需要在各个环节的均衡发展上下功夫。通过产学研结合降低技术成本，未来可再生能源制氢将成为主流制氢方式。在氢能领域，氢能储运技术和氢燃料电池技术的相关研究预计在 2027 年左右进入饱和期，而氢能制取技术相关研究则在 2031 年左右进入饱和期。因此，要以保障产业链的均衡发展为目标，加速突破氢能制取技术的进步，从而达到制取绿氢的目标。

6.2　未来氢能市场

氢能的战略前景明晰，近年来，日本、德国、美国、韩国等 20 多个发达国家都制定了氢能发展战略，且均计划在 2030 年后实现氢燃料电池汽车的商业化规模化应用，其总应用规模超过 1000 万辆。在企业方面，英国石油、壳牌、道达尔等商业巨头也在布局加氢站和可再生能源制氢业务。根据国际氢能委员会的乐观预测，到 2050 年，氢能将承担全球 18% 的能源需求。我国的相关行业也预测到 2035 年，氢燃料电池汽车将达到百万辆级的应用规模。我国的氢气产量潜力巨大，山东省计划在 2030 年氢能产业总值达到 3000 亿元，燃料电池固定式发电装机容量达到 10 000 MW。2020 年 10 月，中国电动汽车百人会发布了《中国氢能产业发展报告 2020》，报告预测到 2050 年，我国能源体系中，氢能的占比将达到 10%，届时氢气需求将达到 6×10^7 t，相关产业的年经济产值更是将达到 12 万亿元，同时我国加氢站数量将达到 1.2 万座。在这一基础上，交通运输和工业领域将实现氢能的普及应用，燃料电池车年产量将达到 3000 万辆。《中国氢能产业发展报告 2020》中的中国氢能发展总体目标见表 6.5。可以看出，中国的氢能发展潜力巨大。

表 6.5　中国电动汽车百人会对中国氢能产业发展预测

项目	2025 年	2030 年	2035 年
氢需求总量/万吨	3 000	4 000	6 000
产业产值/万亿元	1	5	12
氢终端销售价格/(元·kg^{-1})	40	30	20
加氢站数量/座	200	2 000	12 000
氢燃料电池汽车保有量/万辆	10	100	3 000

针对现有氢能发展规律，未来可从以下方面进一步加强：

(1) 在氢能发展方面。首先，加强氢能科普宣传，提升对氢能的认识，摆脱只认为氢气是危险化学品的局限性。其次，完善氢能新能源汽车发展规划，明确氢能的战略地位，加大氢能科研投入，切实解决发达国家对我国的"卡脖子"难题。积极扶持我国氢能新能源汽车开拓海外市场，配套相关产业政策。

(2) 在未来氢能发展中，进一步平衡制造、储存、运输和应用四个环节，做到环环相扣(图 6.3)，全面发展。

目前氢能发展主要集中在制造、储存和运输等上游、中游产业，下游氢能终端应用发展缺乏强劲动力。未来应加大对氢能消费市场的鼓励政策，完善氢能终端应用的配套设施，并加强氢能产学研用一体建设，促进氢能消费，以产业带动技术发展。此外，需要在氢能应用领域加强科研、布局核心技术、申请核心专利。通过加强国家之间的交流合作，取长补短，携手共建低碳、绿色的新世界。目前，我国已经开展了多个国外合作氢能项目(表 6.6)。

综上所述，我国氢能产业下一步的发展方向已经明确。将以全面建设绿氢社会为目标，降低绿色制氢成本是技术发展的重中之重。在战略上，促进氢能实现先"灰"再"蓝"最后"绿"的转变。与碳捕集、封存及再利用(CCUS)技术协同发展，克服"短板效应"，加强顶层设计与产业配套，以消费促生产，发展氢能相关产业。此外，加强国际交流合作，全面考虑"制、储、运、用"四个环节，注重氢能终端应用的发展，加强氢能产学研用一体建设，鼓励氢能消费市场的发展，发挥传统能源公司优势，打造氢能出口大国，实现"双碳"目标。

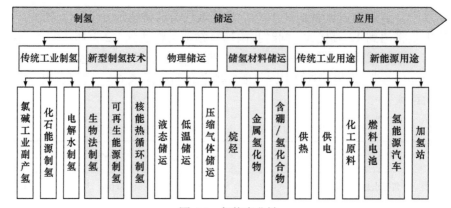

图 6.3　氢能产业链

表 6.6　中外合作氢能项目

时间	合作项目	国外机构或公司	中国机构或公司
2007～2022 年	中德能源合作	德国联邦经济事务与能源部	国家发展和改革委员会、国家能源局
2017 年	中美清洁能源联合研究中心	美国橡树岭国家实验室、麻省理工学院等	清华大学、同济大学、天津大学等
2019 年	清华大学-丰田联合研究院	日本丰田汽车公司	清华大学
2019 年	加氢站建设	荷兰 SHV 能源有限公司	雄川氢能科技(广州)有限责任公司
2021 年	协鑫氢能战略合作	德国西门子、日本东芝	协鑫集团有限公司、中船派瑞、国家电力投资集团公司
2021 年	茂名石化液化空气气体有限公司	法国液化空气集团	中国石油化工股份有限公司茂名分公司

思　考　题

1. 未来氢能技术将聚焦在哪些技术领域?
2. 简述你心目中的国家未来氢能发展规划。
3. 为应对未来庞大的国际氢能市场,我国应如何发展产能,成为氢能源出口国?
4. 当今氢能产业链还有哪些优化的方向?

参 考 文 献

北京师范大学, 华中师范大学, 南京师范大学. 2020. 无机化学. 5 版. 北京:高等教育出版社.

毕道治. 2000. 中国燃料电池的发展. 电源技术, 24(2): 103-107.

常进法, 肖瑶, 罗兆艳, 等. 2016. 水电解制氢非贵金属催化剂的研究进展. 物理化学学报, 32(7): 1556-1592.

陈宏善, 刘鑫. 2015. 物理吸附储氢的最佳条件分析. 西北师范大学学报: 自然科学版, 51(2): 32-36.

陈华荣, 常然然, 李莉, 等. 2011. 有机功能化 α-Al₂O₃ 陶瓷中空纤维表面合成高性能分离氢用 NaA 分子筛膜. 物理化学学报, 27(1): 241-247.

陈京波. 2005. 变压吸附法净化氢气的研究. 南京: 南京工业大学.

陈军, 陶占良. 2014. 能源化学. 2 版. 北京: 化学工业出版社.

陈军, 严振华. 2022. 新能源科学与工程导论. 北京: 科学出版社.

程一步, 王晓明, 李杨楠, 等. 2021. 中国氢能产业 2020 年发展综述及未来展望. 当代石油化学, 29(4): 10-17.

丁鑫, 陈瑞润, 陈晓宇. 2020. 镁基储氢合金吸放氢机理及组织与性能调控. 自然杂志, 42(3): 8.

董学成, 王学军. 2020. 基于专利分析的加氢站技术进展. 中国氯碱, 11: 42-46.

董子丰. 2000. 氢气膜分离技术的现状、特点和应用. 工厂动力, 1: 25-35.

杜森林, 卢洪德, 路连清. 1994. 熔融碳酸盐燃料电池的研究和发展. 化工进展, (1): 29-32.

范祥清, 陈德月, 修荣, 等. 1997. MH-Ni 电池中正极材料的应用基础研究. 电源技术, 3: 101-105.

方鲲, 刘康, 刘嵘, 等. 2022. 高压储氢瓶的制造新工艺. [2022-11-16]. http://www.nacmids.org/home/headway/info/id/947/catId/51.html.

冯光熙, 黄祥玉, 申泮文, 等. 2011. 无机化学丛书(第一卷). 北京: 科学出版社.

付正芳, 赵有中, 王曙中, 等. 2004. 碳基吸附储氢材料. 高科技纤维与应用, 3: 41-45.

格林伍德 N N, 厄恩肖 A. 1997. 元素化学(上册). 曹庭礼, 王致勇, 张弼非, 等译. 北京: 高等教育出版社.

郭磊, 王延安, 许珂, 等. 2022. 超临界水气化制氢技术多联产应用场景探究. 氮肥与合成气, 50(3): 1-6.

侯京伟, 彭述明, 胡胜, 等. 2015. 钯膜分离氢氦过程中浓差极化现象. 强激光与粒子束, 27(1): 284-288.

侯明, 衣宝廉. 2012. 燃料电池技术发展现状与展望. 电化学, 18(1): 1-13.

侯艳丽. 2020. 核能制氢的新尝试. 能源, 9: 73-76.

黄格省, 李锦山, 魏寿祥, 等. 2019. 化石原料制氢技术发展现状与经济性分析. 化工进展, 38(12): 5217-5224.

黄强. 2021. 金属掺杂对 Al 基配位氢化物及 MgH₂ 储氢性能的第一性原理研究. 桂林: 桂林电子科技大学.

黄旭. 2019. Li-(Mg)-B-H 储氢体系的动力学与热力学调控及其机理研究. 杭州: 浙江大学.

贾超, 原鲜霞, 马紫峰. 2009. 金属有机骨架化合物(MOFs)作为储氢材料的研究进展. 化学进展, 21(5): 1954-1962.

孔繁清, 张小琴. 2016. 稀土储氢电极材料的应用进展. 稀土, 37(2): 6.

李贵贤, 孙寒雪, 王成君, 等. 2012. 共价有机骨架化合物(COFs)储氢材料研究进展. 化工新型材料,

40(6): 31-33.

李建林, 梁忠豪, 李光辉, 等. 2022. 太阳能制氢关键技术研究. 太阳能学报, 43(3): 2-11.

李亮, 荣付兵, 刘艳, 等. 2021. 生物质衍生物重整制氢研究进展. 无机盐工业, 53(9): 12-17.

李璐伶, 樊栓狮, 陈秋雄, 等. 2018. 储氢技术研究现状及展望. 储能科学与技术, 36(4): 586-593.

李年谱. 2019. 钌基催化剂催化氨硼烷水解制氢性能研究. 桂林: 桂林电子科技大学.

李思佳. 2018. 甲酸/肼硼烷高效脱氢催化剂的制备与性能研究. 长春: 吉林大学.

李星国. 2012. 氢与氢能. 北京: 机械工业出版社.

梁满志, 囤金军, 薛守飞, 等. 2020. 客车用氢燃料电池发动机集成开发技术研究. 汽车文摘, 534(7): 56-62.

林鹏, 亚辉, 罗永浩, 等. 2007. 物质热化学制氢的研究进展. 化学反应工程与工艺, 23(3): 267-272.

刘丰峰, 卢玫. 2009. 质子交换膜燃料电池研究进展. 通信电源技术, 26(2):25-28.

刘宏伟, 任和, 李伟. 2021. 基于海洋能的淡-氢联供系统方案及仿真模拟. 科技导报, 39(6): 66-71.

刘嘉豪, 韩静杰, 易小艺, 等. 2020. 甲酸分解制氢均相催化剂的研究进展. 有机化学, 40(9): 11.

刘美佳. 2019. 基于碳纳米管改性镁基储氢材料的吸放氢动力学与热力学性能研究. 杭州: 浙江大学.

刘清港. 2018. 甲酸基储氢体系中金催化剂的设计及性能研究. 大连: 大连理工大学.

刘晓然. 2020. 锂氨基硼烷(LiNH$_2$BH$_3$)的制备及储氢性能改善的研究. 北京: 北京有色金属研究总院.

刘芸. 2012. 绿色能源氢能及其电解水制氢技术进展. 电源技术, 36(10): 1579-1581.

刘志奇. 2019. 基于金属-载体强相互作用构建铂基催化剂及高效催化甲酸和甲醇溶液制氢. 杭州: 浙江理工大学.

罗承先. 2017. 世界可再生能源电力制氢现状. 中外能源, 22(8): 25-32.

罗连伟, 朱艳. 2018. 储氢材料的研究分析. 当代化工, 47(1): 124-128.

罗晓东, 张静, 靳晓磊. 2007. 储氢材料的研究现状与进展. 材料导报, 21(z2): 118-20,35.

吕峰, 乔丽霞, 杨巴特尔, 等. 2014. 变压吸附法回收氢气. 聚氯乙烯, 42(5): 44-46.

马冬梅, 蔡艳华, 彭汝芳, 等. 2008. 富勒烯储氢技术研究进展. 现代化工, 28(12): 33-37.

马国杰, 郭鹏坤, 常春. 2020. 生物质厌氧发酵制氢技术研究进展. 现代化工, 40(7): 45-49.

马建新, 潘洪革, 王新华, 等. 1999. FeTi$_{1.3}$(Mn)$_y$ 合金的贮氢性能及其吸放氢机理研究. 金属学报, 8: 805-808.

毛宗强. 氢能: 21 世纪的绿色能源. 北京: 化学工业出版社.

毛宗强, 徐才录, 阎军, 等. 2000. 碳纳米纤维储氢性能初步研究. 新型炭材料, 1: 64-67.

倪萌, 梁国熙. 2004. 碱性燃料电池研究进展. 电池, (5): 364-365.

倪萌, Leung M K H, Sumathy K. 2004. 电解水制氢技术进展. 能源环境保护, 5: 5-9.

曲新鹤, 赵钢, 王捷, 等. 2021. 基于核能制氢的氢电联产系统能量梯级利用研究. 原子能科学技术, 55(S01): 8.

任菊荣, 苏允泓, 应浩, 等. 2022. 生物质气化制富氢合成气的研究进展. 生物质化学工程, 56(3): 39-46.

申泮文. 2000. 21 世纪的动力: 氢与氢能. 天津: 南开大学出版社.

孙鹤旭, 李争, 陈爱兵, 等. 2019. 风电制氢技术现状及发展趋势. 电工技术学报, 34(19): 4071-4083.

孙立芹. 2015. Mg 基储氢材料释氢性能的掺杂效应及机理. 湘潭: 湘潭大学.

孙涛, 张厚智, 孙兰强. 2016. 变压吸附法净化氢气分析. 山东工业技术, 14: 39.

孙延寿, 李旭航, 王云飞, 等. 2021. 氢气储运技术发展综述. 山东化工, 50(19): 96-98.

隋升, 顾军, 李光强, 等. 2000. 磷酸燃料电池(PAFC)进展. 电源技术, (1): 50-53.

谭玲生, 汪继强. 1997. MH-Ni 电池的发展现状与展望. 电源技术, 1: 31-34.

陶占良, 彭博, 梁静, 等. 2009. 高密度储氢材料研究进展. 中国材料进展, 28: 26-40.

童鑫, 熊哲, 高新宇, 等. 2022. 质子交换膜燃料电池研究现状及发展. 硅酸盐通报, 41(9): 3243-3258.

万晶晶, 张军, 王友转, 等. 2022. 海水制氢技术发展现状与展望. 世界科技研究与发展, 44(2): 172-184.

王峰, 逯鹏, 张清涛, 等. 2022. 海上风电制氢发展趋势及前景展望. 综合智慧能源, 44(5): 8.

王轲. 2019. Nb 基催化剂的可控制备及其对 MgH₂ 吸放氢性能的影响. 杭州: 浙江大学.

王利, 闫慧忠, 吴建民. 2018. 稀土储氢合金研究及发展现状. 稀土信息, 3: 4.

王瑞敏, 张颖颖. 2010. 直接甲醇燃料电池技术发展近况及应用. 上海汽车, 243(11): 4-7.

王荣跃. 2012. 直接甲酸燃料电池催化剂的设计、制备与性能研究. 济南: 山东大学.

王彤, 薛伟, 王延吉. 2019. 甲酸液相分解制氢非均相催化剂研究进展. 高校化学工程学报, 33(1): 1-9.

王玉放, 庞越鹏, 郑时有. Mg(BH₄)₂ 储氢材料及性能研究进展. 广州化学, 46(5): 1-13.

魏涛. 2012. 新型固体氧化物燃料电池的设计及其性能研究. 武汉: 华中科技大学.

伍浩松, 李晨曦. 2021. 美能源部资助核能制氢示范项目. 国外核新闻, 11: 1.

伍浩松, 王政. 2021. 俄拟于 2023 年在科拉启动核能制氢. 国外核新闻, 7: 1.

吴伯荣. 2000. 电动车用 MH-Ni 动力电池. 电源技术, 1: 45-48,56.

吴瑾, 焦文强, 田倩, 等. 2021. 海洋氢能发展现状综述. 科技风, 19: 129-131.

吴如艳. 2020. 复合化和纳米限域对硼氢化锂储氢性能的影响及其机理研究. 杭州: 浙江大学.

吴铸, 王可, 夏保佳, 等. 2001. MH-Ni 电池的低温性能及其改进. 电源技术, 5: 350-353.

夏保佳, 林则青, 马丽萍, 等. 2003. 正极添加剂对 MH/Ni 电池高温充电行为的影响. 电池, 2: 68-70.

夏丰杰, 叶东浩. 2015. 质子交换膜燃料电池膜电极综述. 船电技术, 35(6): 24-27.

夏洋, 杨毅夫. 2005. MH/Ni 电池自放电性能的研究进展. 电池, 4: 319-321.

解晶莹, 王素琴, 夏保佳, 等. 1997. MH-Ni 电池失效简析(Ⅰ): 镍电极的膨胀. 电源技术, 1: 22-27.

徐丽, 李星国, 王艳艳. 2017. 储能与发电开发. 北京: 化学工业出版社.

徐硕, 余碧莹. 2021. 中国氢能技术发展现状与未来展望. 北京理工大学学报: 社会科学版, 23(6): 1-12.

许庆本, 高健康. 2008. 变压吸附提纯氢气及其影响因素. 甘肃科技, 24: 32-34.

许炜, 陶占良, 陈军. 2006. 储氢研究进展. 化学进展, 18: 200-210.

颜祥洲. 2022. 风电制氢技术研究与探讨. 节能与环保, 2: 2.

央视网. 2019. 年产约 2200 万吨 中国成为世界第一产氢大国. [2019-11-29]. https://news.cctv.com/2019/11/29/ARTI0XP7x8hEl5TE22esduWZ191129.shtml.

杨文刚, 李文斌, 林松, 等. 2015. 碳纤维缠绕复合材料储氢气瓶的研制与应用进展. 玻璃钢/复合材料, 12: 99-104.

杨一超. 2010. 超临界水生物质气化制氢的研究进展. 天然气化工, 2: 65-70.

杨易嘉. 2020. 离网型潮流能制氢系统研究. 杭州: 浙江大学.

叶婉玥. 2020. 负载型贵金属纳米簇电子结构调控及催化硼烷氨、甲酸制氢性能研究. 大连: 大连理工大学.

衣宝廉. 2003. 燃料电池的原理、技术状态与展望. 电池工业, 1: 16-22.

尹正宇, 符传略, 韩奎华, 等. 2022. 生物质制氢技术研究综述. 热力发电, 51(11): 37-48.

俞红梅, 邵志刚, 侯明, 等. 2021. 电解水制氢技术研究进展与发展建议. 中国工程科学, 23(2): 146-152.

章佳勋. 2017. 碱金属氢化物添加对 Mg(NH₂)₂-2LiH 复合体系储氢性能的影响及其机理. 杭州: 浙江大学.

张轲. 2013. 金属氮氢系固体储氢材料. 北京: 科学出版社.

张平, 于波, 徐景明. 2011. 能制氢技术的发展. 核化学与放射化学, 33(4): 193-203.

张跃兴, 尤东江. 2013. 风力发电-水电解制氢系统. 科技风, 13: 2.

张智, 赵苑瑾, 蔡楠. 2022. 中国氢能产业技术发展现状及未来展望. 天然气工业, 42(5): 156-165.

张治锦, 郑宝刚. 2018. 净化氢气的变压吸附法研究. 化工设计通讯, 44(5): 155.

郑家广. 2020. 高性能 Mg(BH₄)₂ 基复合储氢体系的吸放氢热力学与动力学改性及机理研究. 杭州: 浙江大学.

周承商, 黄通文, 刘煌, 等. 2021. 混氢天然气输氢技术研究进展. 中南大学学报: 自然科学版, 52(1):

31-43.

Abdalla A M, Hossain S, Nisfindy O B, et al. 2018. Hydrogen production, storage, transportation and key challenges with applications: A review. Energy Conversion and Management, 165: 602-627.

Agrell J, Germani G, Järås S G, et al. 2003. Production of hydrogen by partial oxidation of methanol over ZnO-supported palladium catalysts prepared by microemulsion technique. Applied Catalysis A: General, 242(2): 233-245.

Alejo L, Lago R, Pena M A, et al. 1997. Partial oxidation of methanol to produce hydrogen over Cu-Zn-based catalysts. Applied Catalysis A: General, 162(1-2): 281-297.

Alia S M, Saran S, Chilan N, et al. 2018. Iridium-based nanowires as highly active, oxygen evolution reaction electrocatalysts. ACS Catalysis, 8(3): 2111-2120.

Allendorf M D, Stavila V, Snider J L, et al. 2022. Challenges to developing materials for the transport and storage of hydrogen. Nature Chemistry, 14: 1214-1223.

Al Munsur A Z, Goo B H, Kim Y, et al. 2021. Nafion-based proton-exchange membranes built on cross-linked semi-interpenetrating polymer networks between poly(acrylic acid) and poly(vinyl alcohol). ACS Applied Materials & Interfaces, 13(24): 28188-28200.

AlYami N M, LaGrow A P, Joya K S, et al. 2016. Tailoring ruthenium exposure to enhance the performance of fcc platinum@ruthenium core-shell electrocatalysts in the oxygen evolution reaction. Physical Chemistry Chemical Physics, 18(24): 16169-16178.

Amikam G, Natiu P, Gendel Y. 2018. Chlorine-free alkaline seawater electrolysis for hydrogen production. International Journal of Hydrogen Energy, 43(13): 6504-6514.

Amirkhiz B S, Danaie M, Barnes M, et al. 2010. Hydrogen sorption cycling kinetic stability and microstructure of single-walled carbon nanotube (SWCNT) magnesium hydride (MgH_2) nanocomposites. The Journal of Physical Chemistry C, 114(7): 3265-3275.

Arabczyk W, Pelka R. 2009. Studies of the kinetics of two parallel reactions: ammonia decomposition and nitriding of iron catalyst. The Journal of Physical Chemistry A, 113(2): 411-416.

Arun V, Kannan R, Ramesh S, et al. 2022. Review on Li-ion battery vs nickel metal hydride battery in EV. Advances in Materials Science and Engineering, 2022: 1-7.

Bandara J, Udawatta C P K, Rajapakse C S K. 2005. Highly stable CuO incorporated TiO_2 catalyst for photocatalytic hydrogen production from H_2O. Photochemical & Photobiological Sciences, 4(11): 857-861.

Baneshi J, Haghighi M, Jodeiri N, et al. 2014. Homogeneous precipitation synthesis of $CuO–ZrO_2–CeO_2–Al_2O_3$ nanocatalyst used in hydrogen production via methanol steam reforming for fuel cell applications. Energy Conversion and Management, 87: 928-937.

Barbaro P, Bianchini C. 2009. Catalysis for Sustainable Energy Production. Kodansha: Wiley-VCH.

Barthelemy H, Weber M, Barbier F. 2017. Hydrogen storage: recent improvements and industrial perspectives. International Journal of Hydrogen Energy, 42(11): 7254-7262.

Baskaran S, Venkatasamy R, Venkatesa Prabu D, et al. 2021. An extensive review on befitting batteries and drives for electric vehicles. Materials, Design, and Manufacturing for Sustainable Environment: Select Proceedings of ICMDMSE 2020, 851-865.

Beghi G E. 1981. Review of thermochemical hydrogen production. International Journal of Hydrogen Energy, 6(6): 555-566.

Bell T E, Zhan G W, Wu K J, et al. 2017. Modification of ammonia decomposition activity of ruthenium nanoparticles by N-doping of CNT supports. Topics in Catalysis, 60(15): 1251-1259.

Bernardes A M, Espinosa D C R, Tenório J A S. 2004. Recycling of batteries: a review of current processes and technologies. Journal of Power Sources, 130(1): 291-298.

Bertuol D A, Bernardes A M, Tenório J A S. 2009. Spent NiMH batteries—the role of selective precipitation in the recovery of valuable metals. Journal of Power Sources, 193(2): 914-923.

Bérubé V, Radtke G, Dresselhaus M, et al. 2007. Size effects on the hydrogen storage properties of nanostructured metal hydrides: a review. International Journal of Energy Research, 31(6-7): 637-663.

Bi Q Y, Lin J D, Liu Y M, et al. 2016. Gold supported on zirconia polymorphs for hydrogen generation from formic acid in base-free aqueous medium. Journal of Power Sources, 328: 463-471.

Boddien A, Loges B, Gartner F, et al. 2010. Iron-catalyzed hydrogen production from formic acid. Journal of the American Chemical Society, 132(26): 8924-8934.

Boddien A, Loges B, Junge H, et al. 2010. Continuous hydrogen generation from formic acid: highly active and stable ruthenium catalysts. Advanced Synthesis & Catalysis, 351(14): 2517-2520.

Boddien A, Loges B, Junge H, et al. 2008. Hydrogen generation at ambient conditions: application in fuel cells. ChemSusChem, 1(8-9): 751-758.

Li B W, Zhu Y L, Guo W L. 2023. Recent advances of metal oxide catalysts for electrochemical NH_3 production from nitrogen-containing sources. Inorganic Chemistry Frontiers, 10: 5812-5838.

Cao L L, Luo Q Q, Chen J J, et al. 2019. Dynamic oxygen adsorption on single-atomic Ruthenium catalyst with high performance for acidic oxygen evolution reaction. Nature Communications, 10(1): 4849.

Carmo M, Fritz D L, Mergel J, et al. 2013. A comprehensive review on PEM water electrolysis. International Journal of Hydrogen Energy, 38(12): 4901-4934.

Chang F W, Roselin L S, Ou T C. 2008. Hydrogen production by partial oxidation of methanol over bimetallic Au-Ru/Fe_2O_3 catalysts. Applied Catalysis A: General, 334(1-2): 147-155.

Chaudhary A L, Psaskeviciu M, Sheppards D A, et al. 2015. Thermodynamic destabilisation of MgH_2 and $NaMgH_3$ using group IV elements Si, Ge or Sn. Journal of Alloys and Compounds, 623: 109-116.

Cheekatamarla P K, Finnerty C M. 2006. Reforming catalysts for hydrogen generation in fuel cell applications. Journal of Power Sources, 160: 490-499.

Chen J, Zhu Z H, Wang S, et al. 2010. Effects of nitrogen doping on the structure of carbon nanotubes (CNTs) and activity of Ru/CNTs in ammonia decomposition. Chemical Engineering Journal, 156(2): 404-410.

Chen P, Hu X. 2020. High-efficiency anion exchange membrane water electrolysis employing non-noble metal catalysts. Advanced Energy Materials, 10(39): 854-865.

Chen P, Xiong Z T, Luo J Z, et al. 2002. Interaction of hydrogen with metal nitrides and imides. Nature, 420: 302-304.

Chen W H, Shen C T. 2016. Partial oxidation of methanol over a Pt/Al_2O_3 catalyst enhanced by sprays. Energy, 106: 1-12.

Chen W S, Chang F W, Roselin L S, et al. 2010. Partial oxidation of methanol over copper catalysts supported on rice husk ash. Journal of Molecular Catalysis A: Chemical, 318(1-2): 36-43.

Cherevko S, Zeradjanin A R, Topalov A A, et al. 2014. Dissolution of noble metals during oxygen evolution in acidic media. ChemCatChem, 6(8): 2219-2223.

Cho H, Hyeon S, Park H, et al. 2020. Ultrathin magnesium nanosheet for improved hydrogen storage with fishbone shaped one-dimensional carbon matrix. ACS Applied Energy Materials, 3(9): 8143-8149.

Chua Y S, Chen P, Wu G, et al. 2011. Development of amidoboranes for hydrogen storage. ChemInform, 47(18): 5116-5129.

Coffey R. 1967. The Decomposition of formic acid catalysed by soluble metal complexes. Chemical Communications (London), 18: 923b-924.

Cortright R D, Davda R R, Dumesic J A. 2010. Hydrogen from catalytic reforming of biomass-derived hydrocarbons in liquid water. Materials for Sustainable Energy, 418: 289-292.

Côté A P, Benin A I, Ockwig N W, et al. 2005. Porous, crystalline, covalent organic frameworks—2D-COF$_5$. Science, 310(5751): 1166-1170.

Cotton F A, Wilkinson G, Murillo C A, et al. 1999. Advanced Inorganic Chemistry. 6th ed. New York: Wiley-Interscience.

Cubeiro M L, Fierro J L G. 1998. Partial oxidation of methanol over supported palladium catalysts. Applied Catalysis A: General, 168: 307-322.

Cubeiro M L, Fierro J L G. 1998. Selective production of hydrogen by partial oxidation of methanol over ZnO-supported palladium catalysts. Journal of Catalysis, 179(1): 150-162.

Cui J, Liu J W, Wang H, et al. 2014. Mg-TM (TM: Ti, Nb, V, Co, Mo or Ni) core-shell like nanostructures: synthesis, hydrogen storage performance and catalytic mechanism. Journal of Materials Chemistry A, 2(25): C4TA00221K.

Cui W, Cheng N, Liu Q, et al. 2014. Mo$_2$C nanoparticles decorated graphitic carbon sheets: biopolymer-derived solid-state synthesis and application as an efficient electrocatalyst for hydrogen generation. ACS Catalysis, 4(8): 2658-2661.

Czekajo U, Lendzion-Bieluń Z. 2016. Effect of preparation conditions and promoters on the structure and activity of the ammonia decomposition reaction catalyst based on nanocrystalline cobalt. Chemical Engineering Journal, 289: 254-260.

Davda R, Shabaker J, Huber G, et al. 2005. A review of catalytic issues and process conditions for renewable hydrogen and alkanes by aqueous-phase reforming of oxygenated hydrocarbons over supported metal catalysts. Applied Catalysis B: Environmental, 56(1-2): 171-186.

Dasent W E. 1982. Inorganic Energetics: An Introduction. 2nd ed. London: Cambridge University Press.

Dehouche Z, Klassen T, Oelerich W, et al. 2002. Cycling and thermal stability of nanostructured MgH$_2$-Cr$_2$O$_3$ composite for hydrogen storage. Journal of Alloys and Compounds, 347(1-2): 319-323.

Donald J, Xu C, Hashimoto H, et al. 2010. Novel carbon-based Ni/Fe catalysts derived from peat for hot gas ammonia decomposition in an inert helium atmosphere. Applied Catalysis A: General, 375(1): 124-133.

Duan X, Zhou J, Qian G, et al. 2010. Carbon nanofiber-supported Ru catalysts for hydrogen evolution by ammonia decomposition. Chinese Journal of Catalysis, 31(8): 979-986.

Eberle U, Felderhoff M, Schüth F. 2009. Chemical and physical solutions for hydrogen storage. Angewandte Chemie International Edition, 48(36): 6608-6630.

El-Kaderi H M, Hunt J R, Mendoza-Cortés J L, et al. 2007. Designed synthesis of 3D covalent organic frameworks. Science, 316(5822): 268-272.

El-Shafie M. 2021. Hydrogen separation using palladium-based membranes: assessment of H$_2$ separation in a catalytic plasma membrane reactor. International Journal of Energy Research, 46(3): 3572-3587.

Fang S, Zhu X R, Liu X K, et al. 2020. Uncovering near-free platinum single-atom dynamics during electrochemical hydrogen evolution reaction. Nature Communications, 11(1): 1029.

Fasolini A, Cespi D, Tabanelli T, et al. 2019. Hydrogen from renewables: a case study of glycerol reforming. Catalysts, 9(9): 722.

Fellay C, Dyson P, Laurenczy G. 2008. A viable hydrogen-storage system based on selective formic acid decomposition with a ruthenium catalyst. Angewandte Chemie International Edition, 47(21): 3966-3968.

Feng Q, Yuan X Z, Liu G, et al. 2017. A review of proton exchange membrane water electrolysis on degradation mechanisms and mitigation strategies. Journal of Power Sources, 366: 33-55.

Feng Y, Zhang J, Ye H, et al. 2019. Ni$_{0.5}$Cu$_{0.5}$Co$_2$O$_4$ nanocomposites, morphology, controlled synthesis, and catalytic performance in the hydrolysis of ammonia borane for hydrogen production. Nanomaterials, 9(9): 1334.

Feyen M, Weidenthaler C, Guttel R, et al. 2011. High-temperature stable, iron-based core-shell catalysts for ammonia decomposition. Chemistry-A European Journal, 17(2): 598-605.

Fichtner M, Zhao-Karger Z, Hu J, et al. 2009. The kinetic properties of Mg (BH$_4$)$_2$ infiltrated in activated carbon. Nanotechnology, 20(20): 204029.

Figen A K, Piskin M B, Coskuner B, et al. 2013. Synthesis, structural characterization, and hydrolysis of Ammonia Borane (NH$_3$BH$_3$) as a hydrogen storage carrier. International journal of hydrogen energy, 38(36): 16215-16228.

Funk J E. 2001. Thermochemical hydrogen production: past and present. International journal of hydrogen energy, 26(3): 185-190.

Gago A S, Ansar S A, Saruhan B, et al. 2016. Protective coatings on stainless steel bipolar plates for proton exchange membrane (PEM) electrolysers. Journal of Power Sources, 307: 815-825.

Gao J, Guo J, Liang D, et al. 2008. Production of syngas via autothermal reforming of methane in a fluidized-bed reactor over the combined CeO$_2$-ZrO$_2$/SiO$_2$ supported Ni catalysts. International Journal of Hydrogen Energy, 33(20): 5493-5500.

Gao J J, Xu C Q, Hung S F, et al. 2019. Breaking long-range order in iridium oxide by alkali ion for efficient water oxidation. Journal of the American Chemical Society, 141 (7): 3014-3023.

Gao L K, Cui X, Sewell C D, et al. 2021. Recent advances in activating surface reconstruction for the high-efficiency oxygen evolution reaction. Chemical Society Reviews, 50(15): 8428-8469.

Garcia G, Arriola E, Chen W H, et al. 2021. A comprehensive review of hydrogen production from methanol thermochemical conversion for sustainability. Energy, 217: 119384.

García-García F R, Á lvarez-Rodríguez J, Rodríguez-Ramos I, et al. 2010. The use of carbon nanotubes with and without nitrogen doping as support for ruthenium catalysts in the ammonia decomposition reaction. Carbon, 48(1): 267-276.

García-García F R, Gallegos-Suarez E, Fernández-García, M, et al. 2017. Understanding the role of oxygen surface groups: the key for a smart ruthenium-based carbon-supported heterogeneous catalyst design and synthesis. Applied Catalysis A: General, 544: 66-76.

García-García F R, Guerrero-Ruiz A, Rodríguez-Ramos I. 2009. Role of B5-type sites in Ru catalysts used for the NH$_3$ decomposition reaction. Topics in Catalysis, 52(6-7): 758-764.

Ge R X, Li L, Su J W, et al. 2019. Ultrafine defective RuO$_2$ electrocatayst integrated on carbon cloth for robust water oxidation in acidic media. Advanced Energy Materials, 9(35): 1901313.

Ghaani M R, Catti M. 2014. Study of new materials and their functionality for hydrogen storage and other energy applications. Milan: University of Milano Bicocca Department.

Gloag L, Benedetti T M, Cheong S, et al. 2018. Cubic-core hexagonal-branch mechanism to synthesize bimetallic branched and faceted Pd-Ru nanoparticles for oxygen evolution reaction electrocatalysis. Journal of the American Chemical Society, 140(40): 12760-12764.

Greeley J, Jaramillo T F, Bonde J, et al. 2006. Computational high-throughput screening of electrocatalytic materials for hydrogen evolution. Nature Materials, 5(11): 909-913.

Grimaud A, Hong W T, Shao-Horn Y, et al. 2016. Anionic redox processes for electrochemical devices. Nature Materials, 15(2): 121-126.

Gu Y Q, Fu X P, Du P P, et al. 2015. In situ X-Ray diffraction study of Co-Al nanocomposites as catalysts for ammonia decomposition. The Journal of Physical Chemistry C, 119(30): 17102-17110.

Gu Y Q, Jin Z, Zhang H, et al. 2015. Transition metal nanoparticles dispersed in an alumina matrix as active and stable catalysts for COx-free hydrogen production from ammonia. Journal of Materials Chemistry A, 3(33): 17172-17180.

Guo Y, Liu X, Azmat M U, et al. 2012. Hydrogen production by aqueous-phase reforming of glycerol over Ni-B catalysts. International Journal of Hydrogen Energy, 37(1): 227-234.

Hande A, Stuart T A. 2004. A selective equalizer for NiMH batteries. Journal of Power Sources, 138(1): 327-339.

Han J, Zhang Z, Hao Z, et al. 2021. Immobilization of palladium silver nanoparticles on NH_2-functional metal-organic framework for fast dehydrogenation of formic acid. Journal of Colloid and Interface Science, 587: 736-742.

Han M, Zhao Q, Zhu Z, et al. 2015. The enhanced hydrogen storage of micro-nanostructured hybrids of $Mg(BH_4)_2$-carbon nanotubes. Nanoscale, 7(43): 18305-18311.

Han S C, Lee P S, Lee J Y, et al. 2000. Effects of Ti on the cycle life of amorphous MgNi-based alloy prepared by ball milling. Journal of Alloys and Compounds, 306(1-2): 219-226.

He T, Pachfule P, Wu H, et al. 2016. Hydrogen carriers. Nature Reviews Materials, 1(12): 16059.

Hill A K, Torrente-Murciano L. 2014. In-situ H_2 production via low temperature decomposition of ammonia: insights into the role of cesium as a promoter. International Journal of Hydrogen Energy, 39(15): 7646-7654.

Hill A K, Torrente-Murciano L. 2015. Low temperature H_2 production from ammonia using ruthenium-based catalysts: Synergetic effect of promoter and support. Applied Catalysis B: Environmental, 172: 129-135.

Hirscher M, Yartys V A, Baricco M, et al. 2020. Materials for hydrogen-based energy storage-past, recent progress and future outlook. Journal of Alloys and Compounds, 827: 153548.

Hoeh M A, Arlt T, Manke I, et al. 2015. In operando synchrotron X-ray radiography studies of polymer electrolyte membrane water electrolyzers. Electrochemistry Communications, 55: 55-59.

Hori C E, Permana H, Ng K Y S, et al. 1998. Thermal stability of oxygen storage properties in a mixed CeO_2-ZrO_2 system. Applied Catalysis B: Environmental, 16: 105-117.

Hou X, Hu R, Zhang T, et al. 2015. Microstructure and electrochemical hydrogenation/dehydrogenation performance of melt-spun La-doped Mg_2Ni alloys. Materials Characterization, 106: 163-174.

Hu Y S, Kleiman-Shwarsctein A, Forman A J, et al. 2008. Pt-doped alpha-Fe_2O_3 thin films active for photoelectrochemical water splitting. Chemistry of Materials, 20(12): 3803-3805.

Huang T J, Wang S W. 1986. Hydrogen production via partial oxidation of methanol over copper-zinc catalysts. Applied catalysis, 24: 287-297.

Huber G W, Shabaker J W, Dumesic J A. 2003. Raney Ni-Sn catalyst for H_2 production from biomass-derived hydrocarbons. Chemin, 34: 2075-2077.

Huot J, Boily S, Akiba E, et al. 1998. Direct synthesis of Mg_2FeH_6 by mechanical alloying. Journal of Alloys and Compounds, 280(1-2): 306-309.

Huot J, Liang G, Boily S, et al. 1999. Structural study and hydrogen sorption kinetics of ball-milled magnesium hydride. Journal of Alloys and Compounds, 293: 495-500.

Iruretagoyena D, Hellgardt K, Chadwick D. 2018. Towards autothermal hydrogen production by sorption-enhanced water gas shift and methanol reforming: a thermodynamic analysis. International Journal of Hydrogen Energy, 43(9): 4211-4222.

Ismail M, Ali N, Sazelee N, et al. 2022. $CoFe_2O_4$ synthesized via a solvothermal method for improved dehydrogenation of $NaAlH_4$. International Journal of Hydrogen Energy, 47(97): 41320-41328.

Jaramillo T F, Jørgensen K P, Bonde J, et al. 2007. Identification of active edge sites for electrochemical H_2 evolution from MoS_2 nanocatalysts. Science, 317(5834): 100-102.

Jeong H, Kim K I, Kim T H, et al. 2006. Hydrogen production by steam reforming of methanol in a micro-channel reactor coated with $Cu/ZnO/ZrO_2/Al_2O_3$ catalyst. Journal of power sources, 159(2): 1296-1299.

Jeong S, Heo T W, Oktawiec J, et al. 2020. A mechanistic analysis of phase evolution and hydrogen storage behavior in nanocrystalline Mg(BH₄)₂ within reduced graphene oxide. ACS Nano, 14(2): 1745-1756.

Jiang K, Xu K, Zou S, et al. 2014. B-doped Pd catalyst: Boosting room-temperature hydrogen production from formic acid-formate solutions. Journal of the American Chemical Society, 136(13): 4861-4864.

Jung G B, Chan S H, Lai C J, et al. 2019. Innovative membrane electrode assembly (MEA) fabrication for proton exchange membrane water electrolysis. Energies, 12(21): 4218.

Jung H Y, Huang S Y, Ganesan P, et al. 2009. Performance of gold-coated titanium bipolar plates in unitized regenerative fuel cell operation. Journal of Power Sources, 194(2): 972-975.

Kexin Z, Xiao L, Lina W, et al. 2022. Status and perspectives of key materials for PEM electrolyzer. Nano Research Energy, 1: e9120032.

Kiełbasa K, Pelka R, Arabczyk W. 2010. Studies of the kinetics of ammonia decomposition on promoted nanocrystalline iron using gas phases of different nitriding degree. The Journal of Physical Chemistry A, 114(13): 4531-4534.

Kim K C. 2018. A review on design strategies for metal hydrides with enhanced reaction thermodynamics for hydrogen storage applications. International Journal of Energy Research, 42(4): 1455-1468.

Kim Y T, Lopes P P, Park S A, et al. 2017. Balancing activity, stability and conductivity of nanoporous core-shell iridium/iridium oxide oxygen evolution catalysts. Nature Communications, 8(1): 1449.

Klose C, Saatkamp T, Münchinger A, et al. 2020. All-hydrocarbon MEA for PEM water electrolysis combining low hydrogen crossover and high efficiency. Advanced Energy Materials, 10(14): 1903995.

Kobayashi T, Doloyko O, Gupta S, et al. 2018. Mechanochemistry of the LiBH₄-AlCl₃ system: structural characterization of the products by solid-state NMR. The Journal of Physical Chemistry C, 122(4): 1955-1962.

Kolb G. 2013. Microstructured reactors for distributed and renewable production of fuels and electrical energy. Chemical Engineering and Processing: Process Intensification, 65: 1-44.

Konarova M, Tanksale A, Beltramini J N, et al. 2013. Effects of nano-confinement on the hydrogen desorption properties of MgH₂. Nano Energy, 2(1): 98-104.

Konta R, Ishii T, Kato H, et al. 2004. Photocatalytic activities of noble metal ion doped SrTiO₃ under visible light irradiation. Journal of Physical Chemistry B, 108(26): 8992-8995.

Kowalczyk Z, Sentek J, Jodzis S, et al. 1997. Effect of potassium on the kinetics of ammonia synthesis and decomposition over fused iron catalyst at atmospheric pressure. Journal of Catalysis, 169(2): 407-414.

Kreuter W, Hofmann H. 1998. Electrolysis: the important energy transformer in a world of sustainable energy. International Journal of Hydrogen Energy, 23(8): 661-666.

Krishnan P S, Neelaveni M, Tamizhdurai P, et al. 2020. CO$_x$-free hydrogen generation via decomposition of ammonia over al, Ti and Zr-Laponite supported MoS₂ catalysts. International Journal of Hydrogen Energy, 45(15): 8568-8583.

Kudo A, Miseki Y. 2009. Heterogeneous photocatalyst materials for water splitting. Chemical Society Reviews, 38(1): 253-278.

Kumar A, Ricketts M, Hirano S. 2010. Ex situ evaluation of nanometer range gold coating on stainless steel substrate for automotive polymer electrolyte membrane fuel cell bipolar plate. Journal of Power Sources, 195(5): 1401-1407.

Kunsman C H. 1927. The decomposition of ammonia on iron catalysts. Science, 65(1691): 527-528.

Kusoglu A, Weber A Z. 2017. New insights into perfluorinated sulfonic-acid ionomers. Chemical Reviews, 117(3): 987-1104.

Küçükdeveci N, Erdoğan I A, Aybar A B, et al. 2022. Electrochemical hydrogen storage properties of mechanically alloyed MgO · 8Ti$_{0.2-x}$Mn$_x$Ni (x = 0, 0.025, 0.05, 0.1) type alloys. International Journal of

Hydrogen Energy, 47(4): 2511-2519.

Ledovskikh A, Verbitskiy E, Ayeb A, et al. 2003. Modelling of rechargeable NiMH batteries. Journal of Alloys and Compounds, 356-357: 742-745.

Lendzion-Bielun Z, Pelka R, Arabczyk W. 2009. Study of the kinetics of ammonia synthesis and decomposition on iron and cobalt catalysts. Catalysis Letters, 129(1-2): 119-123.

Li L, Huang Y, An C, et al. 2019. Lightweight hydrides nanocomposites for hydrogen storage: challenges, progress and prospects. Science China Materials, 62(11): 1597-1625.

Li L, Zhang Z, Jiao L, et al. 2016. *In situ* preparation of nanocrystalline Ni@C and its effect on hydrogen storage properties of MgH$_2$. International Journal of Hydrogen Energy, 41(40): 18121-18129.

Li Q, Qiu S, Wu C, et al. 2021. Computational investigation of MgH$_2$/graphene heterojunctions for hydrogen storage. The Journal of Physical Chemistry C, 125(4): 2357-2363.

Li W, Li C, Ma H, et al. 2007. Magnesium nanowires: Enhanced kinetics for hydrogen absorption and desorption. Journal of the American Chemical Society, 129(21): 6710-6711.

Li Y, Liu S, Yao L, et al. 2010. Core-shell structured iron nanoparticles for the generation of COx-free hydrogen via ammonia decomposition. Catalysis Communications, 11(5): 368-372.

Li Y, Liu Y, Zhang X, et al. 2016. An ultrasound-assisted wet-chemistry approach towards uniform Mg(BH$_4$)$_2$ · 6NH$_3$ nanoparticles with improved dehydrogenation properties. Journal of Materials Chemistry A, 4(21): 8366-8373.

Li Z, Guo P, Han R, et al. 2018. Current status and development trend of wind power generation-based hydrogen production technology. Energy Exploration & Exploitation, 37(1): 5-25.

Liang G X, Huo T J, Boily S, et al. 1999. Catalytic effect of transition metals on hydrogen sorption in nanocrystalline ball milled MgH$_2$–TM (TM= Ti, V, Mn, Fe and Ni) systems. Journal of Alloys and Compounds, 292(1-2): 247-252.

Liao Q, Zhong N B, Zhu X, et al. 2013. Enhancement of hydrogen production by adsorption of Rhodoseudomonas palustris CQK 01 on a new support material. International Journal of Hydrogen Energy, 38(35): 15730-15737.

Lin K H, Chang A C C, Lin W H, et al. 2013. Autothermal steam reforming of glycerol for hydrogen production over packed-bed and Pd/Ag alloy membrane reactors. International Journal of Hydrogen Energy, 38(29): 12946-12952.

Liu H, Wang H, Shen J, et al. 2008. Preparation and evaluation of ammonia decomposition catalysts by high-throughput technique. Reaction Kinetics and Catalysis Letters, 93(1): 11-17.

Liu H, Wu Y, Zhang J. 2011. A new approach toward carbon-modified vanadium-doped titanium dioxide photocatalysts. ACS Applied Materials & Interfaces, 3(5): 1757-1764.

Liu N, Yuan Z, Wang C, et al. 2008. The role of CeO$_2$-ZrO$_2$ as support in the ZnO-ZnCr$_2$O$_4$ catalysts for autothermal reforming of methanol. Fuel Process Technology, 89: 574-581.

Liu Q, Shi J, Hu J, et al. 2015. CoSe$_2$ nanowires array as a 3D electrode for highly efficient electrochemical hydrogen evolution. ACS Applied Materials & Interfaces, 7(7): 3877-3881.

Liu Q, Yang X, Huang Y, et al. 2015. A schiff base modified gold catalyst for green and efficient H$_2$ production from formic acid. Energy & Environmental Science, 8(11): 3204-3207.

Liu Y, Zhong K, Gao M, et al. 2008. Hydrogen storage in a LiNH$_2$-MgH$_2$ (1：1) system. Chemistry of Materials, 20(10): 3521-3527.

Loges B, Boddien A, Junge H, et al. 2008. Controlled generation of hydrogen from formic acid amine adducts at room temperature and application in H$_2$/O$_2$ fuel cells. Angewandte Chemie International Edition, 47(21): 3962-3965.

Lu F, Cai W P, Zhang Y G. 2008. ZnO hierarchical micro/nanoarchitectures: solvothermal synthesis and structurally enhanced photocatalytic performance. Advanced Functional Materials, 18(7): 1047-1056.

Lu X, Zhang L, Zheng J, et al. 2022. Construction of carbon covered Mg_2NiH_4 nanocrystalline for hydrogen storage. Journal of Alloys and Compounds, 905: 164169.

Luo N, Fu X, Cao F, et al. 2008. Glycerol aqueous phase reforming for hydrogen generation over Pt catalyst effect of catalyst composition and reaction conditions. Fuel, 87: 3483-3489.

Lv L, Yang Z, Chen K, et al. 2019. 2D layered double hydroxides for oxygen evolution reaction: from fundamental design to application. Advanced Energy Materials, 9(17): 1803358.

Maeda K. 2013. Z-Scheme water splitting using two different semiconductor photocatalysts. ACS Catalysis, 3(7): 1486-1503.

Malka I, Pisarek M, Czujko T, et al. 2011. A study of the ZrF_4, NbF_5, TaF_5, and $TiCl_3$ influences on the MgH_2 sorption properties. International Journal of Hydrogen Energy, 36(20): 12909-12917.

Manfro R L, Da Costa A F, Ribeiro N F, et al. 2011. Hydrogen production by aqueous-phase reforming of glycerol over nickel catalysts supported on CeO_2. Fuel Process Technology, 92: 330-335.

Marco Y, Roldán L, Armenise S, et al. 2013. Support-induced oxidation state of catalytic Ru nanoparticles on carbon nanofibers that were doped with heteroatoms (O, N) for the decomposition of NH_3. ChemCatChem, 5(12): 3829-3834.

Mo J, Kang Z, Yang G, et al. 2016. Thin liquid/gas diffusion layers for high-efficiency hydrogen production from water splitting. Applied Energy, 177: 817-822.

Montoya J H, Seitz L C, Chakthranont P, et al. 2017. Materials for solar fuels and chemicals. Nature Materials, 16(1): 70-81.

Morales-Guio C G, Stern L, A Hu X L. 2014. Nanostructured hydrotreating catalysts for electrochemical hydrogen evolution. Chemical Society Reviews, 43(18): 6555-6569.

Moschovi A M, Zagoraiou E, Polyzou E, et al. 2021. Recycling of critical raw materials from hydrogen chemical storage stacks (PEMWE), membrane electrode assemblies (MEA) and electrocatalysts. IOP Conference Series: Materials Science and Engineering, 1024 (1): 012008.

Nakamura I, Fujitani T. 2016. Role of Metal Oxide Supports in NH_3 Decomposition over Ni. Applied Catalysis A: General, 524: 45-49.

Narehood D G, Kishore S, Goto H, et al. 2009. X-ray diffraction and H-storage in ultra-small palladium particles. International Journal of Hydrogen Energy, 34(2): 952-960.

Nie J, Chen Y. 2010. Numerical modeling of three-dimensional two-phase gas–liquid flow in the flow field plate of a PEM electrolysis cell. International Journal of Hydrogen Energy, 35(8): 3183-3197.

Nishimura A, Moriyama T, Shimano J. 2017. An investigation of the conversion and transportation of hydrogen produced by electrolysis of water using wind power. Kagaku Kogaku Ronbunshu, 43(6): 386-392.

Norberg N S, Arthur T S, Fredrick S J, et al. 2011. Size-dependent hydrogen storage properties of Mg nanocrystals prepared from solution. Journal of the American Chemical Society, 133(28): 10679-10681.

Ogawa M, Hino R, Inagaki Y, et al. 2009. Present Status of HT GR and Hydrogen Production Development in JAEA. The Fourth Information Exchange Meeting of Nuclear Production of Hydrogen. Oakbrook, Illinois, USA: OECD/NEA, April 13-16: 47-58.

Ogawa M, Nishihara T. 2004. Present status of energy in Japan and HTTR project. Nuclear Engineering and Design, 233(1-3):5-10.

Okura K, Okanishi T, Muroyama H, et al. 2016. Ammonia decomposition over nickel catalysts supported on rare-earth oxides for the on-site generation of hydrogen. ChemCatChem, 8(18): 2988-2995.

Orimo S I, Nakamori Y, Eliseo J R, et al. 2007. Complex hydrides for hydrogen storage. Chemical Reviews,

107(10): 4111-4132.

Ovshinsky S R, Dhar S K, Fetcenko M A, et al. 1999. Advanced materials for next generation NiMH portable, HEV and EV batteries. IEEE aerospace and electronic systems magazine, 14(5): 17-23.

Özgür D Ö, Uysal B Z. 2011. Hydrogen production by aqueous phase catalytic reforming of glycerine. Biomass Bioenergy, 35: 822-826.

Papapolymerou G, Bontozoglou V. 1997. Decomposition of NH_3, on Pd and Ir Comparison with Pt and Rh. Journal of Molecular Catalysis A: Chemical, 120(1-3): 165-171.

Park J E, Kim J, Han J, et al. 2021. High-performance proton-exchange membrane water electrolysis using a sulfonated poly(arylene ether sulfone) membrane and ionomer. Journal of Membrane Science, 620: 118871.

Paster M D. 2003. The US department of energy program on hydrogen production. The Second Information Exchange Meeting of Nuclear Production of Hydrogen. Argonne, llinois, USA: OECD/NEA, Oct. 2-3: 57-72.

Pasternak S, Paz Y. 2013. On the similarity and dissimilarity between photocatalytic water splitting and photocatalytic degradation of pollutants. ChemPhysChem, 14(10): 2059-2070.

Pelka R, Arabczyk W. 2009. Studies of the kinetics of reaction between iron catalysts and ammonia-Nitriding of nanocrystalline iron with parallel catalytic ammonia decomposition. Topics in Catalysis, 52: 1506-1516.

Pelka R, Kiełbasa K, Arabczyk W. 2011. The effect of iron nanocrystallites' size in catalysts for ammonia synthesis on nitriding reaction and catalytic ammonia decomposition. Central European Journal of Chemistry, 9(2): 240-244.

Pelka R, Kiełbasa K, Arabczyk W. 2014. Catalytic ammonia decomposition during nanocrystalline iron nitriding at 475 C with NH_3/H_2 mixtures of different nitriding potentials. The Journal of Physical Chemistry C, 118(12): 6178-6185.

Pelka R, Moszynska I, Arabczyk W. 2009. Catalytic ammonia decomposition over Fe/Fe_4N. Catalysis Letters, 128(1-2): 72-76.

Peng B, Li L, Ji W, et al. 2009. A quantum chemical study on magnesium(Mg)/magnesium-hydrogen(Mg-H) nanowires. Journal of Alloys and Compounds, 484(1-2): 308-313.

Perman E P, Atkinson G A S. 1905. The decomposition of ammonia by heat. Proceedings of the Royal Society of London, 74: 110-117.

Peters R, Vaessen J, Van D M R. 2020. Offshore hydrogen production in the north sea enables far offshore wind development. Annual Offshore Technology Conference, Houston, May 4-7.

Petranikova M, Herdzik-Koniecko I, Steenari B M, et al. 2017. Hydrometallurgical processes for recovery of valuable and critical metals from spent car NiMH batteries optimized in a pilot plant scale. Hydrometallurgy, 171: 128-141.

Pi Y C, Shao Q, Wang P T, et al. 2017. General formation of monodisperse IrM (M = Ni, Co, Fe) bimetallic nanoclusters as bifunctional electrocatalysts for acidic overall water splitting. Advanced Functional Materials, 27(27): 1700886.

Ploysuksai W, Rangsunvigit P, Kulprathipanja S. 2012. Effects of TiO_2 and Nb_2O_5 on hydrogen desorption of $Mg(BH_4)_2$. International Journal of Materials and Metallurgical Engineering, 6: 311-315.

Popczun E J, Read C G, Roske C W, et al. 2014. Highly active electrocatalysis of the hydrogen evolution reaction by cobalt phosphide nanoparticles. Angewandte Chemie International Edition, 53(21): 5427-5430.

Pozzo M, Alfe D. 2009. Hydrogen dissociation and diffusion on transition metal (= Ti, Zr, V, Fe, Ru, Co, Rh, Ni, Pd, Cu, Ag)-doped Mg (0001) surfaces. International Journal of Hydrogen Energy, 34(4): 1922-1930.

Pradhan S, Nayak R, Mishra S. 2022. A review on the recovery of metal values from spent nickel metal hydride and lithium-ion batteries. International Journal of Environmental Science and Technology, 19(5): 4537-4554.

Pukazhselvan D, Nasani N, Correia P, et al. 2017. Evolution of reduced Ti containing phases in MgH_2/TiO_2

system and its effect on the hydrogen storage behavior of MgH2. Journal of Power Sources, 362: 174-183.

Qin Z, Zhou X, Hu Y, et al. 2022. Metastable V2O3 embedded in 2D N-doped carbon facilitates ion transport for stable and ultrafast sodium-ion storage. Chemical Engineering Journal, 430: 131156.

Qiu S, Ma X, Wang E, et al. 2017. Enhanced hydrogen storage properties of 2LiNH2/MgH2 through the addition of Mg(BH4)2. Journal of Alloys and Compounds, 704: 44-50.

Qu H, Du J, Pu C, et al. 2015. Effects of Co introduction on hydrogen storage properties of Ti–Fe–Mn alloys. International Journal of Hydrogen Energy, 40(6): 2729-2735.

Rao R R, Kolb M J, Giordano L, et al. 2020. Operando identification of site-dependent water oxidation activity on ruthenium dioxide single-crystal surfaces. Nature Catalysis, 3(6): 516-525.

Raróg-Pilecka W, Kowalczyk Z, Sentek J, et al. 2001. Decomposition of ammonia over potassium promoted ruthenium catalyst supported on carbon. Applied Catalysis A: General, 208(1-2): 213-216.

Reier T, Oezaslan M, Strasser P. 2012. Electrocatalytic oxygen evolution reaction (OER) on Ru, Ir, and Pt catalysts: a comparative study of nanoparticles and bulk materials. ACS Catalysis, 2(8): 1765-1772.

Reilly J J, Wiswall R H. 1974. Formation and properties of iron titanium hydride. Inorganic Chemistry, 13(1): 77-112.

Ren S, Huang F, Zheng J, et al. 2017. Ruthenium supported on nitrogen-doped ordered mesoporous carbon as highly active catalyst for NH3 decomposition to H2. International Journal of Hydrogen Energy, 42(8): 5105-5113.

Rong X, Parolin J, Kolpak A M. 2016. A fundamental relationship between reaction mechanism and stability in metal oxide catalysts for oxygen evolution. ACS Catalysis, 6(2): 1153-1158.

Roy B, Hajari A, Kumar V, et al. 2018. Kinetic model analysis and mechanistic correlation of ammonia borane thermolysis under dynamic heating conditions. International Journal of Hydrogen Energy, 43(22): 10386-10395.

Roy M M D, Omana A A, Wilson A S S, et al. 2021. Molecular main group metal hydrides. Chemical Reviews, 121(20): 12784-12965.

Saldan I, Llamas-Jansa I, Hino S, et al. 2015. Synthesis and thermal decomposition of Mg (BH4)2-TMO (TMO = TiO2; ZrO2; Nb2O5; MoO3) composites; proceedings of the IOP Conference Series: Materials Science and Engineering. IOP Publishing, 77(1): 012041.

Salkuti S R. 2021. Electrochemical batteries for smart grid applications. International Journal of Electrical and Computer Engineering (IJECE), 11(3): 1849-1856.

Sazali N, Mohamed M A, Salleh W N W. 2020. Membranes for hydrogen separation: a significant review. The International Journal of Advanced Manufacturing Technology, 107: 1859-1881.

Schaub T, Paciello R A. 2011. A process for the synthesis of formic acid by CO2 hydrogenation: thermodynamic aspects and the role of CO. Angewandte Chemie International Edition, 50(32): 7278-7282.

Schlapbach L, Züttel A. 2001. Hydrogen-storage materials for mobile applications. Nature, 414(6861): 353-358.

Schneemann A, White J L, Kang S, et al. 2018. Nanostructured Metal Hydrides for Hydrogen Storage. Chemical Reviews, 118(22): 10775-10839.

Schwickardi B B. 1997. Ti-doped alkali metal aluminium hydrides as potential novel reversible hydrogen storage materials. Journal of Alloys and Compounds, 253: 1-9.

Seretis A, Tsiakaras P. 2016. Aqueous phase reforming (APR) of glycerol over platinum supported on Al2O3 catalyst. Renewable Energy, 85: 1116-1126.

Seretis A, Tsiakaras P. 2016. Hydrogenolysis of glycerol to propylene glycol by in situ produced hydrogen from aqueous phase reforming of glycerol over SiO2-Al2O3 supported nickel catalyst. Fuel Processing Technology. 142: 135-146.

Shabaker J, Huber G, Dumesic J. 2004. Aqueous-phase reforming of oxygenated hydrocarbons over Sn-modified Ni catalysts. Journal of Catalysis, 222(1): 180-191.

Shan J Q, Ye C, Chen S M, et al. 2021. Short-range ordered iridium single atoms integrated into cobalt oxide spinel structure for highly efficient electrocatalytic water oxidation. Journal of the American Chemical Society, 143(13): 5201-5211.

Shao H, Wang Y, Xu H, et al. 2005. Preparation and hydrogen storage properties of nanostructured Mg_2Cu alloy. Journal of Solid State Chemistry, 178(7): 2211-2217.

Sharaf O Z, Orhan M F. 2014. An overview of fuel cell technology: Fundamentals and applications. Renewable and Sustainable Energy Reviews, 32: 810-853.

She Z W, Kibsgaard J, Dickens C F, et al. 2017. Combining theory and experiment in electrocatalysis: Insights into materials design. Science, 355(6321): eaad4998.

Shimoda K, Doi K, Nakagawa T, et al. 2012. Comparative study of structural changes in NH_3BH_3, $LiNH_2BH_3$, and KNH_2BH_3 during dehydrogenation process. The Journal of Physical Chemistry C, 116(9): 5957-5964.

Shi Q R, Zhu C Z, Du D, et al. 2019. Robust noble metal-based electrocatalysts for oxygen evolution reaction. Chemical Society Reviews, 48(12): 3181-3192.

Silvera I F, Dias R. 2021. Phase of the hydrogen isotopes under pressure: metallic hydrogen. Advances in Physics: X. 6. 1: 1961607.

Song F Z, Zhu Q L, Yang X, et al. 2018. Metal-organic framework templated porous carbon-metal oxide/reduced graphene oxide as superior support of bimetallic nanoparticles for efficient hydrogen generation from formic acid. Advanced Energy Materials, 8(1): 1701416.

Song H J, Yoon H, Ju B, et al. 2019. Electrocatalytic selective oxygen evolution of carbon-coated $Na_2Co_{1-x}Fe_xP_2O_7$ nanoparticles for alkaline seawater electrolysis. ACS Catalysis, 10(1): 702-709.

Sponholz P, Mellmann D, Junge H, et al. 2013. Towards a practical setup for hydrogen production from formic acid. ChemSusChem, 6(7): 1172-1176.

Stoerzinger K A, Qiao L, Biegalski M D, et al. 2014. Orientation-dependent oxygen evolution activities of rutile IrO_2 and RuO_2. Journal of Physical Chemistry Letters, 5(10): 1636-1641.

Subbaraman R, Tripkovic D, Strmcnik D, et al. 2011. Enhancing hydrogen evolution activity in water splitting by tailoring Li^+-$Ni(OH)_2$-Pt Interfaces. Science, 334(6060): 1256-1260.

Sullivan J L, Gaines L. 2012. Status of life cycle inventories for batteries. Energy Conversion and Management, 58: 134-148.

Sun W, Song Y, Gong X Q, et al. 2015. An efficiently tuned d-orbital occupation of IrO_2 by doping with Cu for enhancing the oxygen evolution reaction activity. Chemical Science, 6(8): 4993-4999.

Sun Z, Lu X, Nyahuma F M, et al. 2020. Enhancing hydrogen storage properties of MgH_2 by transition metals and carbon materials: a brief review. Frontiers in Chemistry, 8: 552.

Tagliazucca V, Schlichte K, Schüth F, et al. 2013. Molybdenum-based catalysts for the decomposition of ammonia: in situ X-Ray diffraction studies, microstructure, and catalytic properties. Journal of Catalysis, 305: 277-289.

Takahashi R, Kinoshita H, Murata T, et al. 2008. A cooperative control method for output power smoothing and hydrogen production by using variable speed wind generator. 2008 13th International Power Electronics and Motion Control Conference. IEEE: 2337-2342.

Takezawa N, Iwasa N J C T. 1997. Steam reforming and dehydrogenation of methanol: difference in the catalytic functions of copper and group Ⅷ metals. Catalysis Today, 36(1): 45-56.

Tanaka T, Kuzuhara M, Watada M, et al. 2006. Effect of rare earth oxide additives on the performance of NiMH batteries. Journal of Alloys and Compounds, 408: 323-326.

Tenório J A S, Espinosa D C R. 2002. Recovery of Ni-based alloys from spent NiMH batteries. Journal of Power Sources, 108(1-2): 70-73.

Thele M, Bohlen O, Sauer D U, et al. 2008. Development of a voltage-behavior model for NiMH batteries using an impedance-based modeling concept. Journal of Power Sources, 175(1): 635-643.

Tian Y Y, Wang S, Velasco E, et al. 2020. A Co-doped nanorod-like RuO_2 electrocatalyst with abundant oxygen vacancies for acidic water oxidation. Iscience, 23(1): 100756.

Tseng J C, Gu D, Pistidda C, et al. 2018. Tracking the active catalyst for iron-based ammonia decomposition by in situ synchrotron diffraction studies. ChemCatChem, 10(19): 4465-4472.

Verbrugge M, Tate E. 2004. Adaptive state of charge algorithm for nickel metal hydride batteries including hysteresis phenomena. Journal of Power Sources, 126(1): 236-249.

Wang H, Xu C, Chen Q, et al. 2018. Nitrogen-doped carbon-stabilized Ru nanoclusters as excellent catalysts for hydrogen production. ACS Sustainable Chemistry & Engineering, 7(1): 1178-1184.

Wang S J, Yin S F, Li L, et al. 2004. Investigation on modification of Ru/CNTs catalyst for the generation of Cox-free hydrogen from ammonia. Applied Catalysis B: Environmental, 52(4): 287-299.

Wang X, Zhong H, Xi S, et al. 2022. Understanding of oxygen redox in oxygen evolution reaction. Advanced Materials, 34(50): 2107956.

Wang Y, Wang Y. 2017. Recent advances in additive-enhanced magnesium hydride for hydrogen storage. Progress in Natural Science: Materials International, 27(1): 41-49.

Wehrey M C. 2004. What's new with hybrid electric vehicles. IEEE Power and Energy Magazine, 2(6): 34-39.

Weidenthaler C. 2020. Crystal structure evolution of complex metal aluminum hydrides upon hydrogen release. Journal of Energy Chemistry, 42: 133-143.

Weitkamp J. 2000. Zeolites and catalysis. Solid State Ionics, 131: 175-188.

Wiedner E S, Chambers M B, Pitman C L, et al. 2016. Thermodynamic hydricity of transition metal hydrides. Chemical Reviews, 116(15): 8655-8692.

Williams R, Crandall R S, Bloom A. 1978. Use of carbon dioxide in energy storage. Applied Physics Letters, 33(5): 381-383.

Wu J, Yuan X Z, Martin J J, et al. 2008. A review of PEM fuel cell durability: Degradation mechanisms and mitigation strategies. Journal of Power Sources, 184(1): 104-119.

Xia G, Tan Y, Chen X, et al. 2015. Monodisperse magnesium hydride nanoparticles uniformly self-assembled on graphene. Advanced materials, 27(39): 5981-5988.

Xiao X, Xu C, Shao J, et al. 2015. Remarkable hydrogen desorption properties and mechanisms of the Mg_2FeH_6@MgH_2 core–shell nanostructure. Journal of Materials Chemistry A, 3(10): 5517-5524.

Xie L, Li J, Zhang T, et al. 2017. Dehydrogenation steps and factors controlling desorption kinetics of a MgCe hydrogen storage alloy. International Journal of Hydrogen Energy, 42(33): 21121-21130.

Xin N, Huang H, Zhang J, et al. 2012. Fullerene doping: preparation of azafullerene $C_{59}NH$ and Oxafulleroids $C_{59}O_3$ and $C_{60}O_4$. Angewandte Chemie International Edition, 51(25): 6163-6166.

Xin Z, Leng Z, Gao M, et al. 2018. Enhanced hydrogen storage properties of MgH_2 catalyzed with carbon-supported nanocrystalline TiO_2. Journal of Power Sources, 398(SEP.15): 183-192.

Xiong Z, Yong C K, Wu G, et al. 2008. High-capacity hydrogen storage in lithium and sodium amidoboranes. Nature Materials, 7(2): 138-141.

Xu C, Tsubouchi N, Hashimoto H, et al. 2005. Catalytic decomposition of ammonia gas with metal cations present naturally in low rank coals. Fuel, 84(14-15): 1957-1967.

Xu J, Liu Y, Chen M. 2022. Construction of $SnNb_2O_6$/$MgIn_2S_4$ heterojunction photocatalysts with enhanced visible-light-driven activity for tetracycline hydrochloride degradation and Cr (vi) reduction. Catalysis

Science & Technology, 12(7): 2328-2339.

Xu J, Yan H, Jin Z, et al. 2019. Facile synthesis of stable Mo2N nanobelts with high catalytic activity for ammonia decomposition. Chinese Journal of Chemistry, 37(4): 364-372.

Xun Y, He X, Yan H, et al. 2017. Fe-and Co-doped lanthanum oxides catalysts for ammonia decomposition: structure and catalytic performances. Journal of Rare Earths, 35(1): 15-23.

Yan H, Xu Y J, Gu Y Q, et al. 2016. Promoted multimetal oxide catalysts for the generation of hydrogen via ammonia decomposition. The Journal of Physical Chemistry C, 120(14): 7685-7696.

Yang X, Pachfule P, Chen Y, et al. 2016. Highly efficient hydrogen generation from formic acid using a reduced graphene oxide-supported AuPd nanoparticle catalyst. Chemical Communications, 52(22): 4171-4174.

Yin J, Jin J, Lu M, et al. 2020. Iridium single atoms coupling with oxygen vacancies boosts oxygen evolution reaction in acid media. Journal of the American Chemical Society, 142(43): 18378-18386.

Ying T K, Gao X P, Hu W K, et al. 2006. Noréus, D. Studies on rechargeable NiMH batteries. International Journal of Hydrogen Energy, 31(4): 525-530.

Yoo J S, Rong X, Liu Y, et al. 2018. Role of lattice oxygen participation in understanding trends in the oxygen evolution reaction on perovskites. ACS Catalysis, 8(5): 4628-4636.

Najjar Y S H. 2013. Hydrogen safety: the road toward green technology. International Journal of Hydrogen Energy, 38: 10716-10728.

Yuan Z, Zhang D, Fan G, et al. 2022. N-doped carbon coated Ti_3C_2 MXene as a high-efficiency catalyst for improving hydrogen storage kinetics and stability of $NaAlH_4$. Renewable Energy, 188: 778-787.

Zhang J, Xu H, Li W. 2005. Kinetic study of NH_3 decomposition over Ni nanoparticles: the role of La promoter, structure sensitivity and compensation effect. Applied Catalysis A: General, 296(2): 257-267.

Zhang L, Jin S, Ren M, et al. 2022. Structural evolution and hydrogen storage performance of Mg_3LaH_n (n = 9-20). International Journal of Hydrogen Energy, 47(12): 7884-7891.

Zhang L, Pan L, Ni C, et al. 2013. CeO_2-ZrO_2-promoted CuO/ZnO catalyst for methanol steam reforming. International Journal of Hydrogen Energy, 38(11): 4397-4406.

Zhang X, Shang N, Zhou X, et al. 2017. AgPd-MnOx supported on carbon nanospheres: an efficient catalyst for dehydrogenation of formic acid. New Journal of Chemistry, 41(9): 3443-3449.

Zhang Y, Zhang N, Tang Z R, et al. 2012. Graphene transforms wide band gap ZnS to a visible light photocatalyst. The new role of graphene as a macromolecular photosensitizer. ACS Nano, 6(11): 9777-9789.

Zhang Z S, Fu X P, Wang W W, et al. 2018. Promoted porous Co_3O_4-Al_2O_3 catalysts for ammonia decomposition. Science China Chemistry, 61(11): 1389-1398.

Zhao M, Chen Z, Lyu Z, et al. 2019. Ru octahedral nanocrystals with a face-centered cubic structure, {111} facets, thermal stability up to 400 ℃, and enhanced catalytic activity. Journal of the American Chemical Society, 141(17): 7028-7036.

Zheng J, Yao Z, Xiao X, et al. 2021. Enhanced hydrogen storage properties of high-loading nanoconfined $LiBH_4$-Mg $(BH_4)_2$ composites with porous hollow carbon nanospheres. International Journal of Hydrogen Energy, 46(1): 852-864.

Zhou Q Q, Zou Y Q, Lu L Q, et al. 2019. Visible-light-induced organic photochemical reactions through energy-transfer pathways. Angewandte Chemie-International Edition, 58(6): 1586-1604.

Zhu J, Li W, Li J, et al. 2013. Photoelectrochemical activity of $NiWO_4$/WO_3 heterojunction photoanode under visible light irradiation. Electrochimica Acta, 112:191-198.

Zhu J, Yang D, Geng J, et al. 2008. Synthesis and characterization of bamboo-like CdS/TiO_2 nanotubes composites with enhanced visible-light photocatalytic activity. Journal of Nanoparticle Research, 10(5): 729-736.

Zhu M, Lu Y, Ouyang L, et al. 2013. Thermodynamic tuning of Mg-based hydrogen storage alloys: a review. Materials, 6(10): 4654-4674.

Zhu Q L, Tsumori N, Xu Q. 2014. Sodium hydroxide-assisted growth of uniform Pd nanoparticles on nanoporous carbon MSC-30 for efficient and complete dehydrogenation of formic acid under ambient conditions. Chemical Science, 5(1): 195-199.

Zhuang Z W, Wang Y, Xu C Q, et al. 2019. Three-dimensional open nano-netcage electrocatalysts for efficient pH-universal overall water splitting. Nature Communications, 10(1): 4875.

Züttel A. 2003. Materials for hydrogen storage. Materials Today, 6(9): 24-33.